Teubner Studienbücher

Biologie

Dzwillo: **Prinzipien der Evolution**
148 Seiten. DM 26,80

Françon: **Physik für Biologen, Chemiker und Geologen**
Band 1: 208 Seiten. DM 19,80
Band 2: 171 Seiten. DM 18,80

Röhler: **Biologische Kybernetik**
Regelungsvorgänge in Organismen. 180 Seiten. DM 22,80

Skrzipek: **Praktikum der Verhaltenskunde**
220 Seiten. DM 25,80

Vangerow: **Grundriß der Paläontologie**
132 Seiten. DM 18,80

Physik

Bourne/Kendall: **Vektoranalysis**
227 Seiten. DM 19,80

Daniel: **Beschleuniger**
215 Seiten. DM 25,80

Großmann: **Mathematischer Einführungskurs für die Physik**
2. Aufl. 263 Seiten. DM 25,80

Heber/Weber: **Grundlagen der Quantenphysik**
Band 1: Quantenmechanik. VI, 158 Seiten. DM 18,80
Band 2: Quantenfeldtheorie. VI, 178 Seiten. DM 19,80

Kamke/Krämer: **Physikalische Grundlagen der Maßeinheiten**
Mit einem Anhang über Fehlerrechnung. 218 Seiten. DM 19,80

Kneubühl: **Repetitorium der Physik**
XVI, 632 Seiten. DM 29,—

Lautz: **Elektromagnetische Felder**
2. Aufl. 184 Seiten. DM 25,80

Lohrmann: **Hochenergiephysik**
196 Seiten. DM 26,80

Mayer-Kuckuk: **Atomphysik**
Eine Einführung. 232 Seiten. DM 26,80

Mayer-Kuckuk: **Physik der Atomkerne**
Eine Einführung. 2. Aufl. 288 Seiten. DM 25,80

Walcher: **Praktikum der Physik**
3. Aufl. 378 Seiten. DM 25,80

Wiesemann: **Einführung in die Gaselektronik**
Grundlagen der Elektrizitätsleitung in Gasen
282 Seiten. DM 25,80

Fortsetzung auf der 3. Umschlagseite

Teubner Studienbücher der Biologie

K. H. Skrzipek
Praktikum der Verhaltenskunde

Studienbücher der Biologie

Herausgegeben von
Prof. Dr. H. Stieve, Jülich, und Dr. E. Hildebrand, Jülich

Die Studienbücher der Reihe Biologie sollen in Form einzelner Bausteine grundlegende und weiterführende Themen aus allen Gebieten der Biologie umfassen. Daneben werden auch die übrigen Naturwissenschaften in einem Maße berücksichtigt, wie sie für den Umgang mit den Denk- und Arbeitsmethoden der Biologie notwendig erscheinen. Die Bände der Reihe sind wegen ihrer studienbezogenen Konzeption besonders zum Gebrauch neben Vorlesungen oder auch anstelle von Vorlesungen sowie zur Fortbildung der Lehrer geeignet. Für den Studierenden der Mathematik, Physik oder Chemie, der an biologischen Problemen interessiert ist, bietet die Reihe die Möglichkeit, sich an exemplarisch ausgewählten Themengruppen in die Biologie einführen zu lassen.

Praktikum
der Verhaltenskunde

Von Dr. rer. nat. Karl Heinz Skrzipek
Akad. Oberrat an der Technischen Hochschule Aachen

Mit 73 Abbildungen und 4 Verhaltensdiagrammen

 Springer Fachmedien Wiesbaden

Dr. rer. nat. Karl Heinz Skrzipek

Geboren 1940 in Beuthen/Oberschlesien, Studium in
Münster. 1968 Promotion in Zoologie. Von 1969 bis 1971
Stipendiat am Max-Planck-Institut für Hirnforschung in
Köln. Seit 1971 tätig im Institut für Zoologie der Techni-
schen Hochschule Aachen. Arbeitsgebiet: Verhaltensbio-
logie des Menschen.

CIP-Kurztitelaufnahme der Deutschen Bibliothek

Skrzipek, Karl Heinz
Praktikum der Verhaltenskunde. – 1. Aufl. –
  Stuttgart: Teubner 1978
  (Teubner: Studienbücher: Biologie)
  ISBN 978-3-519-03603-6   ISBN 978-3-322-96709-1 (eBook)
  DOI 10.1007/978-3-322-96709-1

Satz: COPO-Satz, Seeheim 2

Umschlaggestaltung: W. Koch, Sindelfingen

Meinem verehrten Lehrer
Prof. Dr. Dr. h.c. B. Rensch
gewidmet

Vorwort der Herausgeber

Innerhalb der biologischen Disziplinen genießt die Verhaltensforschung seit einigen
Jahren eine große Popularität. Dies mag erklären, daß sie schnell zu einem festen Bestandteil des Lehrplans Höherer Schulen geworden ist, während sie mit Verzögerung
und vielfach erst im Zuge personeller Erweiterungen in die Studienpläne der Universitäten und Hochschulen aufgenommen wird. Verhaltenslehre wird infolgedessen an
Schulen überwiegend von Autodidakten unterrichtet. Verhaltensforschung ist nun aber
gewiß keine Modewissenschaft, deren Abklingen man erwarten kann. Sie erscheint vielmehr von außerordentlicher Tragweite für die Erforschung der Gesetzmäßigkeiten des
Zusammenlebens tierischer Organismen — also auch des Menschen — und für die Lösung
zukünftiger Probleme. So ist die Behandlung der Verhaltenslehre, wie sie für die Kolleg-
stufe der Gymnasien vorgesehen ist, nicht zuletzt auf das Verständnis menschlichen
Verhaltens ausgerichtet.

Der Fülle populärwissenschaftlicher Bücher stand bis vor kurzem leider kein entspre-
chendes Angebot an geeigneter Studienliteratur gegenüber, und der Mangel an Versuchs-
anleitungen zur Verhaltenslehre ist sowohl an Universitäten wie an Schulen nach wie
vor gravierend. Das vorliegende Studienbuch soll vor allem diesem Bedürfnis nach einer
experimentellen Unterstützung der Verhaltenslehre Rechnung tragen. Es ist entstanden
aus einem Praktikum für Lehramtskandidaten und wendet sich darüber hinaus an alle,
die Gesetzmäßigkeiten und Begriffe der Verhaltensforschung mit Hilfe einfacher Beobachtungen und Versuche erarbeiten wollen, also insbesondere an Lehrer und Schüler
der Oberstufe Höherer Schulen. Für Studierende der Psychologie und Soziologie dürfte
das Buch eine willkommene Ergänzung um den Bereich naturwissenschaftlicher Methoden der Verhaltensanalyse darstellen.

Schwerpunkt des Buches sind die Anleitungen zu Verhaltensexperimenten, deren Prinzip es ist, mit möglichst einfachen Mitteln ohne großen Aufwand an Instrumenten die
wichtigsten Verhaltensweisen zu veranschaulichen. Besonderer Wert wurde darauf gelegt, daß die Versuchstiere leicht zu beschaffen und zu halten sind. Nach Möglichkeit
werden Alternativversuche angegeben, die ein Ausweichen auf eine andere Tierart ge-
statten, falls eine bestimmte Art nicht zur Verfügung steht. Eine Reihe von Beobachtungen soll am Menschen gemacht werden. Bei Themen, zu denen leicht durchführ-
bare Versuche nicht angeboten werden können, verweist der Autor auf bewährte Un-
terrichtsfilme.

Die allgemeinen Abschnitte des Buches sollen vor allem in die Thematik der Experimente einführen und Begriffe der Verhaltensforschung erläutern. Sie ersetzen nicht die
vorhandenen Lehrbücher zur Verhaltenslehre, die für eine weitere Vertiefung des Stoffes wichtig erscheinen und auf die im Literaturverzeichnis besonders hingewiesen wird.
Die gegenwärtige Beliebtheit der Verhaltensforschung darf nicht darüber hinwegtäuschen, daß es sich um ein sehr komplexes Teilgebiet der Biologie handelt, das sich auf
eine Reihe benachbarter naturwissenschaftlicher Disziplinen stützt. Für das Verständnis des dargebotenen Stoffes sind Grundkenntnisse der Physiologie, der Anatomie und
Genetik sowie der basalen kybernetischen und phylogenetischen Prinzipien, wie sie in

den Grundvorlesungen der Biologie behandelt werden, unbedingt notwendig. Vorkenntnisse auf den Gebieten der Ökologie, der Biochemie und die einfachsten Methoden der Variationsstatistik sind erwünscht.

Besondere Aufmerksamkeit wird in der vorliegenden Darstellung phylogenetischen Aspekten des Verhaltens geschenkt. Insbesondere die Frage nach dem Selektionsvorteil des jeweiligen Verhaltens zieht sich als „roter Faden" durch das gesamte Buch. Angeborene Verhaltensweisen unterliegen zwar ebenso wie morphologisch-anatomische Merkmale den Prinzipien der Evolution. Da Selektion jedoch niemals an einzelnen Komponenten des Verhaltensinventars sondern stets an den Individuen angreift, lassen sich ähnlich wie im Bereich der Morphologie gelegentlich exzessive Ausprägungen von Verhaltensweisen (Luxurierungen) beobachten, die offensichtlich keinen positiven Anpassungswert haben, für den Organismus aber tragbar sind. Solche Beispiele relativieren notwendigerweise die Frage nach dem Anpassungswert bestimmter Verhaltensweisen.

Das Verhalten des Menschen, das traditionell außerhalb der Naturwissenschaft von Philosophie und Psychologie mit deren Methoden erforscht wurde, wird mehr und mehr Gegenstand auch der Verhaltensforschung (Humanethologie). Bei der Suche nach den biologischen Grundlagen menschlichen Verhaltens besteht stets die Gefahr einer subjektiven, weltanschaulich gefärbten Deutung. Hinzu kommt, daß zur Erforschung menschlichen Verhaltens nur begrenzt experimentelle Methoden angewendet werden können und die meisten Erkenntnisse mit indirekten Methoden durch den Vergleich verschiedener Rassen und Kulturen oder im Analogieschluß vom Tier auf den Menschen gewonnen werden. Plausible Deutungen können dabei oft nur mit Mühe von Kausalzusammenhängen unterschieden werden. Die Gefahr einer Überschreitung der Grenzen, die der Naturwissenschaft durch ihre objektive Methodik gezogen sind, ist besonders groß bei der Analyse komplexer Lernleistungen und menschlichen Sozialverhaltens.

Der Autor scheut sich nicht, die von der Biologie gesetzten Grenzen gelegentlich zu berühren oder unter Hinweis auf Analogieschlüsse sogar zu überschreiten. So wird beispielsweise die Kulturevolution nicht als Ablösung der biotischen Evolution sondern als deren konsequente Fortsetzung angesehen. Bereiche intimer Berührung zwischen Naturwissenschaft und Philosophie bleiben nicht verborgen.

Wir hoffen mit dem Autor, daß die Verhaltensforschung beitragen kann zu einer naturwissenschaftlich begründeten Ethik, die frei ist von Ideologien und subjektiven Erfahrungen früherer Generationen.

Jülich, im Herbst 1977   H. Stieve und E. Hildebrand

Vorwort des Autors

Das vorliegende Praktikum der Verhaltenskunde entspricht im wesentlichen dem von mir in den Jahren 1972 bis 1976 angebotenen Praktikum für Anfänger. Es wurde unter folgenden zwei Gesichtspunkten zusammengestellt:

1. Angesichts der unüberschaubaren Fülle spezieller Fachliteratur und populärwissenschaftlicher, teils umstrittener polemischer Publikationen sollte dem Studierenden durch eine Kombination jeweils allgemein zusammenfassender Abschnitte mit einer Auswahl spezieller Versuche eine Orientierungshilfe gegeben werden.

2. Weiterhin sollten die Versuche, soweit möglich, die wichtigsten Problemkreise der Verhaltenskunde abdecken und mit einfachen Mitteln durchführbar sein, so daß sie von den Teilnehmern, die in der Mehrzahl Lehramtskandidaten sind, in der späteren Schulpraxis als Anregung bzw. direkte Vorlage verwendet werden können.

Bei der Vielfalt verhaltensbiologischer Fragestellungen war es verständlicherweise nicht möglich, beiden Forderungen voll zu entsprechen. Die wiederholte Praxis zeigte weiterhin, daß „Verhalten" vom Lernenden nur dann richtig verstanden werden kann, wenn die wichtigsten Gesetzmäßigkeiten der Evolution und physiologische Grundkenntnisse vorhanden sind.

Die klärenden Hilfestellungen, die diesbezüglich bei den Teilnehmern möglich waren, können in diesem Rahmen teils gar nicht oder nur stark gekürzt als Hinweise berücksichtigt werden, so daß auch diese Anleitung für den Leser so manche Frage aufwerfen aber nicht beantworten wird.

Ich möchte mich an dieser Stelle bei „meinen" Praktikanten und Examenskandidaten der Jahre 1972 bis 1976, die mir geholfen haben, neue Versuche zu entwickeln, bzw. übernommene, wo notwendig, zu modifizieren,

bei meiner Frau, Dr. rer. nat. H. Skrzipek, und den Herren Herausgebern, besonders Herrn Dr. rer. nat. E. Hildebrand, für die eingehende konstruktive Kritik des Manuskriptes, sowie die Anregung, einige Passagen umzustellen bzw. ausführlicher zu fassen, wodurch, wie ich hoffe, der Text für den Leser verständlicher gestaltet wurde,

bei der Werkstatt des Hauses, besonders den Herren H. Bergrath, K. H. Mönning und K. Honneff, für die Herstellung der benötigten Hilfsmittel

und beim zukünftigen Leser, der vielleicht mit einer Frage nach technischen Versuchsdetails oder direkt diese oder jene Verbesserung anregen wird,

herzlich bedanken.

Aachen, im Herbst 1977   K. H. Skrzipek

Inhaltsverzeichnis

Im Text benutzte Abkürzungen

AAM   angeborener, auslösender Mechanismus
d   Tag
EAAM durch Erfahrung ergänzter Auslösemechanismus
EAM   erworbener Auslösemechanismus
FT   Tonfilm 16 mm
FWU   Institut für Film und Bild in Wissenschaft und Unterricht (8022 Grünwald bei München)
h   Stunde
IWF   Institut für den wissenschaftlichen Film (34 Göttingen)
Vp   Versuchsperson
Vt   Versuchstier
ZNS   Zentralnervensystem
B 467 Dohlen erlernen unbenannte Anzahlen
B 523 Wellensittiche erlernen unbenannte Anzahlen
C 248 Die Automatiezentren im Froschherzen
C 653 Entwicklung der frühkindlichen Motorik — Teil III Greifen und andere Bewegungsweisen
C 880 Reizversuche am Herzen des Kaltblüters — Frosch
C 987 Prägung von Entenküken — Nachfolgereaktion
D 845 Instinktverhalten durch Stammhirnreizung bei Hühnern — I Operationstechnik
D 846 dto. II Körperbedürfnisse und Stimmungen
D 847 dto. III Feindverhalten
D 848 dto. IV Verhalten gegen Artgenossen
D 849 dto. V Verhalten, das sonst durch Sinnesreize ausgelöst wird.
E 721 Gasterosteus aculeatus — Balz und Ablaichen
FT 653 Was Tiere können und was sie lernen müssen.

Die exponentielle Wissenszunahme in unserer Zeit macht es unmöglich, alle zu nennen, die zum eigenen Lernen beigetragen haben. Die Regel ist, daß wir den größeren Teil des Wissens von anderen übernehmen und assimilieren. Dieses eigene Hineinwachsen in die Problematik wurde unter anderem wesentlich mitbestimmt durch Ausführungen und/ oder Schriften von B. Rensch, E.v. Holst, B. Hassenstein, K. Lorenz, W. Tönnis, K.J. Zülch, I. Eibl-Eibesfeldt, N. Tinbergen, K.v. Frisch, R. Riedl, W. Wickler und R. A. Hinde.

Sie haben mir Fragen beantwortet, für die eigene Intuition und Zeit nicht ausreichten und ich fühle mich ihnen in Dank verbunden.

1 Einführung

Seit Urzeiten war der Mensch gezwungen, dem Verhalten besondere Aufmerksamkeit zu schenken. Sei es auf der Suche nach Schutz vor Raubtieren, der Jagd, bei der Haltung von Tieren oder im Bereich innerartlicher Beziehungen — Wissen über das Verhalten war ein Selektionsvorteil. Wenn dieser Sachverhalt auch nur mittelbar in Beziehung zu unserer modernen Wissenschaft steht, so kann die Kenntnis verhaltensbiologischer Zusammenhänge doch von existenzieller Bedeutung bei der Zukunftsplanung sein.

Die Verhaltensforscher der Gegenwart sind sich einig darüber, daß die zunehmende Divergenz zwischen den modernen Lebensformen des Menschen und seinen biologischen Dispositionen eine ernstere Gefahr für die Zukunft darstellt als Nahrungs-, Energie- oder Rohstoffmangel.

Unser heutiges Wissen vom Verhalten ist primär von zwei Wissenschaften erarbeitet worden: der Biologie (Vergleichende Verhaltensbiologie und -physiologie) und der Psychologie (Experimentelle und/oder vergleichende Psychologie, Reflexologie, Behaviorismus).

Die Verhaltensforschung psychologischer Richtung entwickelte sich aus der Humanpsychologie, die ihrerseits in der Philosophie wurzelt. Die zahlreichen Schulen und teils erheblich unterschiedlichen Lehrmeinungen lassen sich, summarisch betrachtet, in eine vitalistische und eine mechanistische Richtung aufgliedern. Während die Vitalisten der Überzeugung waren, daß Verhalten letzten Endes von Entelechien getragen wird, und eine Reihe kausal nicht weiter analysierbarer Instinkte postulierten (J. R e i n k e 1849 bis 1931; H. D r i e s c h 1867 bis 1941; J. v. U e x k ü l l 1864 bis 1944), waren die Mechanisten (Begründer R. D e s c a r t e s 1596 bis 1650) der Überzeugung, Verhalten ließe sich letztlich auf Gesetze der Physik zurückführen. Sie lehnten konsequenterweise jede Introspektion ab und erforschten nur das experimentell überprüfbare Verhalten. Besonders geprägt wurde diese Forschungsrichtung von der Reflextheorie (I. S e c h e n o w 1829 bis 1905; W. B e c h t e r e w 1857 bis 1927und I.P. P a w l o w 1849 bis 1936), die im amerikanischen Raum erweitert und zur assoziativen Lerntheorie ausgebaut wurde; Behaviorismus (J. B. W a t s o n 1878 bis 1958; E. L. T h o r n - d i k e 1874 bis 1949; K. S. L a s h l e y 1890 bis 1958 und B . F. S k i n n e r geb.

1904 u.a.). Das besondere Verdienst der vergleichenden Psychologie ist die Erforschung des Lernverhaltens. Besonders bei der Analyse komplexer tierischer Leistungen: Abstraktion, Generalisation, einsichtige Handlungen, nahmen Forschungsimpulse und Fragestellungen hier ihren Ausgang (vgl. z.B. [157], [247]).

Die Ablehnung einer mit naturwissenschaftlichen Methoden erforschbaren Kausalität der Instinkte einerseits und die Überbewertung des Experimentes als einziges legitimes Erklärungsprinzip andererseits führten dazu, daß der phylogenetische Aspekt des Verhaltens zunächst unberücksichtigt blieb. Hier fand die vergleichende Verhaltensbiologie ihr Betätigungsfeld. Bereits C. D a r w i n (1809 bis 1882) hatte mit einer Arbeit über die Ausdrucksbewegungen bei Mensch und Tieren die vergleichende stammesgeschichtliche Betrachtungsweise bei der Analyse des Verhaltens induziert. Es folgten Arbeiten von O. H e i n r o t h (1871 bis 1945), C . O. W h i t m a n (1842 bis 1910) und W. C r a i g (1876 bis ?), die, als Wegbereiter für K. L o r e n z (geb. 1903) und N. T i n b e r g e n (geb. 1907), die eigentlichen Begründer der Ethologie, gelten können. Zu den wichtigsten Vertretern der vergleichenden Verhaltensbiologie im europäischen Raum gehören heute u.a. I. E i b l - E i b e s f e l d t (Humanethologie), B. H a s s e n s t e i n (Verhaltenskybernetik) und W. W i c k l e r (Verhaltensphylogenie). Das Verdienst der vergleichenden Verhaltensbiologie liegt neben der Erforschung der Phylogenie des Verhaltens in der Entdeckung und Erforschung der Verhaltensspontaneität (E. v. H o l s t 1908 bis 1962; s. Abschn. 4.1). Entsprechend der stürmischen Entwicklung der Naturwissenschaften und der Breite des Stoffes wird die vergleichende Verhaltensbiologie heute in einzelne Teildisziplinen aufgegliedert: deskriptive Ethologie, Neuroethologie [80], Ethoendokrinologie, Ethogenetik, Ethoökologie, Verhaltensontogenie, usw.

Beiden Disziplinen (Psychologie und Verhaltensbiologie), die jahrzehntelang konträre Positionen einnahmen und gegeneinander teils leidenschaftlich polemisiert haben, ist eigen, daß sie in der Praxis ihrer Forschung konsequent und mit Erfolg die von der europäischen Kultur errichtete und schier unüberwindbare Kluft zwischen der Spezies Homo sapiens und den übrigen Arten auf der Ebene des Verhaltens systematisch überschritten haben (vergleichende Verhaltensbiologie-Humanethologie; vergleichende Psychologie-Tierpsychologie). Häufig mit verschiedener Zielsetzung, in letzter Konsequenz aber doch mit wichtigen Erkenntnissen einer Homologien- und Analogienanalyse wurde so ein Gesamtkonzept ermöglicht, das seitens der Biologie von B. R e n s c h (geb. 1900) in Form der Psychophylogenese ausführlich dargelegt wurde [241], [244], [246]. Kurz zusammengefaßt sieht seine Theorie wie folgt aus: Die Materie ist so beschaffen (*protopsychische Eigenschaften*), daß, wenn sie in organischen Funktionssystemen auftritt, je nach Entwicklungsgrad (Stammbaum) eine sukzessive Zunahme informationsaufnehmender, -speichernder und -integrierender Funktionen zu beobachten ist, die in der komplexesten Erscheinungsform beim Menschen auch mit Geist und Psyche im klassischen Sinne umschrieben werden. Hier ist nochmal eine Höherentwicklung (s. Absch. 11) durch die Tradition = akkumulierende Kultur (Sprache, Schrift) zu verzeichnen. R e n s c h [244] wies ebenfalls darauf hin, daß die vom Verhalten des Menschen getragene Kulturevolution ähnlichen Systemgesetzen unterliegt wie die organische Evolution, was mit zunehmendem Erfolg erforscht wird — Kulturevolution [19] [75], [78], [155], [317], [319].

Dem unvorbelasteten Leser mag die Gedankenführung insofern schwer nachvollziehbar erscheinen, weil es zwischen dem Verhalten des Menschen und seinen nächsten Verwandten, den Schimpansen, nicht zu übersehende graduelle und prinzipielle Unterschiede gibt. Bezüglich der graduellen Unterschiede kann darauf hingewiesen werden, daß beim Rekonstruieren der Phylogenie sowohl die Zwischenformen: Ramapithecus, Australopithecus, Homo erectus, Homo praesapiens (Praeneandertaler, Neandertaler) [119], [120], [240]; wie die einzelnen Stufen der Kulturentwicklung (s. Abschn. 11.2) berücksichtigt werden müssen, was das Verständnis für die sukzessive Höherentwicklung erleichtert. Im Hinblick auf prinzipielle Unterschiede ruht die Schwierigkeit häufig *in dem Fehler, diese erst bei dem Entwicklungsschritt zum Homo sapiens zu sehen.* Wie die Kybernetik gezeigt hat, ist es nichts Außergewöhnliches, wenn bei der Entwicklung komplexerer Funktionssysteme prinzipiell neue Eigenschaften auftreten. K. L o r e n z hat diesbezüglich ein besonders einprägsames Beispiel von B. H a s s e n s t e i n angeführt [191]. Eine Spule und ein Kondensator zeigen in einer „höher entwickelten Stufe", dem Schwingkreis, neue Eigenschaften, die von den Ausgangsbausteinen mitbestimmt werden, in ihnen selbst aber auch nicht andeutungsweise vorhanden sind. Ähnlich lassen sich im Stammbaum der Organismen eine Fülle prinzipieller Neuerungen aufzeigen, z.B.: Beim Übergang vom Einzeller zum Vielzeller war die Möglichkeit zu einer Zellkooperation (u.a. Entwicklung des assoziativen Lernens) prinzipiell neu. Sie läßt sich zwar auf die Fähigkeit zur Spezialisierung und Modifikation der einzelnen Zelle zurückführen (vgl. Abschn. 5); sie ist aber in ihr selbst noch nicht enthalten.

In dem heute verstärkt einsetzenden Bemühen beider Wissenschaften um eine Synthese wird deutlich, daß Wissenschaftstradition (beide Disziplinen wenden noch viel Mühe auf, um den Gegenstand eigener Forschung, Lernen bzw. angeborenes Verhalten, als den jeweils wichtigeren herauszustellen) und der Ballast der verwendeten Sprache (beide Disziplinen konnten nicht verhindern, daß in der von ihnen verwendeten Terminologie die Tradition von Jahrhunderten mitschwingt) die wichtigsten Quellen von Mißverständnissen sind, die diesen Prozeß behindern.

Hier erwächst dem Lehrenden die Aufgabe, einen intensiven Informationsaustausch zwischen beiden Disziplinen anzustreben und beim jungen Menschen nicht das Interesse für eine der Fachrichtungen, sondern für Verhalten schlechthin zu fördern.

2 Definition des Verhaltens — Aufgaben der Verhaltensforschung

Versucht man Verhalten so zu charakterisieren, daß sowohl angeborenes - wie Lernverhalten gleichermaßen berücksichtigt werden, gelangt man zu folgender Definition: **Verhalten ist die Funktion des Organismus.** Dabei ist die Funktion als das Zusammenwirken von Organen, Geweben und Zellen (bei Einzellern die Funktion der Zelle) und das Agieren und Reagieren des Organismus in Bezug zur Umwelt gemeint. In beiden Projektionen ist Verhalten ein Ergebnis phylogenetischer Entwicklung, wobei im letzteren Fall zu berücksichtigen ist, daß im Bereich zwischen- und innerartlicher Beziehungen Funktionseinheiten höherer Ordnung (z.B. Symbiose, Sozietät) entwickelt wurden, bei denen neben dem Verhalten des einzelnen Organismus die Funktion des Gesamtsystems gesondert beachtet werden muß (vgl. Abschnitt 3).

Die Definition schließt die höchsten ZNS-Leistungen des Menschen, Denken, Kreativität usw., mit ein, was mit zahlreichen Daten aus der Psychiatrie, Neurologie, Neurochirurgie, Psychophysiologie und Psychophysik belegt werden kann (vgl. z.B. [1]; [29]; [110]; [177]; [187]; [212]). Der Verlust, die Beschädigung oder die gezielte experimentelle Einflußnahme auf das ZNS oder auf Teile davon verdeutlichen, daß Struktur und Funktion untrennbar verbunden sind; daß bestimmte Funktionen des ZNS diesen oben genannten Phänomenen entsprechen (vgl. Abschn. 5.3.2.7 und 5.3.2.8). Bedingt durch die für unsere Kulturentwicklung so entscheidende dualistische Weltauffassung (Begründer Anaxagoras 500 bis 428 v.u.Zr.) ist es in der Regel äußerst schwierig, diesen Sachverhalt verständlich zu machen.

Angesichts der Fülle von Details (vgl. z.B. [128]), die zum Kausalverständnis des Verhaltens beiträgt, und der Vielzahl verschiedener Organismen und Formen des Zusammenlebens ist es verständlich, daß viele verschieden orientierte, naturwissenschaftliche Disziplinen direkt oder indirekt an der Erforschung des Gesamtphänomens beteiligt sind und ihre speziellen Arbeitsbereiche sich teils erheblich überlappen.

Die vergleichende Verhaltenskunde hat dabei wichtige Aufgaben übernommen, die sich wie folgt zusammenfassen lassen:

1 Die Erforschung des Verhaltens von Organismen in ihrer Umwelt Sie schließt die Integration physiologischer Teilfunktionen im Gesamtsystem des Individuums mit ein. Die Erkenntnisse aus diesem Forschungsbereich sind deshalb unersetzbar wichtig, weil es praktisch nicht möglich ist, von der Teilfunktion ausgehend, etwa durch Zusammensetzen von Zellen, Organen etc. ein „Modell" zu konstruieren, das dem vorgefundenen, natürlichen Vorbild entsprechen würde. Erst die Kenntnis der Gesamtfunktion gibt die Möglichkeit, ein anhand z.B. physiologischer Einzeldaten konstruiertes Modell zu überprüfen und damit die Bedeutung des Details fürs Ganze zu verstehen und richtig einzuordnen.

Während die praktische Seite dieses Sachverhalts in unserem Unvermögen ruht, alle Faktoren zu berücksichtigen, ja überhaupt zu kennen [277], ist die theoretische Begründung von zwei Systemgesetzen vorgezeichnet:

a) Leben ist mit dem Rückkopplungsprinzip (Regelkreis) untrennbar verbunden [114], [143], [254], [263]. Die Teile eines Regelkreises geben aber keinen Hinweis auf ihn selbst, und sie enthalten ebenfalls nicht die in ihm wirksamen Funktionen höherer Ordnung (vgl. Beispiel im Abschn. 1).

b) Die Gesamtfunktion selbst wiederum ist Teil einer Wechselbeziehung zwischen Organismus und Umwelt. Das Individuum ist nicht nur, physiologisch gesehen, mit seiner Umwelt in einem Fließgleichgewicht aufs Engste verbunden, sondern auch auf der Aktionsebene des Verhaltens in einem Regelkreis mannigfaltiger Interaktionen in diese integriert (s. z.B. Abschn. 4.2.3), was bereits J. v. U e x k ü l l (1864 bis 1944) deutlich gesehen hat. Vergegenwärtigen wir uns z.B. die Tatsache, daß uns nur solche Lebensformen zur Untersuchung erhalten geblieben sind, die der Selektion widerstanden haben, an die Umwelt also angepaßt sind, so wird deutlich, daß Verhalten ohne Berücksichtigung dieser Beziehungen nicht vollständig erforschbar ist.

Zum Beispiel: Die Bedeutung einer Nebenniere für ein Individuum läßt sich nicht aus einer noch so detaillierten physiologischen Analyse des Organs bzw. seiner Zellen ablesen. Sowohl die Kenntnis des Regelkreises: Rezeptoren - ZNS - Hypophyse - Nebenniere - ZNS, wie auch das Wissen vom Verhalten, z.B. Streß [305], werden erst die Möglichkeit bieten, dieses Organ in die Gesamtfunktion richtig einzuordnen.

2 Die Erforschung der Verhaltensphylogenie Da die „Konstruktion" eines Organismus und damit seine Funktion neben physiologisch kybernetischen Gesetzmäßigkeiten und der Wechselbeziehung zur Umwelt gleichermaßen durch seine historischen (in der Evolution entwickelten) Eigenschaften bestimmt wird, ist es zum vollen Verständnis des Verhaltens unerläßlich, die Phylogenie zu analysieren. Nur so lassen sich z.B. die Wechselbeziehungen zwischen angeborenem und erlerntem Verhalten (vgl. Abschn. 4.2 und 5) und zahlreiche andere Phänomene, wie z.B. Verhaltensrudimentation (vgl. Abschn. 3.2 und 3.3), Ritualisierung usw. kausal verstehen.

Jede Optimierung in der Phylogenie ist nicht absolut, sondern ein tragbarer Kompromiß zwischen dem von der Evolution „vorgefundenen" Modell und der durch Selektion geforderten Neuanpassung.

In diesem Forschungsbereich verfügt die Biologie über besonders reiche Erfahrung, wodurch verständlicherweise phylogenetische Fragestellungen zu einem Schwerpunkt der Verhaltensbiologie geworden sind. Sie erfaßt neben dem angeborenen Verhalten und angeborenen Dispositionen auch zunehmend die Phylogenie der Lernfähigkeit und der Bewußtseinserscheinungen.

Die Phylogenie der Bewußtseinserscheinungen ist dabei, bis auf wenige Ausnahmen, [244], [246], bislang von der Biologie vernachlässigt worden, weil die Qualität dem empirischen Meßverfahren verschlossen bleibt und folglich Fragestellungen dieser Art nur über den Analogieschluß beantwortet werden können. Die bewährte Praxis spricht allerdings gegen die weit verbreitete Meinung, der Analogieschluß wäre nicht beweiskräftig. Um dies zu verdeutlichen, müssen wir uns vergegenwärtigen, daß selbst *das subjektive Erleben unseres Mitmenschen nur über den Analogieschluß zugänglich ist.* Die gelegentlich vertretene Meinung, die Sprache biete die Möglichkeit eines objektiven Brückenschlages, ist, erkenntnistheoretisch gesehen, eine Inkonsequenz, die besonders dann augenscheinlich ist, wenn beim gleichen Input verschiedene subjektive Reaktionen, bei verschiedenen Personen z.B. lachen oder weinen, resultieren. Die Psychophysiologie der letzten Jahre hat gezeigt, daß Unterschiede im subjektiven Erleben elektrophysiologisch (Ableitung der Hirnströme) nachweisbar sind.

Das bedeutet aber: auch bei Benutzung der Sprache läßt sich eine Ähnlichkeit nur durch die Übereinstimmung physiologischer Funktionen wahrscheinlich machen. Konsequent weiter ausgeführt und verallgemeinert: *Je größer die Übereinstimmung objektiv meßbarer Daten zwischen zwei Organismen ist, desto größer ist die Wahrscheinlichkeit, daß ihr subjektives Erleben ähnlich sein wird, sowohl im Vergleich von Mensch zu Mensch wie von Mensch zu Tier.*

Nach den bisherigen Ergebnissen dieser Forschungsarbeit unterliegt Verhalten einer Reihe von Systemgesetzen und Selektionsprinzipien, die gleichermaßen auf der Ebene der Zelle, des Organismus und der Sozietät (auch in der Kulturevolution) Gültigkeit haben:

Zum Beispiel: *Das Prinzip der hierarchischen Ordnung.* In zusammengesetzten Systemen führen Spezialisierung und hierarchische Staffelung von Steuerfunktionen zur Ökonomisierung. Diese Entwicklung wird deshalb in der Phylogenie bevorteilt. Wir beobachten dieses Phänomen sowohl auf der Ebene der Zelle: Zusammenwirken von Teilprozessen; auf der Ebene des Individuums: Zusammenwirken von Zellen, Organen; wie auf der Ebene der Sozietät: Zusammenwirken von Individuen. Auch im kulturellen Bereich, in der Organisation von Interessengemeinschaften, Industriebetrieben, Staaten etc., ist dies nachweisbar.

Oder: *Das Prinzip der Tradierung.* Lebende Systeme und die von ihnen getragenen Formen kulturellen Zusammenlebens sind gleichermaßen durch ein Zusammenwirken unzähliger *aufeinander abgestimmter Funktionen* realisiert, so daß es praktisch unmöglich ist, diese ohne Erfahrung in einem Guß entstehen zu lassen [243], [246], [254]. Nur das Evolutionsverfahren – allmählicher Wandel und Verkomplizierung mit der Strategie der „kleinen Schritte": Festhalten am Vorhandenen, geringfügige Veränderung bzw. Hinzufügen einzelner Faktoren, die nie so gravierend sein dürfen, daß sie den Träger in toto gefährden – Genom und Mutation oder Tradition und Erfindung, erlaubt hier eine Weiterentwicklung und gegebenenfalls eine Optimierung.

Beide hier stellvertretend für viele andere Gesetzmäßigkeiten stehenden Beispiele lassen sich auf das Evolutionsprinzip zurückführen: eine Anpassung mit den tragbar *sparsamsten Mitteln* wird bevorteilt – *Prinzip der Ökonomisierung.*

Das Verdienst der vergleichenden Verhaltensforschung besteht heute insbesondere darin, den phylogenetischen Aspekt und seine universelle Bedeutung herauszuarbeiten und zu verdeutlichen. Oft der Kompetenzüberschreitung angeklagt, zeichnet sich bereits deutlich ab, daß die erzielten Teilerfolge zusehend Einfluß auf zahlreiche Nachbardisziplinen gewinnen und in deren theoretisches Gesamtkonzept integriert werden.

Um zu demonstrieren, daß Verhalten die Funktion des Körpers ist, gibt es eine Fülle von Versuchen, die methodisch allerdings vorwiegend auf den operativen Eingriff (Amputation, Hirnexstirpation, elektrophysiologische Reizung etc.) zurückgreifen. Im Hinblick auf die Unterrichtspraxis sind nur Versuche ausgewählt, bei denen operative Eingriffe nicht notwendig sind.

▲ *Versuch 1.* Funktion der Schrilleiste und ihre Bedeutung im Gesamtverhalten der Feldgrille

Verhalten wird nicht nur von der Funktion des ZNS, sondern auch von der Funktion der übrigen Körperteile mitbestimmt (vgl. Abschn. 2). Dies läßt sich besonders einfach an der Feldgrille demonstrieren.

B e n ö t i g t e   T i e r e   u n d   M a t e r i a l i e n. Der Versuch wird im Anschluß an die Beobachtungen der Feldgrille (vgl. Versuch 7) durchgeführt. Neben den dort angeführten Tieren und Materialien benötigt man eine Dose reine Vaseline (Apotheke) und einige flach zugespitzte Streichhölzer.

V e r s u c h s d u r c h f ü h r u n g. Es wird einigen Feldgrillen-Männchen, deren Verhalten bekannt ist (Kampf, Rangordnung, Balz), mit dem Streichholz vorsichtig ein wenig Vaseline (ca. 0,5 Streichholzkopf) auf die Schrillkante und Leiste (zwischen den Flügeln) aufgetragen (Abb. 1) und anschließend das Verhalten beobachtet und protokolliert.

A n m e r k u n g e n. 1. Die aufgetragene Vaseline glättet die Flächen des Gesangsbestecks, so daß die Tiere stumm werden. Die Wirkung klingt nach ca. 0,5 bis 1 Tag ab. Bei den Beobachtungen ist es vorteilhaft, jeweils ein behandeltes mit einem unbehandelten Tier unmittelbar zu vergleichen, z.B. in der Anordnung 2 ♂ + 1 ♀.

2. Der Versuch gelingt am besten mit der einheimischen Feldgrille (Balzverhalten) in großen Beobachtungskästen. ■

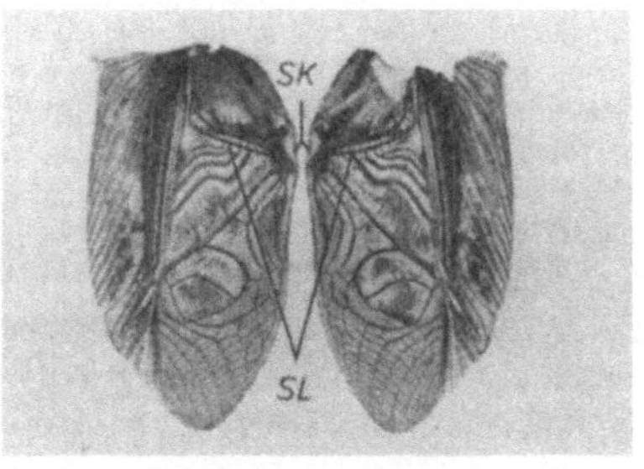

Abb. 1
Abpräparierte Vorderflügel eines Grillenmännchens
(G. bimaculatus) — Aufsicht
SL = Schrilleiste, SK = Schrillkante. Beim lebenden
Tier sind die Flügel teilweise übereinandergelegt.

▲ *Versuch 2.* Einfluß von Coffein auf den Netzbau von Zygiella

Bei höher entwickelten Organismen wird Verhalten entscheidend vom Zentralnervensystem beeinflußt. Das ZNS koordiniert nicht nur die Funktion der Erfolgsorgane, sondern bestimmt auch ihre zeitliche Reihenfolge; kurz gesagt, hier ist angeborenes und erlerntes Verhalten programmiert. Dementsprechend führen Eingriffe in das ZNS zu Verhaltensänderungen, die je nach Art des Eingriffs verschieden ausgeprägt sind. In neuerer Zeit haben beim Studium der ZNS-Funktion Psychopharmaka zunehmend an Bedeutung gewonnen. In der Humanmedizin wurde eine Reihe von Medikamenten entwickelt, die gezielt und vorhersagbar Verhalten verändern, z.B. Beruhigungsmittel, Schlafmittel, Weckamine u.a. (hier läßt sich auch die Wirkung von Drogen wie LSD, Cocain, Alkohol, Nikotin usw. anführen).

Im Zusammenhang mit der Entwicklung von Testverfahren für diese Substanzen führte in den 50er Jahren der Pharmakologe P. N. W i t t eine Reihe von Untersuchungen mit Netzspinnen durch [296]. Dabei stellte er fest, daß die einzelnen Pharmaka charakteristische Veränderungen im Netzbau bewirken. Die Versuche sind besonders eindrucksvoll, da das Spinnennetz artkonstant ist und jede pharmakologisch bewirkte Veränderung gewissermaßen eine Dokumentation einer Verhaltensbeeinflussung darstellt, die über eine fotografische Fixierung für unbegrenzte Zeit einer Analyse zugänglich ist. Diesem Vorteil gegenüber ist der Vergleich der Substanzwirkung mit ihrer Wirkung bei Wirbeltieren problematisch, obwohl die oft weitgehende Übereinstimmung der elementaren physiologischen Prozesse (z.B. Transmitterwirkung, Synapsenfunktion, Erregungsleitung, Stoffwechsel etc.) diesen in gewissen Grenzen legitimiert [86], [147].

Von den zahlreichen auf diese Weise getesteten Agentien: Coffein, Pervitin, Veronal (Barbital), LSD, Nembutal, Äther, Stickoxydul und andere [220], [325], [326], [328], wird beispielhaft die Wirkung von Coffein vorgestellt.

Die Wirkung von Coffein (1,3,7-Trimethyl-Xanthin) scheint auf der Hemmung der Phosphordiesterase, die zyklisches AMP abbaut, zu beruhen, was mittelbar zu einem Einfluß auf den Transmitterhaushalt, die Synapsenfunktion sowohl im ZNS als auch im Bereich der neuromuskulären Verbindungen führt [81], [84], [144], [161], [171], [262]. Je nach Dosierung beobachtet man Veränderungen in der Funktion des sensomotorischen und des vegetativen Nervensystems, aber auch eine Beeinträchtigung der Muskelfunktion.

Die Wirkung auf den Menschen läßt sich wie folgt zusammenfassen: in einer Dosis von 0,05 bis 0,2 mg oral (1 bis 2 Tassen Tee oder Kaffee) wirkt Coffein vornehmlich auf die Hirnrinde und erst in höheren Dosen auf das Vegetativum (Corticosteroidschüttung). Dabei ist die Wirkung abhängig von der physiologischen Ausgangssituation. Bei Ermüdung wirkt Coffein anregend, Aufnahmefähigkeit, Merk- und Denkvermögen sind gesteigert. Bei wachen Menschen hingegen läßt sich eine „Verbesserung" der ZNS-Leistung nicht sicher nachweisen, hier verzögert Coffein in der Regel das Einschlafen und behindert den Dauerschlaf. Höhere Coffeindosen führen zu Ideenflucht, Ruhelosigkeit und Tremor. In subletalen Dosen (Tierversuch) löst Coffein Krämpfe aus.

Bei Zygiella literata führen Coffeingaben von 100 bis 50 µg/Tier, ca. 5 bis 8 h vor dem Netzbau, zu Netzen, die nur noch in der Grundstruktur dem Normalnetz entsprechen, sonst aber jede Regelmäßigkeit vermissen lassen und eher einem zufälligen Fadengewirr ähneln.

B e n ö t i g t e   T i e r e   u n d   M a t e r i a l i e n. Neben ca. 5 bis 15 Tieren und Netzrähmchen (vgl. Versuch 75) benötigt man einige Stubenfliegen oder Schmeißfliegen (Fliegenbeschaffung, s. Versuch 3), reines Coffein, Rohrzucker, eine Operkulinspritze oder eine über der Flamme fein ausgezogene graduierte Pipette (1/1000 ml), einen Meßzylinder 10 ml, eine Laborwaage und zwei Uhrmacherpinzetten Nr. 5.

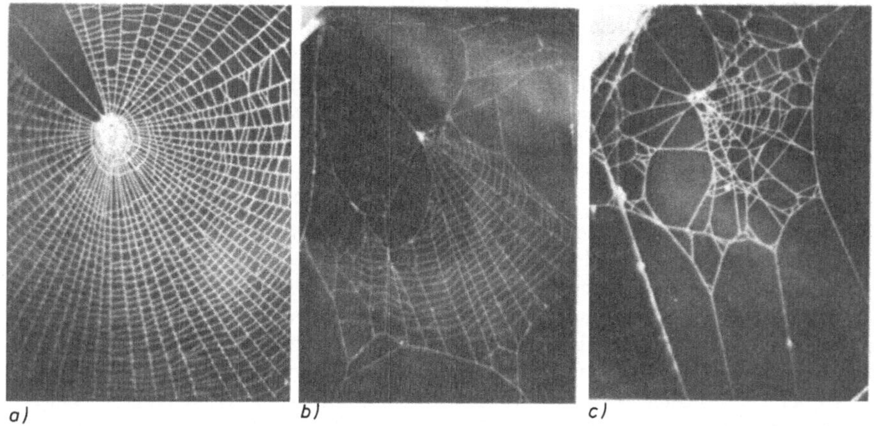

Abb. 2
Beispiele für den Netzbau von Zygiella.
a) Netzbau unter Normalbedingungen
b) nur teilweise abgebautes und notdürftig ergänztes Netz nach Coffeingabe
c) neu gebautes Netz unter Coffeineinfluß
a und b: 1/4 normaler Größe; c: 1/8 normaler Größe
Weitere Erklärungen siehe Versuch 2.

V e r s u c h s d u r c h f ü h r u n g. Wir wählen von den an die Rähmchen gewöhnten Tieren (vgl. Versuch 75) nur die mit normalen Netzen aus (Abb. 2a). *Verabreichung des Coffeins:* Die Wirkung der Psychopharmaka ist abhängig von der Dosis und dem Zeitabstand zwischen dem Verabreichen der Agentien und dem Netzbau, der in der Regel täglich kurz vor der Morgendämmerung, 2 bis 3 Uhr, erfolgt. Während die optimale Zeit, Verabreichung ca. 5 bis 8 h vor dem Netzbau, leicht eingehalten werden kann, bereitet die Dosierung des Coffeins einige Schwierigkeiten. Nach Peters et al. [220], nimmt Zygiella in ca. 30 min 2 bis 10 mg Lösung auf. Es empfiehlt sich deshalb, mit Coffeinlösungen von 100 mg Coffein/10 ml H_2O bis 50 mg Coffein/10 ml H_2O zu arbeiten. Die Lösungen müssen mit Rohrzucker gesüßt werden, da sie sonst von den Tieren nicht angenommen werden; am einfachsten: 10 ml einer 1 bis 2 molaren Rohrzuckerlösung (Haushaltszucker) plus Coffein. Die Lösung wird entweder tropfenweise direkt ins Netz neben den Schlupfwinkel gebracht, wo sie an Stelle von Wasser aufgenommen wird, oder mittels der Beutenahrung (Fliegen) verabreicht. Hierbei wird mit Äther getöteten Schmeißfliegen das Abdomen abgeschnitten und vorsichtig ausgepreßt, so daß nur die Chitinhülle übrigbleibt. Diese wird mittels der Spritze oder Pipette mit ca. 0,01 ml der Coffeinlösung gefüllt und ins Netz gehängt. Anschließend berühren wir das Abdomen mit einer vibrierenden Pinzette (besser Stimmgabel 835 Hz [220]), worauf es von der Spinne als Beute angenommen und teils ausgesaugt wird. Die aufgenommene Coffeinmenge läßt sich durch Wägen der Beuteattrappen mit und ohne Lösung usw. bestimmen.

A n m e r k u n g e n. Bei Versuchen mit hohen Coffeinkonzentrationen läßt sich die Wirkung bereits kurz nach der Aufnahme, 0,5 bis 1 h, beobachten. Die Tiere bewegen sich unsicher, heften in Zentimeterabständen den Sicherheitsfaden an und kehren häufig nicht in den Schlupfwinkel zurück. In der folgenden Nacht werden die Netze nicht vollständig abgebaut (Abb. 2b) und die fehlenden Sektoren nur mit wenigen unregelmäßigen Fäden gefüllt. Geringere Coffeindosen führen je nach aufgenommener Menge zu Netzen, wie in Abb. 2c gezeigt. Dazwischen gibt es alle Übergänge. Um sicherzustellen, daß die Tiere bauen, kann man einige (1 bis 3) Radialfäden vom Rahmen mit einer Schere abschneiden.

F o t o g r a f i e r e n. Am schonendsten ist es, das Netz mit Wasser zu besprühen – Zerstäuber – und auf schwarzem Hintergrund mit seitlicher Beleuchtung – Dunkelfeldeffekt – aufzunehmen; einfacher ist es, das Netz mit weißem Lack (Spraydose) zu konstrastieren. Bei Verwendung von Kunstharzlacken, abgefüllt in Frigen (Fa. Renault), konnte keine Verhaltensstörung beobachtet werden. Die Tiere erneuern die Netze normal, fressen die alten aber nicht auf. Tiere selbst nicht ansprühen! ■

△ **Versuche** *Zentralnervöse Verrechnung.* Mit der Entwicklung der Kybernetik (Begründer N. Wiener 1894 bis 1964) [322] ist die Erforschung nervöser, informationsverarbeitender Prozesse beschleunigt worden. Bedenkt man, daß unser Detailwissen, wie Synapsenbau und -funktion, Membranfunktion, Biochemie der Hormone und Transmitter, Stoffwechsel der Nervenzelle etc., wesentlich schneller erarbeitet werden konnte als genaue Kartierungen der im ZNS realisierten Verschaltungen (das menschliche Hirn hat ca. 10^{13} Zellen, bzw. das Bienenhirn ca. 850000 Zellen; [327]), wird deutlich, daß hypothetische Systemmodelle und ihre experimentelle Überprüfung einen wichtigen Beitrag zum Verständnis nervöser Informationsverarbeitung leisten können. Die Praxis zeigt, daß unter Beachtung bereits bekannter physiologischer Daten und des Prinzips der sparsamsten Mittel (das auch bei der phylogenetischen Entstehung von Schaltsystemen Gültigkeit hat; vgl. Abschn. 2) Funktionsmodelle entwickelt werden können, die nicht nur eine kausale Erklärung komplexer nervöser Leistungen erlauben, *sondern in*

definierten Versuchsbedingungen Voraussagen des Verhaltens der Organismen ermöglichen. Besonders der letztgenannte Umstand legitimiert diese Arbeitsweise und grenzt
sie gegen andere teils nur verbale Versuche einer Funktionserklärung ab. Die zur Zeit
am besten erforschten informationsverarbeitenden Schaltprinzipien betreffen den informationsaufnehmenden und -integrierenden Teil des ZNS (vgl. Abschn. 5.3.2.7).

Die folgenden Versuche demonstrieren im wesentlichen zweierlei: 1. Daß unter Selektionszwang in der Phylogenie logische Schaltungen im ZNS entwickelt werden und zwar
wiederholt unabhängig voneinander sowohl bei Evertebraten wie Vertebraten. 2. Daß
auch Phänomene des subjektiven Empfindens, wie z.B. optische Täuschungen (man
denke auch an die Introspektion) ein Ergebnis physiologisch kybernetischer Prozesse
des ZNS sind, also der Funktion des Körpers.

▲ *Versuch 3.* Reafferenzprinzip beim Bewegungssehen der Stubenfliege

Benötigte Tiere und Materialien. Einige Stubenfliegen (Musca), besser Schmeißfliegen (Calliphora), ein Kolophonium-Bienenwachsgemisch 3 : 1 (in einem
Tiegel über der Spiritusflamme mischen), eine optomotorische Trommel (vgl. Versuch
18) mit einem senkrechten Streifenmuster, ein Spiritusbrenner, Pinzette, Präpariernadel, Äther oder CO_2 zum Betäuben der Fliegen, Plastikpetrischalen (ϕ 10 cm), weißes
Filterpapier.
Beschaffung der Fliegen. Stehen keine Fliegen zur Verfügung – man kann
z.B. auch Schwebefliegen (Eristalis) und andere nehmen, lassen sich Calliphorae aus Maden = „Angelwürmer“ (Angelbedarf), selbst im Winter, heranzüchten (7 bis 14 Tage).
Die Maden werden dazu in ein Sägemehl-Kleie-Quarkgemisch (1 : 1 : 1), das eventuell
mit ein wenig Wasser versetzt wird (handfeucht) in einem breiten, mit Gaze abgedeck-
ten Glasbehälter, z.B. (1 l Weckglas) bis zur Verpuppung untergebracht (bei Raumtemperatur). Die dunkelbraunen Tönnchenpuppen werden ausgesammelt und bis zum
Schlüpfen in einem Gefäß mit leicht angefeuchtetem Filterpapier gehalten. Die Fliegen
füttert man mit Haushaltszucker, eventuell Dosenmilch und Wasser.
Versuchsbeschreibung und -interpretation. Setzt man eine
Fliege in eine optomotorische Trommel und dreht diese kurz, wird der optomotorische
Reflex (vgl. Versuch 18 bis 21) beobachtet. Die Reaktion kann jederzeit beim sitzen-
den Tier ausgelöst werden. Bewegt sich das Tier hingegen spontan in einer ruhenden
Trommel, wird ebenfalls auf der Retina eine Bildverschiebung stattfinden, und es wäre
zu erwarten, daß bei „gleicher“ Reizsituation: Umwelt – Auge, der optomotorische
Reflex das Tier jedesmal, wenn die spontane Lokomotion einsetzt, in die Ausgangsposition zurückzwingt. Das geschieht aber nicht. Daraus kann man folgern, daß entweder
bei der spontanen Bewegung der optomotorische Reflex „gehemmt“ wird – die retinale Bildverschiebung hat beim spontanen Lauf keinen Einfluß auf die Bewegung – oder
daß das ZNS des Tieres zwischen einer echten und einer Scheinbewegung der Umwelt
differenzieren kann, da es bei gleichem retinalen Reiz verschieden reagiert. Mit einem
einfachen Versuch läßt sich klären, daß der optomotorische Reflex bei spontaner Lokomotion nicht gehemmt wird und folglich die zweite Möglichkeit, daß zwischen einer
echten und einer Scheinbewegung differenziert wird, zutreffen muß.

Einigen betäubten Fliegen wird vor dem folgenden Versuch der Kopf vorsichtig um 180° gedreht und in dieser Stellung mit einem geschmolzenen Tröpfchen Kolophonium-Bienenwachs-Gemisch (Präpariernadel) fixiert. Setzt man ein so behandeltes Tier in die optomotorische Trommel und dreht diese kurz, wird dieses Mal ebenfalls der optomotorische Reflex ausgelöst, und das Tier bewegt sich, wie zu erwarten, im Vergleich zur normalen Kopfstellung in entgegengesetzter Richtung. Durch die Kopfverdrehung wird die Bewegung des Streifenzylinders vom optischen System als Bewegung in entgegengesetzter Richtung registriert, und dementsprechend erfolgt die Reaktion (Abb. 3).

Abb. 3 (nach E. v. H o l s t verändert).
Versuchssituation — optomotorischer Reflex.
a) beim Normaltier;
b) bei der Fliege mit verdrehtem Kopf.
Kleiner Pfeil gibt die Richtung der reflektorischen Ausgleichsbewegung der Tiere an; schwarz-weiß segmentierter Pfeil = die Drehrichtung des Streifenzylinders; die Erregung der Rezeptorzellen in der Folge 1-2-3-4-5-6 = wahrgenommene Bewegung nach rechts; in der Folge 6-5-4-3-2-1 = registrierte Bewegung nach links.

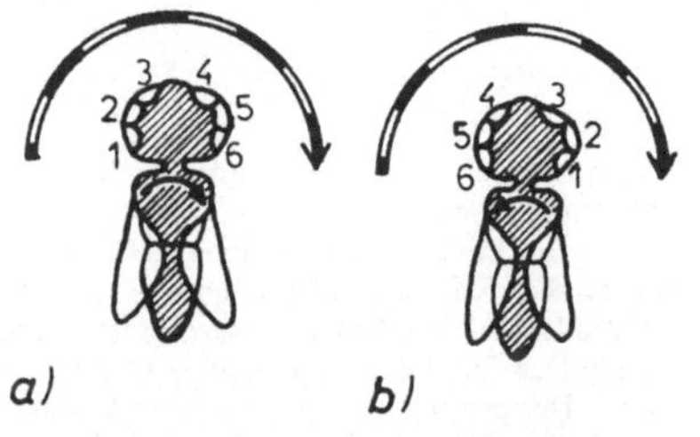

Ein spontaner „normaler" Lauf hingegen ist bei solch einem Tier nur in einem optisch homogenen Zylinder möglich. Im Streifenzylinder dreht sich die Fliege beim Einsetzen spontaner Bewegung mal links, mal rechts in engen Kreisen immer schneller und erstarrt letztlich in atypischer Stellung. Bringt man den Kopf in die Normalstellung zurück (Kontrollversuch), ist der Lauf wieder normal.

Die Beobachtung verdeutlicht zweierlei: a) die registrierte retinale Bildverschiebung hat auch beim spontanen Lauf einen Einfluß auf die Bewegung; der optomotorische Reflex kann also nicht gehemmt sein, und b) eine falsche Information führt zum Verhaltens-„Chaos", d.h., das ZNS „weiß", welche Bildverschiebung es bei einem spontanen Lauf zu erwarten hat und kann folglich zwischen einer Bildverschiebung, die durch Umweltbewegung verursacht wird, und einer Bildverschiebung auf der Retina, die durch die Eigenbewegung zustande kommt, differenzieren.

Um das im folgenden skizzierte Funktionsschema zu verstehen, seien vorweg einige physiologische Grundlagen gebracht. Wir unterscheiden generell zwischen Afferenzen und Efferenzen. *Afferenzen* = Informationsfluß von der Peripherie (z.B. Sinnesorgane) zu informationsverarbeitenden Zentren des ZNS. *Efferenzen* = Informationsfluß vom Zentrum zur Peripherie (z.B. Erfolgsorgane). Weiterhin sollte man kurz daran erinnern, daß im einfachsten Fall ein Zusammenwirken von erregenden und hemmenden Synapsen über die räumliche und zeitliche Summation eine Verrechnung zentralnervöser Erregung erlaubt, und daß Efferenzen nachgewiesenermaßen Zustandsänderungen von Interneuronen bzw. Nachbarneuronen verursachen können, die ihrerseits in Verbindung mit Afferenzen leitenden Zellen stehen und so die afferente Erregung beeinflussen. Beim letztgenannten sprechen wir, der besseren Übersicht wegen, von *Efferenzkopien* (im Gegensatz zur Efferenz = Erregung, die die Erfolgsorgane aktiviert), die mit den Afferenzen in der oben genannten Verschaltung, die wir allgemein mit *Komparator* be-

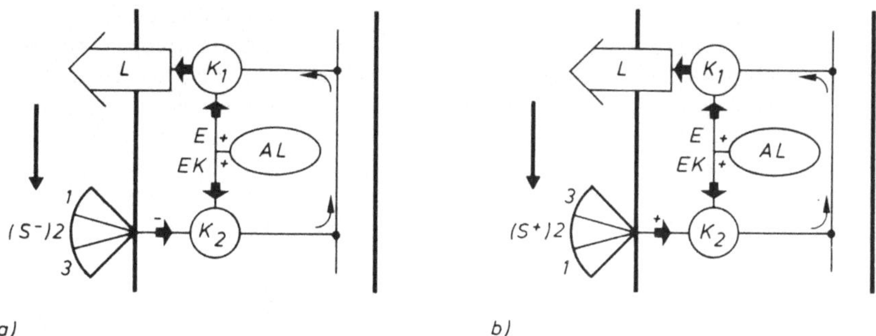

Abb. 4
Hypothetisches Funktionsschema der nervösen Steuerung zum Versuch 3 (vgl. Text).
a) normales Tier;
Senkrechte Linien = Begrenzung des Organismus; AL = Aktivierungszentrum der spontanen Lokomotion; E = Efferenz; EK = Efferenzkopie; K = Komparator; Pfeil L = Erfolgsorgan; Augensymbol mit Zahlen 1-2-3- = Detektor zur Registrierung von Bewegung; kleine Pfeile symbolisieren den Erregungsfluß. Pfeil links senkrecht = perzipierte Bewegung der Umwelt bei Spontanbewegung nach rechts. Der positiven Efferenz ist eine negative Reafferenz (S⁻) zugeordnet. Bei Spontanbewegung nach links müssen die Vorzeichen geändert werden.
b) Tier mit verdrehtem Kopf.

nennen wollen, verglichen (verrechnet) werden [131], [145], [268], [287]. In Abb. 4 ist der zentralnervöse Wirkungsmechanismus, der das Verhalten der Versuchstiere erklären kann, schematisch dargestellt.

Formal läßt sich die Funktion dieser Prinzipschaltung rechnerisch gut verdeutlichen. Um diese Rechnung durchzuführen, müssen die vom Tier wahrgenommenen Faktoren, Bewegung, Richtung links oder rechts und Ausmaß der Bewegung (lange oder kurze Strecke), in Form von Zahlen kodiert werden.

Das ZNS transformiert natürlich diese Umweltveränderungen mit Hilfe von Rezeptorzellen und speziellen Detektorverschaltungen nicht in Zahlen, sondern in Erregungsmuster, in denen diese Informationen enthalten sind.

Zum Beispiel: Eine Reizung der Retinazellen in der Folge 1 - 2 - 3 durch eine Bewegung der optomotorischen Trommel um 5 cm wird im Modellfall vom perzipierenden System in eine Erregung vom formalen Betrag —5 übertragen und umgekehrt, eine Bewegung um 5 cm, die die Reizfolge 3 - 2 - 1 bewirkt, in eine Erregung vom Betrag +5. Weiterhin wollen wir die efferente Impulsleitung ebenfalls formal vereinfacht darstellen und festlegen, daß der Informationsfluß zu den Erfolgsorganen, der eine Bewegung des Tieres nach rechts bewirkt, positiv ist und umgekehrt, nach links negativ, und ihn mit dem stets zugeordneten, absoluten Betrag der retinalen Bildverschiebung, den die Bewegung verursacht, quantifizieren. Bewegt sich z.B. die Fliege um einen Betrag, der vom Detektor als Umweltverschiebung von 5 cm registriert wird, dann ist die efferente Erregung von der Größenordnung 5.

Nehmen wir an, bei einem Versuch mit einem normalen Tier (vgl. Abb. 3a und 4a) wird die optomotorische Trommel um 5 cm nach rechts bewegt: der Detektor registriert eine Bewegung nach rechts um 5 cm (Reihenfolge 3-2-1), und es resultiert eine Erregung vom Betrag +5, die direkt an das Erfolgsorgan weitergeleitet wird und hier eine Ausgleichsbewegung in gleicher Richtung und um den „gleichen Betrag" induziert mit dem Effekt, daß die retinale Bildverschiebung kompensiert wird.

Eine völlig andere Situation liegt aber vor, wenn die Außenwelt konstant bleibt und das Aktivierungszentrum für die Lokomotion (AL) eine Rechtsbewegung des Tieres um den Betrag +5 induziert. Nun registriert der Detektor eine Bewegung der Umwelt in umgekehrter Richtung (Folge 1-2-3), und die resultierende Erregung −5 müßte das Tier in die Ausgangslage zurückzwingen, wenn sich nicht die Efferenzkopie +5 und die Afferenz −5 gegenseitig im Komparator (K_2) neutralisieren würden: +5−5 = 0.

Tritt zu der Umweltverschiebung −5, die durch die Eigenbewegung verursacht wird, eine tatsächliche Umweltbewegung hinzu, sagen wir um den Betrag 2 cm nach rechts = +2, registriert der Detektor eine geringere Bildverschiebung, und die resultierende Afferenz −3 neutralisiert nicht die Efferenzkopie, sondern der Restbetrag von +2 wird die Efferenz von +5 auf einen Erregungsbetrag von +7 im zweiten Komparator K_1 vergrößern. Hat das Tier z.B. einen bestimmten Punkt anvisiert, auf den es zustrebt, werden die durch Bewegung des Punktes auftretenden Abweichungen zur Zielrichtung des Tieres reflektorisch ausgeglichen (vgl. Versuch 18).

Das Funktionsmodell veranschaulicht nicht nur, wie das ZNS zwischen einer Afferenz, die durch Eigenhandlung induziert wird = *Reafferenz*, und einer durch Umweltveränderungen verursachten Afferenz = *Exafferenz* unterscheiden könnte, sondern es erklärt auch die Versuchsergebnisse bei Tieren mit verdrehtem Kopf.

Dem Versuchstier wurde der Kopf verdreht (vgl. Abb. 3b u. 4b). Dadurch wird der Efferenz, z.B. +2, nicht eine Reafferenz −2 zugeordnet sein, sondern der Detektor wird eine afferente Erregung +2 (Reihenfolge 3-2-1) erzeugen. Die Efferenzkopie +2 und die falsche Reafferenz +2 neutralisieren sich nicht, sondern die spontane Bewegung wird von einer in gleicher Richtung induzierten, optomotorischen Bewegung überlagert, die, bedingt durch die Versuchssituation und den Funktionsmechanismus, nur in einer Überforderung dieses Systems (Bewegung wird immer schneller) enden kann. Verharrt das Tier aber, bzw. ist die Umwelt homogen, wird diese Reaktion nicht ausgelöst, da der Bewegungsdetektor keine Links- oder Rechts-Information registriert und zur Verrechnung weiterleitet.

Die zentralnervöse Verrechnung von Efferenzkopien und Afferenzen = *Reafferenzprinzip* nach v. Holst und Mittelstaedt [132], erlaubt es dem ZNS, Exafferenz und Reafferenz zu trennen, wodurch die Orientierung im Raum wesentlich erleichtert, wenn nicht gar erst ermöglicht wird. Ob die Resultante des Vergleichs von Efferenzkopie und Afferenz zur Steuerung einer Korrekturbewegung, wie es beim Calliphora-Modell der Fall ist, dient und/oder andere zentralnervöse Funktionen beeinflußt (s. Versuch 4 u. 5), ist dabei von sekundärer Bedeutung.

A n m e r k u n g e n. Das Betäuben der Tiere, das Drehen und Fixieren des Kopfes („Klebstoff" vorher verflüssigen — Spiritusflamme — und zwischen Mundwerkzeuge und Thorax auftragen) bereitet anfangs Schwierigkeiten und muß geübt werden. Zu beachten ist, daß der Klebstoff nicht zu heiß wird und beim Manipulieren nicht die Augen „eingedellt" werden, da sonst irreversible Schäden auftreten. Am besten sollte man vorher einige Tiere vorbereiten und die unverletzten Fliegen für den Versuch aussortieren. Die Versuchstiere werden in eine Plastikpetrischale (ϕ 10 cm) gebracht und mit dieser in die optomotorische Trommel gesetzt. ∎

▲ *Versuch 4.* Reafferenzprinzip beim Bewegungssehen des Menschen

Das Reafferenzprinzip ist eine, informationstechnisch gesehen, Optimallösung, die in der Natur wiederholt entwickelt wurde und sowohl bei Evertebraten (vgl. Versuch 3) wie bei Vertebraten – hier am einfachsten beim Menschen – nachgewiesen werden kann.

V e r s u c h s b e s c h r e i b u n g u n d D e u t u n g. Jeder gesunde Mensch kann in der Regel ohne Schwierigkeiten unterscheiden, ob er sich selbst oder ob sich die Umwelt bewegt, obwohl beide Male die Bildverschiebung auf der Retina die gleiche ist (man vergleiche etwa die Situation Bild-Retina mit den Verhältnissen Bild-Film beim Fotografieren). Daß auch in diesem Fall nach dem Reafferenzprinzip echte und Scheinbewegung erkannt werden, läßt sich wie folgt verdeutlichen. Man legt den Zeigefinger seitlich aufs geschlossene Auge, so daß man zwischen Augapfelwölbung und dem Rand der Augenhöhle wiederholt einen leichten Druck erzeugen kann. Dadurch wird der Augapfel bewegt. Öffnet man nun das Auge, so daß zwischen Augapfel und Finger das Lid schützend zu liegen kommt und wiederholt den Druck, hat man das Empfinden, daß die Umwelt schwankt. Die Erklärung des Phänomens ist einfach (vgl. Abb. 5). Die Efferenzkopie der Handbewegung ist zentralnervös mit dem Komparator des Systems für Bewegungssehen offensichtlich nicht verschaltet. Dadurch lassen sich Reafferenz und Afferenz nicht unterscheiden (die Reafferenz wird nicht gelöscht), und man sieht eine Bewegung der Umwelt.

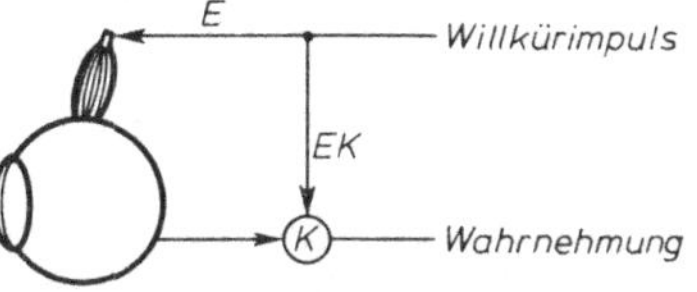

Abb. 5
Funktionsschema des Reafferenzprinzips beim Bewegungssehen des Menschen.
E = Efferenz; EK = Efferenzkopie; K = Komparator.

A n m e r k u n g e n. Bei schnellem und extremem Augenrollen versagt dieses System ebenfalls, und wir haben das subjektive Empfinden einer Umweltbewegung. Hier läßt sich zur Erklärung anführen, daß die Prinzipschaltung angeboren ist, ihre Feinabstimmung (Justierung) aber über einen Lernprozeß erfolgt [131] und deshalb auf den „Normalgebrauch" der Augen abgestimmt ist. ∎

▲ *Versuch 5.* Größenkonstanz im Greifbereich des Menschen

Ein weiteres interessantes Phänomen im Bereich der menschlichen Wahrnehmung ist die *Größenkonstanz* im Greifbereich; die Tatsache, daß wir ein Ding nicht so sehen, wie es sich auf der Retina abbildet, also je nach der Entfernung mal groß, mal klein, sondern ungefähr in seiner „richtigen" Größe. Diese Erscheinung wird oft erst beachtet, wenn wir bewußt einen Gegenstand einmal nah am Auge, zum anderen in ausgestreckter Hand gehalten, beobachten und feststellen, daß wir ihn annähernd gleich groß empfinden. Wir müssen also davon ausgehen, daß zwischen retinalem Bild und Empfinden ein Korrekturmechanismus wirksam ist, der einerseits nah gesehene Gegenstände (= auf der Retina groß abgebildet) aktiv verkleinert und andererseits von einer gewissen Entfernung gesehene Gegenstände (= auf der Retina klein abgebildet) aktiv vergrößert. Wie v. H o l s t zeigen konnte (E. v. Holst führte diesbezüglich eine Reihe von Versuchen durch, auf die hier nicht näher eingegangen werden kann; vgl. Zusammenfassung in [131]), ist diese Leistung das Ergebnis einer zentralnervösen Verrechnung vom Erregungsanteil des retinalen Bildes, also der Afferenz, und den Efferenzkopien der Kommandos sowohl zur Einstellung der Augenachsen als auch zur Spannung des Ciliarmuskels bei der Akkommodation.

Je näher ein Gegenstand an die Augen geführt wird, desto stärker müssen die Blickachsen der Augen gegeneinander geneigt werden, um den Gegenstand zu fixieren. Die Efferenzkopie dieses Kommandos zur Einstellung des Konvergenzwinkels der Augenachsen dient zur aktiven „Verkleinerung" des wahrgenommen Bildes, und erst die Resultante dieser Verrechnung wird von uns „gesehen". Demzufolge müßte bei konstanter retinaler Bildgröße und bei gewollter Vergrößerung des Konvergenzwinkels der Augenachsen der gesehene Gegenstand kleiner werden. Ein einfacher Versuch verdeutlicht, daß es in der Tat so ist: Halten wir ein aufgeschlagenes Buch in konstantem Abstand von den Augen (= konstante Größe des retinalen Bildes), etwa bei halb gestreckten Armen (ca. 50 bis 60 cm vom Auge) und versuchen, von der Normalstellung der Augen ausgehend, die beiden gesehenen Seiten über Kreuz zu betrachten — die linke Seite mit dem rechten Auge, die rechte mit dem linken (schielen) — haben wir für einen kurzen Augenblick das Empfinden, daß die Seiten kleiner werden.

Während dieser Versuch einiger Übung bedarf und deswegen häufig Skepsis induziert, ist ein zweiter Versuch, der die aktive Bildveränderung über die zentralnervöse Verrechnung der Efferenzkopie der Ciliarmuskelaktivierung demonstriert, wesentlich einfacher und eindrucksvoller.

B e n ö t i g t e   M a t e r i a l i e n   f ü r   d e n   z w e i t e n   T e i l   d e s   V e r s u c h s. Ein verdunkelter Raum, Leuchtkasten, z.B. Diabetrachtungskasten, der bis auf ein Kreuz von 10 cm × 10 cm Länge und ca. 1 cm Balkenbreite abgedeckt ist. Im Notfall ein Schuhkarton mit ausgeschnittenem und mit Pergamentpapier abgeklebtem Kreuz und eine 60-Watt-Lampe (Achtung, daß Unterlage nicht verbrennt — Asbesttuch).

V e r s u c h s b e s c h r e i b u n g   u n d   D e u t u n g. Im abgedunkelten Versuchsraum wird die leuchtende Figur so lange von den Versuchspersonen betrachtet bis ein „schwarzes" Nachbild gesehen wird. Die Erzeugung eines Nachbildes, das auf die Ausbleichung der Sehfarbstoffe zurückzuführen ist, garantiert, daß in dem nun folgenden Teil des Versuchs der entsprechende Retinabereich (das retinale Bild) absolut unverändert — im Auge gleich groß — bleibt. Ist das Nachbild genügend stark ausgeprägt (nach ca. 2 bis 3 min), wird im Versuchsraum die Beleuchtung eingeschaltet, und die Versuchspersonen schauen anschließend einmal auf ein näher als das leuchtende Kreuz gelegenes weißes Papier oder auf eine weiter entfernte weiße Projektionsfläche. Bei Nahakkommodation = Ciliarmuskel gespannt, wird das Nachbild (schwarzes Kreuz) wesentlich kleiner gesehen als die echte Figur; bei Fernakkommodation hingegen = Ciliarmuskel entspannt, wird das Nachbild auf der entfernten Projektionsfläche um ein Vielfaches größer gesehen.

Bei konstanter Afferenz (das Nachbild ist gewissermaßen in die Retina eingraviert) kommt also die jeweils veränderte Efferenzkopie (einmal Nah-, zum anderen Fern-Akkommodation), die vom ZNS zur Größenkorrektur verwertet wird, allein zur Wirkung, und dementsprechend wird das gesehene Nachbild aktiv verkleinert oder vergrößert. Dieser einfache Versuch demonstriert einen Verrechnungsmechanismus des ZNS beim Menschen und verdeutlicht, daß Sehempfindungen nicht allein auf Afferenzen beruhen, sondern das Ergebnis des Zusammenwirkens von Afferenzen und Efferenzkopien sind.

Solche und zahlreiche ähnliche Beispiele verdeutlichen weiterhin, daß nicht nur im Handeln der Organismen spontane Leistungen des ZNS von Bedeutung sind (vgl. Abschn. 4), sondern, daß „sogar schon im scheinbar passiven Aufnehmen der Umwelt, aktive, spontane Leistungen enthalten sind, ohne die der Organismus überhaupt nicht fähig wäre, auch nur sinnvoll zu „reagieren!" (zit. [131]). ■

▲ *Versuch 6.* Farbensehen ohne Farben

Von den zahlreichen Verrechnungs- und Korrekturschaltprinzipien im rezeptiven System [105], [114], [131], [332], die nur fragmentarisch vorgestellt werden konnten (Versuche 2 bis 4), soll im Versuch 6 ein letztes Beispiel erläutert werden. Die bekannteste und einfachste Prinzipschaltung im rezeptiven System ist die laterale Vorwärtsinhibition, die als Einführung für Versuch 6 gewählt wird.

Bei vielen Lebewesen sowohl Evertebraten wie Vertebraten (konvergente Entwicklung) sind die ableitenden Bahnen der Retinazellen derart verschaltet, daß die Erregung der Bahn jeweils einer Retinazelle die Erregung in den Bahnen der benachbarten Retinazellen verringert (laterale Inhibition = seitliche Hemmung). Um den daraus resultierenden Effekt zu veranschaulichen, wird ähnlich wie im Versuch 2, die in Form von Erregung kodierte Information in den einzelnen Bahnen und ihre wechselseitige Hemmung untereinander durch Zahlen ersetzt. Nehmen wir an, die Erregung (= weitergeleitete Information) der Bahn einer Rezeptorzelle, die eine helle Partie der gesehenen Fläche perzipiert, sei 8 und die Erregung der Bahn einer benachbarten Retinazelle, die eine dunklere Partie der gesehenen Fläche wahrnimmt, sei 4. Weiterhin legen wir fest, daß die Größe der Erregungsverringerung in den benachbarten Bahnen jeweils einem Bruchteil der eigenen Erregungsgröße entspricht, z.B. 25 %; d.h. die Bahn mit einer Erregung vom Betrag 4 verringert (hemmt) die Erregung in den benachbarten Bahnen jeweils um den Betrag – 1. Entsprechend die Bahn mit einer Erregung vom Betrag 8 um jeweils – 2. Rechnet man nun aus, welche Helligkeitsrelationen dem ZNS beim Sehen einer Grenze zwischen unterschiedlich hellen Flächen gemeldet werden, stellt man durch eine einfache Subtraktion fest, daß im Gegensatz zum realen Kontrast die wahrgenommenen Unterschiede zwar abgeschwächt, aber der Kontrast überzeichnet = verdeutlicht ist – *Simultankontrast.* Diese Schaltung verbessert also entscheidend unsere Wahrnehmung von Konturen, Grenzflächen etc. (Abb. 6).

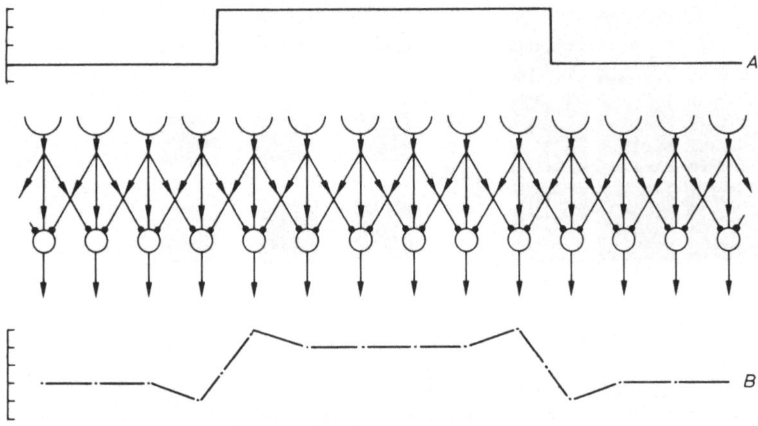

Abb. 6
Funktionsschema der lateralen Inhibition.
A = Reizstärke; B = weitergeleitetes Erregungsniveau nach der Verrechnung.
Weitere Erklärungen siehe Text zum Versuch 6.

Gelegentlich wird bei dieser Modellrechnung der Fehler begangen, daß man annimmt, wenn eine Bahn z.B. mit der Erregung 4 seitlich zwei benachbarte Bahnen jeweils mit dem Betrag − 1 hemmt, dann ihr selbst nur noch ein Erregungsbetrag von + 2 verbleibt. Das trifft nicht zu. Gesetzmäßigkeiten der Erregungsleitung und -verrechnung in neuronalen Schaltungen (vgl. [86], [145], [268], [287]) bedingen, daß in der Modellrechnung jeweils nur die Hemmung an den benachbarten Bahnen berücksichtigt wird.

Obwohl die laterale Inhibition beim Menschen nicht direkt nachgewiesen ist, läßt sich ein indirekter Nachweis mittels Verhaltensvoraussage führen [114]: die bekannte Hermannsche Gittertäuschung (Abb. 7a) läßt sich ohne Schwierigkeiten mit der lateralen Inhibition (die an der Stelle des schärfsten Sehens in der Retina nicht wirksam ist), leicht erklären: schwarz gegen weiß macht weiß „weißer" − weiß gegen weiß hingegen nicht, so daß die weißen Kreuzungspunkte grau erscheinen. Hassenstein hat vorausgesagt, wenn es sich um ein Phänomen der lateralen Inhibition handelt, dann müßte konsequenterweise bei breiteren weißen Streifen die Mitte dunkler erscheinen als die Grenzflächen zu den schwarzen Feldern, was in der Tat zutrifft. Hat man den richtigen Augenabstand zur Abbildung 7b ermittelt, erliegt man der Täuschung, daß die weißen Banden in der Mitte dunkler sind.

Es lag nahe, solche Wechselbeziehungen der Sehzellen zueinander nicht nur im Bereich des Hell-Dunkel-Sehens, sondern auch im Bereich des Farbensehens (z.B. simultaner Farbkontrast) zu vermuten. Dies ermöglichte v. Campenhausen, ein seit langem bekanntes und kausal nicht befriedigend erklärbares Phänomen − das Farbensehen, induziert durch Flickerfrequenzen − hypothetisch zu deuten [41], [42], [43], [44], [45].

B e n ö t i g t e   M a t e r i a l i e n   u n d   V e r s u c h s d u r c h f ü h r u n g . Eine Flickerscheibe, φ 5 bis 25 cm: am besten, man fotografiert die in Abb. 8 gezeigte Benhamsche Scheibe und klebt sie auf Karton. Diese Scheibe wird auf den Kopf eines

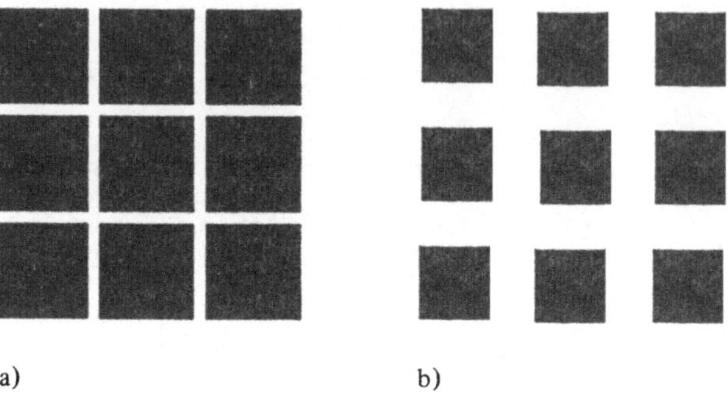

a)   b)

Abb. 7
a) Die Hermannsche Gittertäuschung. An den Kreuzungsstellen der weißen Straßen erscheinen außer an der Stelle des schärfsten Sehens graue Flecken.
b) Werden die weißen Straßen verbreitert, nehmen wir innerhalb dieser dunklere Längsstreifen wahr.
Weitere Erklärungen siehe Text zum Versuch 6.

Abb. 8
Die Benhamsche Scheibe.

regulierbaren Elektromotors, 3 bis 5 Umdrehungen/s, montiert und aus wechselndem Abstand betrachtet. Dreht sich die Scheibe im Uhrzeigersinn und ist sie so weit vom Auge entfernt, (etwa 3 bis 5 m bei einem ϕ von 25 cm), daß die schwarzen Striche auf der Retina nicht weiter als mit 1 mm Abstand abgebildet werden, sieht die Versuchsperson Farbenringe: von außen nach innen 3 blauviolett, 3 blaß blau, 3 grün, 3 rot; bei Drehung gegen den Uhrzeigersinn: außen rot, dann grün, blaß blau und violett. Um vergleichbare Ergebnisse zu bekommen, ist es notwendig, die Vp unter möglichst gleichen Bedingungen zu testen: gleicher Drehsinn und Geschwindigkeit, gleicher Augenabstand von der Scheibe und nach Möglichkeit keine Augenbewegungen. Weiterhin sollte man die Farbtüchtigkeit der Versuchspersonen vorher mittels Farbtafeln, z.B. nach Velhagen [59] überprüfen. Farbenblinde sehen je nach Art der Farbblindheit die „entstehenden" Farben anders als Normalpersonen.

Man kann die Scheibe auch wie einen Knopf mit 2 Löchern versehen und einen Faden (ca. 60 bis 80 cm lang) durchziehen und verknoten. Die Scheibe wird in die Mitte der Fadenschlinge, die zwischen zwei Finger gespannt ist, gebracht und 10 bis 30mal gedreht. Zieht man nun die Schlinge rhythmisch auseinander, rotiert die Scheibe einmal im, einmal gegen den Uhrzeigersinn.

D e u t u n g d e s F a r b p h ä n o m e n s. Wie v. C a m p e n h a u s e n in einer Reihe von Untersuchungen wahrscheinlich machen konnte, kommen die Farbphänomene über eine phasenverschobene Reizung einzelner benachbarter Retinazellen zustande, die sich gegenseitig über kollaterale Bahnen, ähnlich wie bei der lateralen Inhibition, beeinflussen. Um das zu verdeutlichen, müssen wir die Behamsche Scheibe unter Berücksichtigung der Zeit, in der einzelne Retinazellen von den weißen Partien gereizt wer-

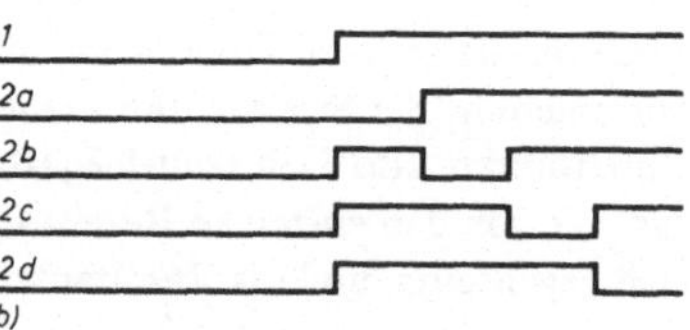

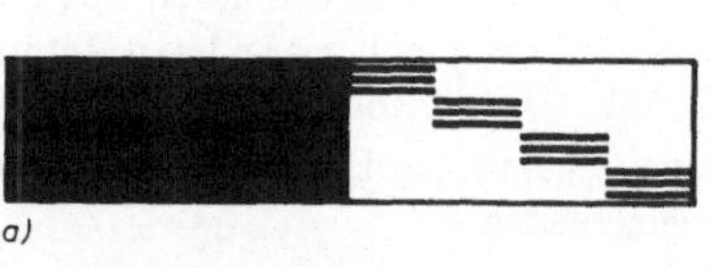

Abb. 9
a) Die Benhamsche Scheibe auf einer Geraden aufgerollt.
b) Die einzelnen Reizprogramme, die bei Sicht auf die rotierende Scheibe die Retinazellen treffen: 1 und 2a, 2b, c, d, (vgl. Text zum Versuch 6). (Die Programme dürfen nicht mit der tatsächlichen frequenzkodierten Information verwechselt werden; sie sind aber zur formalen Verrechnung mit den von den Retinazellen weitergeleiteten Informationen in Abb. 10 gleichgesetzt.)

den, auf einer Geraden abrollen (Abb. 9a). Nehmen wir in Analogie zu den Ausführungen für den Simultankontrast einzelne benachbarte Retinazellen und betrachten, welche Information sie bei Drehung der Scheibe an das ZNS weiterleiten werden, ergibt sich folgendes Bild: alle Zellen, die die Scheibenpartien zwischen den schwarzen Teilstrichen sehen, haben etwa die Erregungsmuster wie in Abb. 9b, Programm 1 dargestellt; die anderen, je nach Lage, die Programme 2a, b, c, d, von außen nach innen. Da in den weiteren Überlegungen der Faktor Zeit — zeitlicher Wechsel der Erregung — mitberücksichtigt werden muß, ist es vorteilhaft, im folgenden anstelle von formalen Zahlen die einzelnen „Erregungsdiagramme", hier der Einfachheit halber mit den Helligkeitsprogrammen der Scheibe gleichgesetzt, gegeneinander geometrisch zu verrechnen. Dabei legen wir formal fest, Rezeptorzelle A reagiert mit dem Programm 1 = weißer Bereich der Scheibe bei der Drehung, und Rezeptorzelle B (der gleichen retinalen Einheit) z.B. mit dem Programm 2a (Abb. 10). Dann verfahren wir ähnlich wie bei dem ersten Beispiel der lateralen Inhibition und beeinflussen die weitergeleitete Information von A mit der Erregung von B. Weil es hinsichtlich des Prinzips in der formalen Rechnung nebensächlich ist, ob wir einen Bruchteil oder die gesamte Erregung zur Verrechnung verwenden, ist es am einfachsten, wenn wir das Programm 2a (mit negativem Vorzeichen) vom Programm 1 abziehen, dann gelangen wir zum in Abb. 10 unten gezeichneten Erregungsverlauf, der im Vergleich zum Rezeptor B (der wechselseitig durch die Erregung von A beeinflußt wird) verschieden ist. Man kann das gleiche natürlich auch

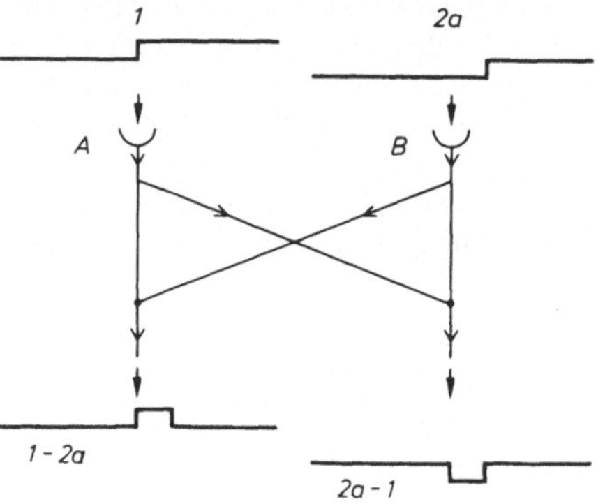

Abb. 10 (in Anlehnung an C. v. C a m p e n - h a u s e n)
Formale Darstellung der Interaktion zwischen zwei benachbarten Retinazellen, die unterschiedliche Partien der rotierenden Benhamschen Scheibe sehen. In der Rechnung ist nur eine Umdrehung berücksichtigt. Weitere Erklärungen siehe Text zum Versuch 6 und Abb. 9.

noch für die anderen Programme, die vom Programm 2a lediglich durch eine Phasenverschiebung der Streifen unterschieden sind, und entsprechend anderen Retinazellen durchführen, also 1-2b oder 1-2c usw. (vgl. Abb. 9), und kommt zum ähnlichen Ergebnis. Die von den einzelnen Rezeptorzellen weitergeleiteten Erregungen beeinflussen sich gegenseitig, und die Resultanten sind verschieden.

Um das wahrgenommene Farbphänomen erklären zu können, muß man sich vergegenwärtigen, daß am Farbensehen drei Rezeptortypen (trichromatisches Sehen) beteiligt sind, die alle miteinander in Verbindung stehen (Abb. 11) und von denen wir wissen, daß sie, je nach Art, verschiedene Erregungsübertragungseigenschaften haben. So wird die Wechselwirkung zwischen den Erregungen der vertikalen und horizontalen Bahnen nicht nur von der Phasenverschiebung der einzelnen Programme auf der Scheibe, sondern auch in Folge einer unterschiedlichen Informationsübertragung mitbeeinflußt.

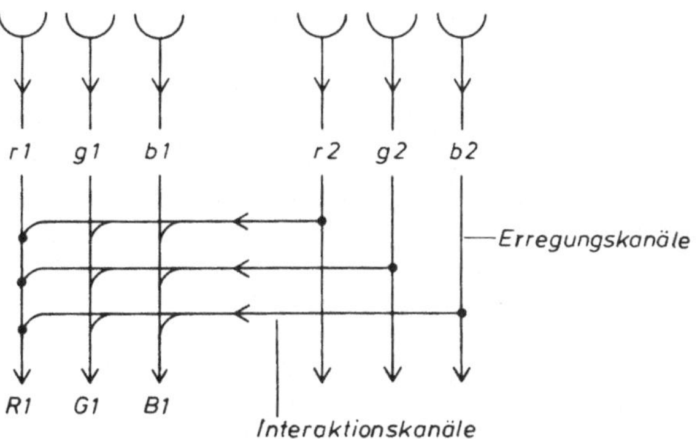

Abb. 11 (nach C. v. C a m p e n h a u s.e n verändert).
Schema für den Verlauf der Erregungen r1, g1, b1 und r2, g2, b2 (verschiedene Farbrezeptoren), die durch die Reizprogramme 1 und 2 (vgl. Abb. 9 und 10) hervorgerufen werden. Die Erregungen R1, G1 und B1 sind durch laterale Interaktionen innerhalb retinaler Felder im Vergleich zu r1, g1, b1 verändert. Weitere Erklärungen siehe Text zum Versuch 6.

Dabei ist es nebensächlich, ob die lateralen Interaktionen mehr einer Subtraktion, wie wir sie der Einfachheit halber gerechnet haben, oder einer Addition, Division bzw. Multiplikation ähneln, das Ergebnis ist immer ein relativ verschiedenes Erregungsmuster der verschiedenen Kanäle (vgl. Abb. 11). In diesen Erregungsunterschieden der drei Rezeptortypen ist aber nach der trichromatischen Farbtheorie die Farbempfindung kodiert. Jede Veränderung dieser Beziehung wird demnach zu neuen Farbempfindungen führen, was das Versuchsergebnis, Farbensehen ohne Farbe, erklärt. ■ □

3 Methoden der Vergleichenden Verhaltenskunde

So mannigfaltig wie Verhaltensweisen sind, so verschieden sind teilweise die Methoden und experimentellen Praktiken zu ihrer Untersuchung. Sie können deshalb in den folgenden Kapiteln nur fragmentarisch und teils simplifiziert im Rahmen einzelner Versuche vorgestellt werden (vgl. Abschn. 4). All diesen Praktiken liegen aber drei wesentliche Verfahrensweisen verhaltensbiologischer „Wahrheitsfindung" zugrunde, die im folgenden näher erörtert werden sollen: *das Ethogramm, die Homologien- und die Analogienforschung.*

3. 1 Ethogramm

Ähnlich wie in der Evolutionsforschung ist auch in der Verhaltenskunde die *Strukturanalyse* eine Voraussetzung des Vergleichs. Das Verhalten eines Organismus muß nach Möglichkeit in nicht weiter zerlegbare Einzelkomponenten aufgeteilt werden, die praxisorientiert, gelegentlich auch physiologisch, in der Regel aber anhand beobachtbarer Verhaltenskriterien (vgl. Abschn. 4) definiert werden. Dabei zeigt sich, ähnlich wie im Aufbau der Organismen selbst, daß komplexe Verhaltensweisen in der Regel auf das Zusammenwirken einfacherer Teilfunktionen zurückgeführt werden können.

Auf dieser Basis ist es möglich, Verhaltensprotokolle zu erstellen, die die Grundlage einer vergleichenden Analyse darstellen. Dabei ist es wichtig, daß in der ersten Phase der Materialsammlung jedes Verhaltensprotokoll ein mehr oder weniger vollständiges „Psychogramm" des Individuums darstellt, in dem alle beobachteten Verhaltensweisen festgehalten werden sollten. Hat man genügend solcher Einzelbeobachtungen vorliegen, kann über einen Vergleich der Individuen artkonstantes Verhalten vom individuell variierenden abstrahiert werden (vgl. Absch. 5.3.2.7), und man gelangt zum *artspezifischen Verhaltenskatalog, dem Ethogramm.* Angesichts dieser Verfahrensweise wird also ein Ethogramm die individuelle Modifikation des Verhaltens (hier auch Lernen) nicht enthalten, sondern primär *arteigene*, im überwiegenden Maße genetisch vorprogrammierte Verhaltensweisen.

Dabei ist zu beachten, daß dieses Verfahren allein noch keine sichere Möglichkeit zur Trennung von Erlerntem und Angeborenem erlaubt. Besonders die Instinkt-Dressurverschränkung, Prägungsphänomene und tradierte Verhaltenselemente müssen anschließend in experimentellen Analysen identifiziert bzw. ausgeschlossen werden. Außerdem muß erwähnt werden, daß auch die Lernfähigkeit selbst als angeborene Lerndisposition (vgl. Abschn. 5.2) genetisch vorgegeben ist. Auch sie wird in anschließenden experimentellen Analysen ermittelt und zur Verhaltenscharakterisierung der Art herangezogen. Daneben werden häufig weitere Daten des Lernverhaltens, wie Lernart (z.B. absolutes oder relatives Lernen), Lerngeschwindigkeit, Lernkapazität, Gedächtnisleistung u.a. untersucht und so eine Vergleichsbasis für eine Analyse der stammesgeschichtlichen Entwicklung der Lernfähigkeit (häufiger Hirnleistung genannt) erarbeitet [233], [235], [243], [247].

Dem Ethogramm werden häufig *Verhaltensdiagramme* beigefügt, in denen die typische Aufeinanderfolge einzelner Verhaltensweisen zur besseren Übersicht schematisch dargestellt ist (vgl. Diagramm 1 bis 4).

Bei der Erarbeitung von Ethogrammen muß der Beobachter versuchen, fünf häufig vernachlässigte Fehlerquellen sorgfältig zu vermeiden, bzw. deren Auswirkung auf ein Minimalmaß zu reduzieren:

3.1.1 Anzahl der Beobachtungen Je höher die Entwicklungsstufe des beobachteten Individuums ist, je größer also die individuelle Varianz sein kann, desto mehr Einzelbeobachtungen werden nötig sein, um zu einem einigermaßen gesicherten Ergebnis zu gelangen. Die weit verbreitete Meinung, der Ethologe könnte die Psychologie der beobachteten Organismen (= ihre Individualität) vernachlässigen, trifft nicht zu. Im Gegenteil, sie findet zwar im Ethogramm selbst keinen direkten Niederschlag, ist aber unverzichtbare Voraussetzung zu dessen Erstellung, wobei allgemein gilt: je größer die Anzahl der Beobachtungen, desto höher ist die Sicherheit der aus diesen Beobachtungen gewonnenen Ergebnisse.

3.1.2 Berücksichtigung des adäquaten Biotops Verhalten läßt sich nur dann zufriedenstellend analysieren (vgl. Abschn. 2), wenn der adäquate Biotop dabei berücksichtigt wird. Ähnlich wie in der Entwicklungsphysiologie ein verändertes Medium zu Entwicklungsstörungen oder - veränderungen führt, ist auch Verhalten beim Fehlen z.B. von Schlüsselreizen, Artgenossen oder bei zu kleinem Aktionsradius etc. häufig sogar langfristig oder gar irreversibel verändert = Verhaltensanomalien (s. z.B. [116]), wodurch Fehlschlüsse auftreten können. Dabei sind diese Abweichungen von der Norm in keiner Weise ein Beweis dafür, daß es sich um erlernte Verhaltenskomponenten handeln könnte (vgl. Abschn. 5). Erst bei Kenntnis des „Normalverhaltens" wird in einem weiteren Schritt — Veränderung einzelner Komponenten unter Versuchsbedingung (z.B. Kaspar-Hauser-, Ausschalt- und Attrappenversuche) die Bedeutung einzelner Verhaltenskomponenten näher überprüft.

Zahlreiche Ergebnisse der Verhaltensforschung an Primaten, die vor einigen Jahrzehnten vorwiegend an Zootieren erarbeitet wurden, mußten beispielsweise durch Freilandbeobachtungen der letzten Jahre revidiert werden (vgl. z.B. die Zusammenfassung in [259]).

3.1.3 Beachtung der Integrationsebene der Beobachtung bei der Interpretation der Ergebnisse Selbst bei Beachtung von Punkt 3.1.1 und 3.1.2 wird gelegentlich der Fehler begangen, daß man vom Einzelfall aufs Ganze schließt, ohne die Richtigkeit der Aussage überprüft zu haben (z.B. vom Individuum ausgehend Aussagen über die Gruppe macht, oder von der Gruppe über Horden u.s.w.), was häufig zu Fehlschlüssen führt (vgl. Abschn. 2).

So wurden zahlreiche Aussagen über die Territorialität bei Schimpansen gemacht, ohne die Interaktionen zwischen Nexus-Systemen beobachtet zu haben, die später revidiert werden mußten (Zusammenfassung in [78], [178]).

Die Fragestellung muß also dem beobachteten Integrationsniveau des Verhaltens entsprechen.

3.1.4 Subjektive Akzentuierung Letzten Endes liegt eine große Gefahr der Verfälschung im Beobachter selbst. Was dem einen wichtig erscheint, wird möglicherweise vom anderen gar nicht bemerkt. Um diese Fehlerquelle möglichst gering zu halten, sollte man stets bemüht sein, genau und wertfrei zu protokollieren. Daneben ist es heute allgemein üblich, dem Protokoll eine Film- und Tondokumentation beizufügen.

3.1.5 Artbestimmung und andere Protokolldaten Weiterhin muß jedes Beobachtungsprotokoll neben der Zeit (vgl. Abschn. 4.2.4.2) und dem Biotop (s. Abschn. 3.1.2) eine genaue Angabe über die beobachtete Art enthalten, da sonst eine vergleichende Auswertung unmöglich ist.

Der nächst folgende Schritt einer vergleichenden Analyse erfolgt auf der zwischenartlichen Ebene. Dabei sind im wesentlichen zwei Möglichkeiten gegeben: Verhaltensweisen lassen sich phylogenetisch voneinander ableiten, bzw. auf gleichen Ursprung zurückführen (= homologes Verhalten), oder sie sind als Ergebnis einer phylogenetischen Anpassung an gleiche Selektionsfaktoren zwar verschiedenen Ursprungs, aber vergleichbarer Ausprägung, d.h. konvergent entstanden (= analoges Verhalten).

3.2 Homologienforschung

Um Homologien nachzuweisen, reicht allein eine ähnliche Ausprägung des Verhaltens nicht aus. Es werden deshalb neben Daten aus der Systematik eine Reihe weiterer Kriterien zur Identifikation herangezogen [75], [216]:

1. Das Kriterium der speziellen Qualität; d.h., der formalen Übereinstimmung in möglichst vielen Einzelmerkmalen des betreffenden Verhaltens.

2. Das Kriterium der speziellen Lage im zeitlichen Ablauf des Verhaltens; d.h., sind einzelne Verhaltenskomponenten verwandter Arten stark abgewandelt, dann weist ihre vergleichbare zeitliche Integration in Bezug zu anderen homologen Verhaltenseinheiten auf ihre Homologie hin.

3. Das Kriterium der stammesgeschichtlichen Verknüpfung durch Zwischenformen, an denen ebenfalls in der Regel der phylogenetische Vorgang der Wandlung sichtbar wird.

Als Faustregel gilt dabei, wenn bei nahe verwandten Arten mit verschiedener Lebensweise (z.B. verschiedener Biotop, verschiedene Nahrungsspezialisten etc.) ähnliches Verhalten beobachtet wird, ist die Wahrscheinlichkeit groß, daß es sich um homologes Verhalten handelt. Umgekehrt gilt, wenn bei nicht näher verwandten Organismen mit ähnlicher Lebensweise ähnliches Verhalten auftritt, besteht starker Verdacht auf konvergente Entstehung.

Die Homologienforschung wird in der Regel auf Ergebnisse anderer Disziplinen, besonders der Systematik, zur Stützung ihrer eigenen Analyse angewiesen sein. Häufig wird aber auch der umgekehrte Weg beschritten. Besonders in der Feinsystematik sind Verhaltenskriterien ein wichtiger Hinweis zur genauen Analyse von Verwandtschaftsbeziehungen: hier wird also das Verhaltenskriterium auch taxonomischen Wert haben [75].

Neben diesen für die Verwandtschaftsanalyse interessanten Daten liefert die Homologienforschung Einblick in den stammesgeschichtlichen Wandel des Verhaltens. Am bekanntesten sind dabei die *Verhaltensrudimentation* und der Funktionswechsel (Aufgaben) einzelner Verhaltensweisen.

Werden Verhaltensweisen im Verlauf der Phylogenese unbrauchbar, so rudimentieren sie ähnlich wie Organe z.B.: Der Klammerreflex des menschlichen Säuglings ist ein Verhaltensrudiment, das sich nur befriedigend erklären läßt, wenn man sich die Bedeutung dieses Verhaltens beim Tragling menschlicher Vorfahren verdeutlicht. Hier war es zum Überleben notwendig, sich am Fell des Muttertieres festhalten zu können.

Weit häufiger sind Beispiele für Verhaltensweisen, die im Verlauf der Phylogenie neue Aufgaben übernehmen und als Folge davon dann in einem neuen Anpassungsprozeß verändert werden. Handelt es sich dabei um Signalfunktionen und liegt eine phylogenetische Anpassung in Richtung Optimierung der Signalfunktion vor, spricht man von *Ritualisierung.*

Zum Beispiel lassen sich auf diese Weise Balzbewegungen des Kuckucks über eine Reihe verschiedener, teils nestbauender Kuckucksarten mit Nestbaubewegungen homologisieren, oder das Schnäbeln zahlreicher Vogelarten, bzw. der Kuß beim Menschen vom Fütterungsverhalten zwischen Mutter und Kind herleiten.

Ritualisierungen sind besonders im Bereich des Balzverhaltens und der Aggression (z.B. Kommentkampf, Drohgesten etc.), aber auch im Bereich der menschlichen Kulturentwicklung (s. Absch. 11.2) nachweisbar.

3.3 Analogienforschung

Entsprechen ähnliche Verhaltensweisen nicht den oben genannten Homologiekriterien, so handelt es sich in der Regel um Analogien, insbesondere dann, wenn die Arten miteinander nicht näher verwandt sind.

Wie aus der Evolutionsforschung der Organismen bekannt, entstehen bei vergleichbaren Bedingungen (gleiche Selektion) konvergente Anpassungen mit ähnlichen Endstadien. Dies trifft auch für das Verhalten zu [318].

Gleiche Selektionsfaktoren bieten häufig nur einen engen „Raum" für optimale Anpassung. So sind z.B. das Linsenauge bei Evertebraten und Vertebraten sowie die Photokamera (analoge) Ergebnisse eines Anpassungsprozesses an die Aufgabe: Nutzung des Lichtes zur Informationsaufnahme. Alle drei genannten Entwicklungsergebnisse bestehen aus: Linse, Irisblende, dunkler Kammer und lichtempfindlicher Schicht. Konvergente Entwicklungen beobachtet man auch im Verhalten: der Flug bei Vögeln, Fledermäusen und Insekten ist z.B. analog.

Die Analyse solcher analoger Verhaltensweisen erlaubt es, neben den sie bedingenden Selektionsfaktoren, besonders im Bereich innerartlicher Beziehungen (Aggression, Brutpflege, Paarbindung, Sozietät), allgemeingültige Regeln zu erkennen und dadurch Auskunft über die sie bestimmenden Gesetzmäßigkeiten zu bekommen.

Angesichts der umfangreichen Vorarbeit, die einer Ethogrammerstellung bzw. einer Homologien- oder Analogienanalyse vorausgeht, können die im folgenden vorgeschlagenen Versuche nur als Anregung gewertet werden. Intensive, langfristige Beobachtungen und ein ausführliches Literaturstudium sind hier der einzige Weg, dem Interessenten einen reellen Einblick in diesen Arbeitsbereich der Verhaltenskunde zu vermitteln.

▲ *Versuch 7.* Beobachtungen an der Feldgrille

Verhalten der Grille *Grillengesang* (Stridulation): Schon 1746 bis 61 deutete Rösel von Rosenhof in seinen „Insekten Belustigungen" an, daß Insektensänger einen Liederschatz besitzen, aus dem sie je nach Lebenslage oder Stimmung die eine oder andere Melodie einander zu Gehör bringen (vgl. [135]). Diese Vermutung konnte besonders für die Feldgrille bestätigt werden. Bei der Feldgrille singen nur die Männchen. Nach der letzten Häutung, wenn die Elytren ausgehärtet sind, beginnen die Tiere spontan zu zirpen (Spontangesang). Sie stellen dabei die Flügel hoch und bewegen rhythmisch den Schrillkamm des einen über eine hoch stehende Kante des anderen Flügels (vgl. Abb. 1). Obwohl Grillen Schrilleiste und -kante auf jedem Flügel entwickelt haben, benutzen sie in der Regel nur eine Garnitur, vorwiegend die rechte, so daß der rechte Deckflügel oben liegt und mit einer Leiste über die Kante des unteren Flügels streicht. Da die Grillenmännchen immer nur dann spontan zirpen, wenn sie einen reifen Samenbehälter mit sich herumtragen und die Weibchen durch diesen Gesang angelockt werden, kann dieses Lied als Ausdruck einer Fortpflanzungsbereitschaft des Männchens angesehen werden (vgl. [53]; [135]). Er ist mitabhängig von Außenfaktoren: bei hoher Temperatur und Sonnenschein auffallend lebhaft, wird er bei tieferen Temperaturen seltener.

Der Grillengesang besteht aus Silben, die das Ergebnis einer einzigen Flügelbewegung sind, und die zu Versen, und Verse zu Strophen zusammengefaßt werden. Er ist wie alle Lautäußerungen von Insekten angeboren (vgl. [135]). Man unterscheidet drei verschiedene Arten der Stridulation, zwischen denen es Übergänge geben kann:

Lockgesang (Spontangesang): Eine Folge von drei- oder viersilbrigen Versen, die in regelmäßigen Abständen aneinandergereiht werden (Dauer einer Silbe 15 bis 25 ms). Ein Vers kann etwa mit dem Laut „kri-kri-kri-kri" umschrieben werden.

Rivalengesang: Unterscheidet sich von Lockgesang durch den Zirprhythmus, eine stärkere Intensität und Länge der Silben und Verse. Zu Beginn treten häufig bis zu 30 Silben zu einem Vers zusammen. Er kann etwa mit einem kräftigen „kriii-kriii-usw." angedeutet werden.

Werbegesang: Wird von kurzen intensiven, aber stark gedämpften Silben eingeleitet, denen sich kaum hörbare Zwischensilben anschließen. Er klingt etwa wie eine Lautfolge von „zick-zick-zick".

*Paarungsverhalten (*s. Verhaltensdiagramm 1). Durch den Lockgesang, mit dem das Männchen seine Paarungsbereitschaft anzeigt, werden die Weibchen angelockt. Ist das Weibchen nahe genug herangekommen, kommt es zum Fühlerkontakt. Das Männchen verstummt, und beide Tiere weichen kurz zurück. Anschließend beginnen die Tiere sich mit den Fühlern abzutasten. Der Vorgang führt beim Männchen zum Erkennen des Weibchens (fühleramputierte Männchen erkennen das Weibchen nicht), worauf der Werbegesang des Männchens folgt. Das Männchen leitet die Werbung mit einer kurzen Stro-

Verhaltensdiagramm 1A:
Paarungsverhalten der Feldgrille.

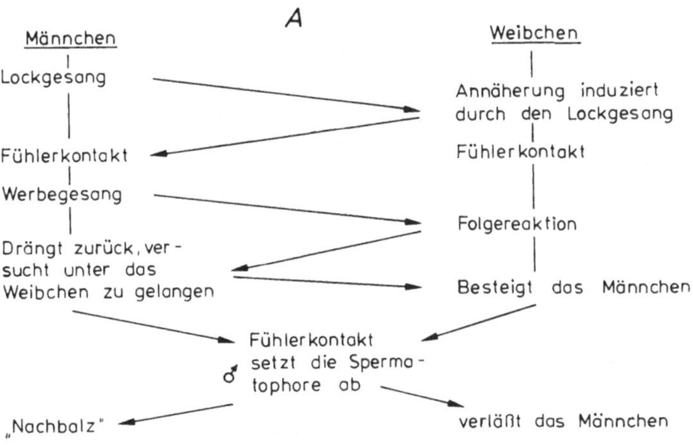

phe ein, dreht sich um, läuft ein paar Schritte fort und beginnt erneut mit dem Werbegesang, dieses Mal mit mehreren Strophen, wobei es gleichzeitig mit an den Boden gedrücktem Abdomen rückwärts zum Weibchen drängt, das auf den Werbegesang dem Männchen gefolgt ist. Nun betastet das Weibchen mit den Fühlern Abdomen, Cerci und Hinterbeine des Männchens. Das Männchen drängt weiter zurück und versucht dabei, sich unter das Weibchen zu schieben. Das Weibchen besteigt von rückwärts das Männchen, das erneut Fühlerkontakt mit dem Weibchen aufnimmt. Die Paarung, die stumm verläuft, dauert ca. 1 min. Während dieser Zeit bleibt das Weibchen weitgehend unbeweglich. Das Männchen hingegen bewegt gleichmäßig den Kopf hin und her, während es mit den Fühlern die Fühler des Weibchens betastet, mit den Cerci das Abdomen berührt und die Spermatophore am Weibchen absetzt. Danach hört beim Männchen die Vibration der Antennen und Cerci auf, und das Weibchen verläßt den Rücken des Männchens. Es folgt die „Nachbalz", in der das Männchen immer wieder dem Weibchen folgt. Es bleibt jeweils ruckartig stehen und nimmt mit ihm Fühlerkontakt auf (Fühlervibrieren). Wenn der Fühlerkontakt zum Weibchen nicht mehr hergestellt werden kann, läuft das Männchen kurze Zeit in beliebigen Richtungen ein paar Schritte, und die Nachbalz ist beendet. Dauer ca. 0,5 bis 1 Stunde (vgl. dazu [3], [148]).

Kampfverhalten (s. Verhaltensdiagramm 1): Das Kampfverhalten der Grillenmännchen ist seit langem bekannt und soll bereits 1 000 Jahre vor der Zeitwende in China als Jahrmarktsattraktion gegolten haben. In einigen Ländern Asiens und Südeuropas werden heute noch Grillenkampfturniere durchgeführt. Der Kampf der Feldgrillenmännchen kann als Rangordnungskampf und Revierkampf angesehen werden. Er wird nur von geschlechtsreifen Tieren ausgetragen. Männchen, die eine Erdröhre bewachen, sind allen anderen, die etwa versuchen einzudringen, in der Regel überlegen (vgl. [3]). Bei

Verhaltensdiagramm 1B:
Kampfverhalten der Feldgrille.

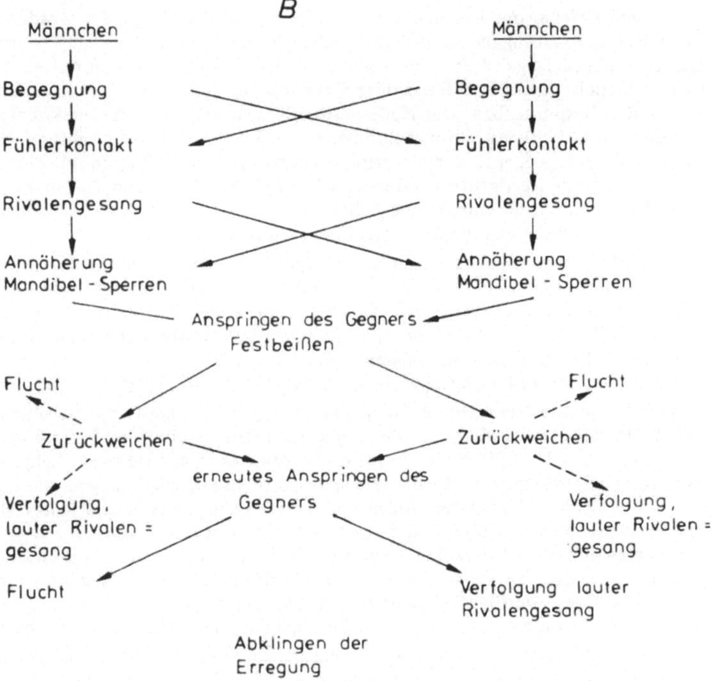

einer zufälligen Begegnung und Fühlerberührung zweier Männchen „schrecken" die Tiere kurz zurück. Es folgt erneut Fühlerbetasten (Fühlerpeitschen) und danach schriller Rivalengesang. Nach kurzem, lautem unregelmäßigem Rivalengesang springen beide Tiere mit weit gesperrten Mandibeln und zurückgelegten Fühlern aufeinander zu (Abb. 12). Der weitere Verlauf ist verschieden; gelegentlich (selten) kommt es zu Verstümmelungen der Rivalen. In der Regel gibt das unterlegene Tier schnell auf und flieht. Der Sieger folgt kurz und läßt lauten Rivalengesang ertönen.

Abb. 12 (Fotografie von L. A l o f s)
Kämpfende Grillenmännchen

Benötigte Tiere und Materialien – Versuchsdurchführung. Für den Versuch eignet sich am besten unsere einheimische Feldgrille, Gryllus campestris, die von Mai bis Juli gefangen werden kann, bzw. gezüchtet werden muß.

Zucht und Haltung der Versuchstiere. Die erwachsenen Feldgrillen werden einzeln, z.B. in breiten 0,5 l Honiggläsern oder ähnlichen Behältern bei 26° bis 28° C und einer relativen Luftfeuchtigkeit über 50 % gehalten. Die Behälter werden mit einer 1 bis 2 cm dicken Schicht aus feinem Sand oder Torf ausgelegt und täglich einmal kurz mit einem Zerstäuber besprüht, bzw. der Boden einmal in zwei Tagen mit abgekochtem Wasser angefeuchtet (Achtung Schimmelbildung). Gefüttert wird täglich mit frischen Salatblättern (aus dem Kopfinneren – gut gewaschen), eventuell auch mit Möhrenstückchen und Latz Hunde-Fertigfutter (oder Ähnlichem). Man kann den Tieren auch ein Stückchen Eierkarton oder eine offene Schachtel als Versteck in den Behälter hineinlegen. Behälter von oben gut mit Gaze verschließen (Ausbruchgefahr).

Zur Zucht wird ein Pärchen für 1 oder 2 Tage in ein Einmachglas zusammengesetzt und danach das Weibchen in einem Behälter mit feuchtem Torf- oder Sandboden (3 bis 4 cm hoch) zur Eiablage isoliert. Nach 4 bis 5 Tagen soll das Weibchen aus dem Gefäß, in dem die Eier abgelegt wurden, herausgenommen werden. Die Jungtiere schlüpfen nach ca. 14 bis 21 Tagen; sie müssen isoliert von erwachsenen Tieren gehalten werden (Kannibalismus). Entwicklungszeit der Larven 78 bis 98 Tage.

Ist Gryllus campestris nicht verfügbar, kann Gryllus bimaculatus, die südeuropäische Feldgrille, benutzt werden. Die Tiere sind leicht zu beschaffen (Terrarienfuttertiere, z.B. Grigfarm, CH 4699 Wittinsburg) und einfacher in der Haltung (kürzere Entwicklungszeit), allerdings ist ihr Verhalten nicht so prägnant wie bei der einheimischen Feldgrille (vgl. Grillenschaukasten, unten). Gryllus bimaculatus hat im Unterschied zu Gryllus campestris einen schmaleren Kopf (als das Pronotum) und in der Regel zwei helle Flecken an den oberen Flügelaußenkanten. Weibchen und Männchen unterscheiden sich generell dadurch, daß die Weibchen am Ende des Abdomens zwischen paarigen Cerci eine nadelfeine Legeröhre, etwa abdomenlang, tragen.

Beobachtungskästen. Zur Beobachtung verwendet man am besten Kühlschrankdosen, 20 cm x 20 cm x 6 cm, die am Boden mit feinem Quarzsand versehen und mit einer Tischlampe beleuchtet werden, daß innen 26° bis 28 °C herrschen (Thermometer). Es ist günstig, in die Beobachtungsarena einige von der Stirnseite geöffnete Streichholzschachteln hineinzulegen, die von den Tieren als Erdhöhlenersatz angenommen werden.

Beobachtungen. In die so vorbereiteten Arenen werden 1♂ und 1♀ zusammengesetzt, bzw. 1♀ und mehrere Männchen oder andere Kombinationen, und beobachtet. Balz und Kampf werden in der Regel kurz nach dem Zusammensetzen der Tiere ausgelöst. Daneben lassen sich beobachten, z.B.: in abrupten Kampfpausen *Übersprungshandlungen:* Fühlerputzen (die Fühler werden einzeln durch die Mandibel gezogen) bzw. Nahrungsaufnahme; *Wirkung von Schlüsselreizen:* das Bestreichen des Abdomens paarungsgestimmter Männchen mit einem Aquarellpinsel löst Absetzen der Spermatophore aus; *Verhalten am Ersatzobjekt:* stark erregte Männchen (Kampfstimmung) greifen den Pinsel oder sogar den Finger des Experimentators an; *Revierverteidigung:* Männchen, die eine Streichholzschachtel besetzt halten, verteidigen diese gegen Eindringlinge usw..

Für die Untersuchungen des Kampfverhaltens ist es vorteilhaft, die „Kampfrangordnung" der einzelnen Männchen zu bestimmen. Dazu werden die Tiere am besten mit Opalithplättchen (zur Bienenköniginmarkierung, Set und Beschreibung, Imkerbedarfs-

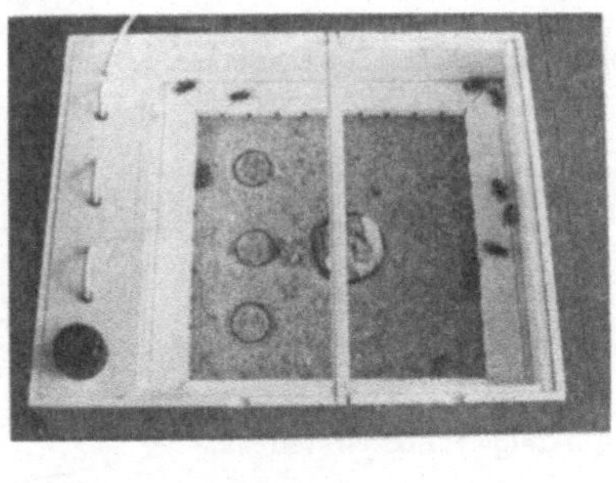

Abb. 13
Grillenbeobachtungskasten. Weitere Erklärungen
siehe Text zum Versuch 7.

handel) versehen und das Kampfverhalten getestet. Die Markierung ist am besten 2 bis 3 Tage vor dem Versuch vorzunehmen, damit der Leim antrocknen kann.

G r i l l e n s c h a u k a s t e n. Im Hinblick auf die Schulpraxis hat sich bei uns ein Grillenschaukasten (Abb. 13), Bezugsnachweis Institut für Zoologie der RWTH Aachen, bewährt, in dem Gryllus bimaculatus mehrere Generationen lang gehalten werden kann. Die Tiere müssen nicht isoliert werden und können jederzeit etwa in den Pausen, ähnlich wie ein Aquarium, beobachtet werden. Der Kasten ist aus Holz, 63 x 50 x 17 cm, weiß lackiert. Seitlich in einem Schott sind zur Temperaturregulation drei 40-Watt-Birnen angebracht, die mit einer Fliegendraht bespannten Trennwand vom Haltungs-raum abgegrenzt sind. Ringsum an den Wänden des Innenraums befinden sich heraus-nehmbare, lackierte Holzleisten, 5 x 5 cm, in die alle 5 cm, etwa 3,5 cm über dem Bo-den, Löcher gebohrt sind, ϕ 17 mm. An der Rückseite der Leisten werden die Löcher zu Höhlen, 1,7 cm x 4 cm x 4 cm, erweitert, die von den Tieren als Erdhöhlen benutzt werden. Der Boden wird bis an den unteren Eingangsrand mit Sand gefüllt. Hinzu kommen drei Glaspetrischalen (ϕ 5 cm) mit feuchtem! Sand, im Boden einge-lassen, in die die Eier abgelegt werden (täglich anfeuchten) und in der Mitte eine Fut-terpetrischale, ϕ 10 cm. Die Luftfeuchtigkeit wird mit einem angefeuchteten Natur-schwämmchen gesichert. Bei sorgfältiger Fütterung und Pflege bleibt Schimmelbildung etc. aus. Es ist vorteilhaft, etwa wöchentlich die Sandoberfläche zu erneuern und den Kot der Tiere auf den Leisten mit einem feuchten Tuch abzuwischen. ■

▲ *Versuch 8* Beobachtungen am Haushuhn

Abstammung des Haushuhns Bereits im 3. Jahrtausend vor unserer Zeitwende war das Huhn in Hinterindien als Haustier bekannt. Seine größte Bedeutung erlangte es dort im 2. Jahrtausend, in dem auch seine Verbreitung in die Nachbarländer begann (China, Mongolei, Japan, und später über Kleinasien in westliche Richtung). Nach Deutschland schließlich dürfte es über Griechenland und Italien bzw. über Südrußland und Ungarn gekommen sein. Als älteste Fundstelle in Europa gilt eine Siedlung aus der Bronzezeit in Baden.

Die zahlreichen heutigen Rassen (über 150, vgl. [206]), die sich in Gefiederfarbe, Kamm- und Körperform usw. unterscheiden, werden auf vier Stammformen des Haushuhns zu-rückgeführt, von denen das Bankivahuhn, als Hauptstammart angesehen wird: a) das *Bankivahuhn* – Gallus gallus L. = G. bankiva Temmink, von dem z.B. die Merkmale Einfachkamm, Wildfarbenzeichnung (rotbraun), Kehllappenform, dunkle Beinfarbe u.a. auf die heutigen Formen übertragen wurden; b) das *Sonnerathuhn* – Gallus sonner-rati Temmink, von dem die Zähmbarkeit, der Silberfaktor und die helle Beinfarbe ab-geleitet werden; c) das *Ceylonhuhn* – Gallus lafayetti Lesson, von dem die Merkmale

Verhaltensdiagramm 2: (Nach A. M e h n e r).
Paarungsverhalten des Haushuhns.

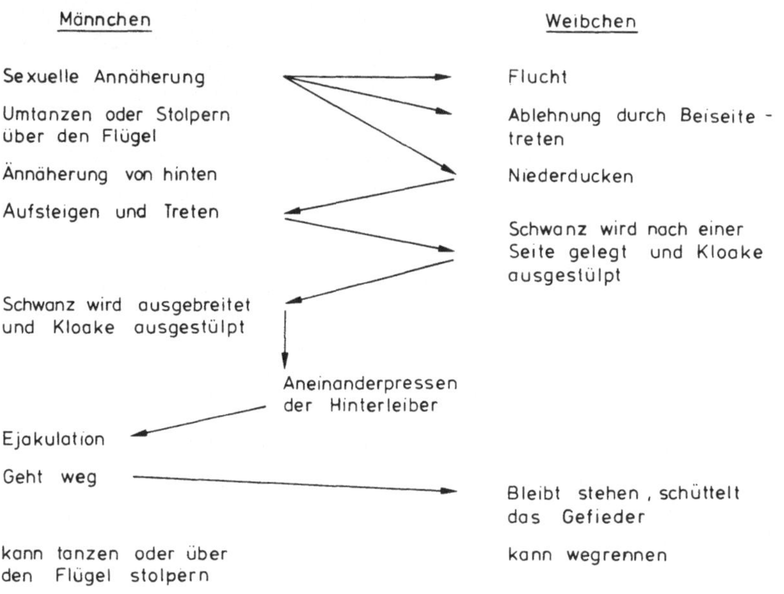

Sprenkelzeichnung und fehlende Sommermauser heutiger Rassen stammen; d) das *Gabelschwanzhuhn* — Gallus varius Shaw, auf das die grünen Gefiederfarbreflexe, die schwarzen Daunen und die helle Beinfarbe zurückgeführt werden [271].

Verhalten des Haushuhns In ihrem Grundverhalten stimmen alle heutigen Rassen überein und sind denen der Wildhühner ähnlich. Die Tiere leben in sozialen Verbänden (vgl. Abschn. 10.3), in denen ca. 5 bis 6 Hennen von einem Hahn angeführt werden (vgl. [317]), wobei das Verhalten innerhalb solcher „Harems"- verbände erstaunliche Parallelen (Homologien) zum Brutpflegeverhalten aufweist.

Eine Küken führende Glucke sondert sich von den übrigen erwachsenen Tieren ab und reagiert in dieser Zeit nicht auf die Lockrufe des Hahns. Sie beansprucht ihr eigenes Revier, das gegen die Nachbarn verteidigt wird, führt ihre Küken zu Futterplätzen und achtet darauf, daß sich keine fremden Jungtiere dazwischen mischen. Während die Küken fressen, steht die Glucke mit erhobenem Schwanz und etwas gesenkten Flügeln Wache; findet sie besondere Leckerbissen, pickt sie auffällig auf den Boden, stößt einen Lockruf aus (tuk-tuk; hebt oft den Bissen hoch und läßt ihn wieder fallen), wodurch die Küken angelockt werden. Bei Gefahr stößt sie einen Warnruf aus, worauf die Küken in Deckung gehen, während sie heftig den Feind angreift. Sind die Küken 1 Monat alt, bäumt die Henne nachts mit ihnen auf, d.h., sie fliegt als erste auf einen Ast oder Sitzstange und lockt die Jungen nach. Dieses Mutterverhalten verliert sich, sobald die Küken selbständig werden. Die Henne schließt sich dann wieder einem Hahn an.

Die ranghöchsten Hähne zeigen ein ähnliches Verhalten. Sie haben ihre festen Reviere, die sie durch Krähen gegen rangtiefere behaupten. Sie sammeln in diesen Revieren ihre Hennen um sich, die sie gegen Nachbarn verteidigen und führen sie (ähnlich wie die Glucke ihre Küken) zu Futterplätzen. Während die Hennen fressen, steht der Hahn Wache. Bei Gefahr warnt er, und während die Hennen in Deckung gehen, behält er das gefährliche Objekt im Auge bzw. greift es gar an. Findet der Hahn besondere Leckerbissen, werden die Hennen, ähnlich wie die Küken, herangelockt, und abends bäumt er als erster auf und „ruft die Hennen zu sich" (vgl. [317]).

Im sozialen Verband der Hühner ist weiterhin die Rangordnung besonders deutlich für den Beobachter erkennbar. Der ranghöchste Hahn hat einen Harem, aus dem fremde Tiere vertrieben werden. Das Revier wird gegen fremde und heranwachsende Hähne verteidigt. Je tiefer die Rangordnung der männlichen Tiere, desto seltener krähen sie. Auch unter den Hennen ist eine Rangordnung ausgebildet, die von Zeit zu Zeit durch kurze Streitereien (hacken der rangniedrigeren Tiere) bestätigt bzw. korrigiert wird („Hackordnung"). Bei Angriff durch ein fremdes Huhn suchen die Hennen bei ihrem Hahn Schutz [11].

Allgemein gesehen, lassen sich im Verhalten des Haushuhns mehrere Funktionskreise abgrenzen, die wie folgt zusammengefaßt werden können: allgemeine Bewegungsformen – spezielle Verhaltensweisen zur Körperversorgung (Nahrungssuche, -aufnahme, Körperpflege, Ruhephasen, Schlaf) – Revierverhalten (Verteidigung gegen Feinde und fremde Artgenossen) – Verhalten gegenüber dem Artgenossen (Gruppenverhalten, Rangordnung, Fortpflanzungsverhalten) – Orientierung (visuell, akustisch) – Lernverhalten (vgl. Versuch 53) u.a.

V e r s u c h s b e s c h r e i b u n g. Da in der Regel kein eigener Hühnerhof zur Verfügung stehen wird, können hier nur einige Empfehlungen angeführt werden: 1. Es ist vorteilhafter, eine kleine, frei gehaltene Hühnergruppe (3 bis 10 Tiere) zur Beobachtung auszuwählen (etwa durch Verabredung mit dem Besitzer) als große Gruppen in Intensivhaltung. Man muß die Tiere an die Anwesenheit von Fremden, besonders bei großem Auslauf, gewöhnen (z.B. durch Füttern). 2. Je nach Zeit zur Beobachtung, läßt sich bei ein wenig Übung eine Fülle von Verhaltensweisen protokollieren, die im einzelnen hier nicht vollständig angeführt werden können: *Rangordnung* (auch bei Gruppen ohne Hahn), besonders bei kleinen Gruppen (3 bis 5) erkennbar am Gefieder. Ranghöchstes Huhn – Gefieder glatt; rangtiefstes Huhn – struppig, nicht selten mit einer am Kopf frei gezupften „Glatze". *Sichern:* bei der Nahrungsaufnahme wird von Zeit zu Zeit in der Umgebung nach Gefahr Ausschau gehalten. *Attrappenversuche:* Man kann über einen gespannten Draht etwa eine Raubvogelattrappe (Pappdeckel) oder, noch stärker schematisiert, ein Kreuz über den Hühnerhof ziehen (Nylonfaden) etc. (s. Abb. 14). *Neugier* und *Lernverhalten:* stellt man etwa einen offenen Schuhkarton hin, sind die Tiere nach Überwindung der Anfangsscheu teils neugierig. Bei wiederholter Fütterung lernen sie den Beobachter schnell kennen. 3. *Balz- und Kampfverhalten* (+ Übersprungshandlungen) lassen sich in der Regel mit Sicherheit auslösen, wenn der Gruppe ein fremdes Huhn, oder einer Gruppe ohne Hahn ein Hahn zugegeben werden (leihen oder kaufen). 4. Sind die Tiere an die Beobachter gewöhnt, kann ein Teil der Balz näher untersucht werden; z.B.: nähert man sich geducht vorsichtig einer Henne (Weg versperren) und drückt diese plötzlich mit der Hand auf den Rükken und zupft abwechselnd an den Kopffedern (Schlüsselreize), zeigt das Tier häufig typische Reaktionen wie bei der Paarung: niederducken und anschließend Gefieder schütteln.

Abb. 14 (nach N. T i n b e r g e n verändert)
Schattenriß eines Raubvogels und einer Ente sowie stark schematisierte Attrappen dieser Flugbilder. Aus Sperrholz angefertigt und schwarz angemalt (Spannweite der Flügel = ca. 70 cm) gut für Attrappen-Versuche geeignet; vgl. Text zum Versuch 8.

A n m e r k u n g. Die Beobachtung des Haushuhns ist bei ein wenig Einfühlungsvermögen in kürzester Zeit interessant und ergiebig (z.B. 1 Nachmittag), was die Mühe lohnt, bei den meist zur Mitarbeit bereiten Hühnerbesitzern eine Erlaubnis zur Beobachtung einzuholen. ■

▲ *Versuch 9*. Beobachtungen am Meerschweinchen

Die in Südamerika beheimatete Wildform unseres Hausmeerschweinchens (Cavia porcellus – Rodentia) wurde bereits im 16. Jahrhundert nach Europa gebracht und hat sich seitdem zu einem genügsamen Haus- und Labortier entwickelt. Die Tiere sind farbentüchtig [66], haben einen relativ gut ausgeprägten Geruchssinn [200] und ein ausgezeichnetes Gehör [107], [267].

Jungtiere hören bis zu 26 kHz, nach ca. 5 bis 8 Wochen sinkt die obere Hörgrenze auf 16 bis 20 kHz. Da die Tiere auf kurze Laute mit dem Ohrmuschel = Preyerschen-Reflex reagieren (Zucken der Ohren), kann man den Hörbereich ohne elektrophysiologische Hilfsmittel oder langwierige Dressuren allein mit einem Tongenerator relativ genau bestimmen.

Die Haltung der Tiere ist einfach. In Holzkästen (zur Not auch Plastikwannen (0,3 bis 0,5 m^2) – die handelsüblichen Käfige sind zu klein – mit Hobelspänen als Streu und eventuell einem Nistkasten (ca. 30 cm x 40 cm x 20 cm hoch) Bodenseite offen, seitlicher Eingang, ϕ 12 bis 15 cm) lassen sich die meisten Verhaltensweisen bereits gut beobachten. Gefüttert wird käufliches Meerschweinchenfutter, Gras, Heu, Möhren, Äpfel und daneben Wasser gereicht (Napf besser: Trinkflasche). Die Tiere müssen sorgfältig gepflegt werden – Streu wechseln etc., da sonst leicht Seuchen ausbrechen [139]. Verfüttern von Kohl und grünem Salat führt gelegentlich, besonders im Winter zu Darmerkrankungen, die tödlich verlaufen können. *Ausreichend Trockenfutter* (Körner, Heu und Laborstandardfutter Altromin) neben dem Grünfutter sind hiergegen eine gute vorbeugende Maßnahme.

Verhalten der Meerschweinchen Soweit bekannt, leben wilde Meerschweinchen in kleinen (Familien-) Gruppen, die beim Hausmeerschweinchen, etwa bei Haltung in freien Gehegen, teils beträchtliche Größe erreichen können [170]. Dabei leben mehrere Weibchen, einige Männchen und Jungtiere zusammen. Zwischen den Männchen bildet sich in Gefangenschaft eine *Rangordnung* aus, die je nach Individualität der Tiere teils stabil, teils über Tage immer wieder Kämpfe und Beißereien induziert, die dann ein Zusammenhalten der Männchen unmöglich machen.

Es konnte bei uns (= 4 Beobachtungskästen, jeweils ca. 0,4 m², die untereinander verbunden sind; vgl. Abb. 15) beobachtet werden, daß es summarisch gesehen, zwei Möglichkeiten gibt. Einige Männchen, meist anfangs ranghohe, werden, wenn sie einmal von anderen Tieren besiegt wurden, über Tage immer wieder angegriffen. Sie magern ab, werden struppig im Fell und krankheitsanfällig (Streß). Andere Tiere, meist von Anfang an rangniedrige, zeigen Kampfvermeidungsverhalten und werden im weiteren ignoriert. Dazu gehören: Ausweichen, Kleinmachen, Erstarren und Abwenden.

Ranghohe Männchen haben ein ausgeprägtes *Revierverhalten.* Sie markieren Futternäpfe, Streu und Gruppenmitglieder mit den „Analdrüsen" (die Analpartie wird dabei ausgestülpt und in einer charakteristischen Bewegung an den zu markierenden Objekten gerieben) und greifen fremde Männchen im eigenen Revier häufiger an als in fremden Revieren.

Abb. 15
Zwei Meerschweinchen-Beobachtungskästen mit zwei Durchlässen (ca. ϕ 15 cm). Weitere Angaben siehe Text zum Versuch 9.

Unter Revier sind hier die einzelnen Kästen der Beobachtungsanlage gemeint, in denen die Tiere wiederholt jeweils 1 bis 2 Wochen in Gruppen, ca. 2 bis 3 Tiere, isoliert gehalten wurden, um dann beim Öffnen der Durchlässe (Pappdeckel zwischen beiden Kästen wird entfernt) das Verhalten zu überprüfen.

Die Sekrete der „Analdrüsen" sind, nach unseren Versuchen zu urteilen, auch die wichtigsten Erkennungsmerkmale, die Schlüsselreizfunktion haben. *Fremde Tiere* beriechen einander Schnauzen- und Analpartie und reagieren je nach Geschlecht ($\delta \rightarrow \female$) mit Balz oder ($\delta \rightarrow \delta$) mit Aggression.

Kampfverhalten. Erkennt ein ranghohes Männchen ein fremdes Männchen, wird Kampfverhalten ausgelöst. Die Tiere sträuben das Fell, wetzen mit den Zähnen, drohen breitseits und versuchen, in eine möglichst günstige Ausgangsposition zu gelangen.

Die Tiere versuchen, sich dabei „groß" zu machen, gehen teils mit wiegendem Schritt, auf hochgestreckten Beinen bzw. nutzen jede Bodenerhebung, z.B. Futternapf, um von dort = höhere Kopflage, den Angriff zu starten.

Der Angriff erfolgt blitzschnell, teils erst nach einigen Scheinangriffen, wobei vorwiegend in die Schulter- und Schnauzenpartie gebissen wird. Gelegentlich verbeißen sich die Tiere auch und wälzen sich am Boden. Das unterlegene Tier flieht und kann bei besonders starker Kampfstimmung des Siegers verfolgt und auch in die hintere Körperpartie gebissen werden. Kämpfe treten verstärkt auf, wenn es ein oder mehrere brünstige Weibchen in der Gruppe gibt. Gegenüber Weibchen haben Männchen eine Beißhemmung.

Die *Weibchen* bilden ebenfalls eine Rangordnung aus, allerdings zeigen sie kein charakteristisches Kampfverhalten. Bei Abwehr von Männchen, bzw. bei Auseinandersetzungen mit unterlegenen Weibchen wird in der Regel mit der Schnauzenpartie geboxt, seltener gebissen. Bei starker Erregung der Gruppe wetzen auch die Weibchen (Stimmungsübertragung). Ca. 1 Mal in 1 bis 2 Monaten und unmittelbar nach dem Werfen werden die Weibchen brünstig. Sie sind dann für die Männchen besonders attraktiv, Balz – Kopula. In der Zwischenzeit kann man Elemente der Balz recht häufig beobachten; regelmäßig, wenn neue Tiere hinzukommen, aber die Weibchen weisen dann die Männchen mit einem Urinstrahl, der fast waagerecht nach hinten gespritzt wird, ab.

Die Balz verläuft derart, daß das Männchen (bei sexueller Erregung treten die Hoden aus) laut und beständig gurrend das eher passive Weibchen umkreist, wenn es flieht, ihm folgt und dann wiederholt aufreitet.

Die Tragzeit der Meerschweinchen beträgt ca. 63 bis 70 Tage. Die Jungtiere, 1 bis 5, kommen voll behaart zur Welt. Sie haben sofort die Augen offen und können bereits nach 1 bis 2 Stunden laufen (Nestflüchter). Sofort nach der Geburt (die Nachgeburt wird aufgefressen) werden die Jungtiere sorgfältig trocken geleckt. Ansonsten ist die Mutter-Kind-Beziehung eher locker. In der Regel suchen die Jungtiere (bei mehreren gleichzeitigen Würfen) zum Saugen die eigene Mutter auf; gelegentlich kann man Adoptionen beobachten.

Verhalten der Jungtiere. In den ersten Tagen, in der Regel beisammen sitzend (Kontaktappetenz), werden die Tiere zusehends neugierig und lebhaft: herumlaufen, springen und Haken schlagen etc. (Spielverhalten). Etwa ab der 5ten Woche können sexuelle Verhaltensweisen beobachtet werden. Mit 6 bis 8 Wochen sind die Tiere geschlechtsreif. Lebenserwartung: 6 bis 8 Jahre.

Lautäußerung der Meerschweinchen. Gurren: kurz, bei unbekannten Lauten, teils beim Streicheln etc. = leichte Abwehrreaktion; lang anhaltend, während der Balz (= wahrscheinlich Ritualisierung; vgl. Abschn. 3.2). *Zähne wetzen:* bei Erregung; regelmäßig beim Kampfverhalten. *Leise Stimmfühlungslaute*, die bei Anzeichen einer Fütterung in lautes Fiepen übergehen. Ebenso laut und anhaltend fiepen isolierte Jungtiere (Gruppenappetenz). *„Angst" quieken*, laut etwa bei Schmerz etc.

V e r s u c h s d u r c h f ü h r u n g. Es ist vorteilhaft, die Tiere vor der Demonstration, z.B. zwei Pärchen in zwei Kästen (jeweils ein Paar) getrennt zu halten. Während des Versuchs öffnet man dann die Durchlässe (vgl. Abb. 15). Sind die äußeren Umstände – Beleuchtung, Geräuschkulisse etc. – wie gewohnt, kann regelmäßig Neugierverhalten – die Tiere beschnuppern sich und erkunden den „fremden" Kasten – Balzelemente oder Balz und Kampfverhalten beobachtet werden.

A c h t u n g: Bei Demonstration des Kampfverhaltens derben Lederhandschuh anziehen! Selbst äußerst zahme Tiere können in der Erregung den Pfleger empfindlich beißen (Blutvergiftung und Tetanusgefahr).

Anmerkungen. Das Verhalten des Meerschweinchens ist so vielfältig, daß hier nur ein Minimaleinblick gegeben werden konnte. Ausgiebiges Literaturstudium (z.B. [56], [103], [104], [302]) und langfristige Beobachtungen bieten hier nicht nur ein breites Feld von Verhaltensweisen, sondern ermöglichen mit der Zeit einen Einblick in die äußerst komplexe individuelle Varianz des Verhaltens. Jedes Tier wird gewissermaßen zu einer Meerschweinchenpersönlichkeit mit spezifischen Verhaltenseigenschaften. Die Typenvielfalt erfaßt ruhige und behäbig kräftige Tiere, „pfiffig-unternehmungslustige", usw. bis zu hospitalisierten Naturen.

Isoliert oder mit Kaninchen aufgezogene Meerschweinchen finden sich in einer Gruppe nicht zurecht, d.h., ein Großteil der sozialen Wechselbeziehungen entwickelt sich nur normal bei Kontakt zur Gruppe.

Ansätze einer Nachahmung lassen sich in einem Vergleich nachweisen, indem man zwei Gruppen anstelle von Wassernäpfen Trinkflaschen gibt. Sind die Gruppen *unerfahren* mit dem Gerät und gibt man einer Versuchsgruppe ein erfahrenes Tier hinzu, so wird diese in der Regel das Trinken aus der Flasche schneller lernen (Nachahmung; Lernversuche s. Abschn. 5.3.2.6). ■

▲ *Versuch 10.* Homologe Verhaltensweisen verschiedener Grillenarten

Ein Homologiennachweis bedarf einer genauen Verhaltensanalyse (vgl. Abschn. 3.2), so daß er sich kaum in einer Praktikumssitzung durchführen läßt. Dabei stehen zwei Wege offen, entweder ein Vergleich einzelner Verhaltenskomponeten, z.B. Erbkoordination der Fortbewegung bei sehr nahe verwandten Arten, z.B. verschiedener Spannerraupen (Vorteil Bewegung langsam), oder Laufkäferarten, oder Vertebraten (z.B. Esel, Pferd und Zebra usw.), oder die Homologienanalyse einer Ritualisierung (z.B. die Balz beim Haushahn, Jagdfasan, Glanzfasan, Pfaufasan und Pfau [75]); eine Aufgabe, die im Hinblick auf den theoretischen und praktischen Aufwand ein ganzes Praktikum füllen kann. Es wird deshalb im vorliegenden Fall nur ein einfaches Beispiel: der Gesang bei verschiedenen Grillenarten, vorgeschlagen, das zwei Vorzüge hat: die Beobachtungen sind relativ leicht durchführbar (vgl. Versuch 7) und die einzelnen Verhaltenskomponenten gut charakterisierbar.

Benötigte Tiere und Materialien. Benötigt werden die einheimische Feldgrille, die südländische Feldgrille und das Heimchen. Zur Not genügen die beiden letzteren Arten, die in Wittinsburg (vgl. Versuch 7) bezogen werden können. Neben den im Versuch 7 angeführten Materialien benötigt man einen Beobachtungskasten (vgl. Abb.13) oder Behälter, z.B. Glasaquarium (40 cm x 30 cm x 30 cm) für die Heimchen.

Die Haltung der Heimchen ist einfach. Das Aquarium wird mit ca. 5 cm fein gesiebtem Torf oder Sand gefüllt. Darauf legt man einen halben Eierkarton als Schlupfwinkel. Temperatur und Luftfeuchtigkeit, sowie Fütterung wie bei G. campestris. Die Tiere brauchen in der Regel nicht isoliert zu werden.

Durchführung des Versuchs. Der Versuch wird in drei Phasen oder von drei Arbeitsgruppen gleichzeitig durchgeführt: Beobachtungen der einheimischen und südländischen Feldgrille, wie im Versuch 7 angeführt. Bei der Beobachtung des Heimchens ist es vorteilhafter, die Tiere bei gedämpftem Licht und im Zuchtkasten = Gemeinschaftsbehälter, zu belassen. Anfassen der Tiere, Erschütterungen etc. wirken sich störend aus und machen die Beobachtung praktisch unmöglich. Tiere sind licht- und geräuschempfindlich.

Dabei sollte man folgende Verhaltenskomplexe berücksichtigen: 1. Wie wird bei der jeweiligen Art der Gesang erzeugt? 2. Gibt es bei allen drei Arten einen Lockgesang, und wie verhalten sich die Tiere dabei? 3. Haben alle drei Arten einen Werbegesang, in welcher Verhaltenssituation wird er aktiviert, und wie verhalten sich die Tiere dabei?
4. Gibt es bei den Arten einen Rivalen- und Kampfgesang, wie ist das Revierverhalten entwickelt?

Sorgfältig durchgeführt, gelangt man zu einer tabellarischen Bestandsaufnahme, die je nach Genauigkeit, erlauben wird, die Verhaltensweisen als homologes Verhalten einzuordnen und vorhandene Unterschiede zu verdeutlichen.

Man kann das Paarungsverhalten um einen Analogievergleich, z.B. mit der Wanderheuschrecke, Locusta migratoria, erweitern. Der Gesang wird hier anders erzeugt: mit der Schrilleiste der Tibia eines Hinterbeins und dem Flügel — dient aber auch dem Anlokken der Weibchen.

Die Paarung erfolgt ebenfalls anders, hier besteigt das Männchen das Weibchen, u.a. ■

▲ *Versuch11.* Analogie der Staatenbildung und seiner Funktionsstruktur
am Beispiel von Ameisen, Bienen, Pavianen und Mensch

Ist bereits die Homologienanalyse als Versuch nur bedingt und stark simplifiziert durchführbar, kann eine *Analogienanalyse bestenfalls modellhaft* vorgeschlagen werden. Voraussetzungen sind theoretische (Literaturstudium) und praktische (Beobachtungen) Vorbereitungen der Materie, z.B. [13], [24], [69], [89], [90], [101], [166], [167], [174], [179], [193], [231], [259], [306], [324] u.a. Dabei sollten einige wichtige Aspekte im Vordergrund stehen, die im folgenden kurz zusammengefaßt werden.

Ameisenstaat *Phylogenetische Entstehung.* Die Entstehung des Ameisenstaates läßt sich auf den Familienverband, Mutter-Kind-Beziehung zurückführen, was am besten heute bei neuen Koloniegründungen einiger Arten sichtbar ist. Eine Königin und ihre Nachkommen gründen Tochterstaaten.

Organisationsform. Anonymer geschlossener Verband (vgl. Abschn. 10.3).
Selektionsvorteile. 1. Ökonomisierung der Brutpflege (Arbeitsteilung).
2. gemeinsame, wirksamere Abwehr von Feinden (altruistisches Verhalten; vgl. Abschn. 10.3);
3. Potenzierung der Leistung durch die hohe Zahl der Staatenmitglieder;
4. weitgehende Unabhängigkeit von Umweltverhältnissen; Nahrungsbedarf — Anlage von Vorräten; Witterung — Regelung der Temperatur und Luftfeuchtigkeit.
Funktionelle Bedingungen. Zusammenhalt der Gemeinschaft: Gemeinsames Nest und Nestgeruch, bindende Verhaltensweisen: Futterbetteln (Fühlertrillern) und Füttern.

Bei einigen Arten kommt eine Prägung (vgl. Abschn. 5.3.2.2) auf die Nestgenossen hinzu; schlüpfende Tiere werden auf die Ameisen geprägt, die ihnen beim Schlüpfen helfen [33]. So ist z.B. die Sklavenhaltung bei einigen Arten möglich. Sie rauben artfremde Arbeiterinnenpuppen, die dann im eigenen Nest schlüpfen.

Koordination des Verhaltens. Arbeitsteilung wird über genetische, trophische, entwicklungsphysiologische und hormonelle Faktoren, sowie mittels einer individuellen Informationsübertragung um die wichtigste Aufgabe = Erhaltung der Gemeinschaft = Erhaltung der Legefähigkeit der Königin, zentralisiert. *Genetische Faktoren:* Ob Weibchen oder Männchen produziert werden, hängt davon ab, ob die Königin die Eier vor der Ablage mit Spermien aus dem Receptaculum seminis versieht oder nicht: befruchtete Eier = Arbeiterinnen und Königin, unbefruchtete = Männchen. *Trophische Faktoren:* Inwieweit aus befruchteten Eiern Königinnen entstehen, wird entscheidend von der Ernährung mitbestimmt. In der Nahrungskette, von Mund-zu-Mund, wird der regurgierte Nahrungsbrei von der Peripherie des Territoriums bis zur Nestmitte mit Sekreten der Pharyngeal- und Labialdrüse immer mehr angereichert. Hinzukommt, daß junge Ameisen besonders gut funktionierende Drüsen haben = Qualität des Futterbreies nimmt in Richtung Königin und Brut zu. Inwieweit eine besondere Fütterung der Königin vor der Eiablage von „Königinneneiern" (Dotterqualität) oder eine besondere Fütterung der „Königinnenlarven" entscheidend ist, ist noch ungeklärt. In Nestern ohne Königin und Brut werden die Arbeiterinnen fertil, da sie aber unbegattet sind, stirbt das Volk allmählich aus. Der Futtersaft, der normalerweise von Königin und Larven aufgebraucht wird, ist also ebenfalls ein entscheidendes Regulativ zur Erhaltung der Kasten [20] [21], [22], [23], [195]. *Hormonelle Faktoren:* Daneben dürften Pheromone, die von der Königin abgesondert und von den Arbeiterinnen abgeleckt werden (Königinpflege), die Verhinderung einer Fertilisation der Arbeiterinnen begünstigen. *Entwicklungsphysiologische Faktoren:* Junggeschlüpfte Tiere sind Innendiensttiere; mit dem Älterwerden rücken sie an die Perpherie und werden zu Außendiensttieren. *Individuelle Informationsvermittlung:* Futterbetteln, füttern, Nestgeruch, Alarmstoffe, Wegmarkierung mit Inhaltsstoffen der Rectalampullen. Daneben wird eine Art Sprache vermutet, etwa derart, daß z.B. bei lohnenden Futterfunden die Kundschafter andere Ameisen mit den Fühlern betrillern und zum Folgen animieren (Stimmungsübertragung?). Einige Knotenameisen verwenden Ultraschall als Alarmsignal. *Orientierung:* Nach Geruch, Landmarken, Sonne, polarisiertem Licht.

Die Ameisen haben auf angeborener Verhaltensbasis erstaunliche phylogenetische Leistungen erbracht: *„Viehzucht"* einiger einheimischer Arten: Blattläuse, deren zukkerhaltige Exkrete für die Ameisen eine Delikatesse sind, werden wie Haustiere gehalten. Sie werden auf die „Weide", z.B. auf Bäume getragen, vor Feinden geschützt und bei schlechtem Wetter im Nest deponiert. *Pflanzenzucht:* Die Blattschneiderameise hat hoch komplizierte Pilzkulturen, die in äußerst sinnvoll klimatisierten Zuchträumen wachsen. Die Tiere sorgen für den Nährboden (zerkaute Blätter), der mit einem schädlingshemmenden Sekret vermengt ist und Stoffe enthält, die ein unkontrolliertes Wachstum (wuchern) verhindern.

Bienenstaat *Phylogenetische Entstehung,* wie bei den Ameisen [196]; *Organisationsform,* ebenso. *Selektionsvorteile,* ebenso. *Funktionelle Bedingungen:* Zusammenhalt der Gemeinschaft: Nest, Stockgeruch, Füttern und Futterbetteln. *Koordination des Verhaltens*: Arbeitsteilung, wie bei den Ameisen. *Trophische Faktoren*: Soll eine Königin herangezogen werden, müssen die Bienen weibliche Maden, vor dem Ende des dritten Tages beginnend, mit einer besonderen eiweißhaltigen Nahrung (Gelée royale) füttern. *Hormonelle Faktoren*, wie bei den Ameisen, Pheromone. Bei Verlust der Königin wird das Volk unruhig — erkennbar am Summton — und setzt neue Weiselzellen an, falls Jungbrut vorhanden. *Entwicklungsphysiologische Faktoren*: Der Lebenslauf einer Biene wird entscheidend von Reifungsprozessen des ZNS (Jungbienen verlassen auch unter experimentellen Bedingungen vor dem 5ten Tag nicht den Stock) und der Futter- und Wachsdrüsen mitbestimmt: Innendienst — erste Woche: reinigen der Zellen; zweite Woche: füttern; dritte Woche: Wabenbau und Schutz der Stocköffnung vor Eindringlingen (Stechbienen); Außendienst — vierte bis sechste Woche: Futter und Wasser eintragen. *Individuelle Informationsübermittlung*: Futterbetteln, füttern, Stockgeruch, Duftmarkierung (sterzeln), Alarmstoffe z.B. beim Stechen (Stimmungsübertragung) und Bienensprache = Rund- und Schwänzeltanz [90].

Staatenbildung beim Steppenpavian *Pavianschlafgemeinschaft*. Der Steppenpavian, der in individualisierten Haremsverbänden (= 1 Männchen und mehrere Weibchen und Jungtiere) oder in Trupps (= Zusammenschluß zweier junger Haremsgruppen) lebt, bildet Schlafgemeinschaften, die als Vorstufen einer Staatenbildung bei Vertebraten angesehen werden. Zum Schlafen sammeln sich einzelne Gruppen und Trupps auf besonderen raubtiersicheren Schlaffelsen [167], [259]. *Phylogenetische Entstehung:* Die Entstehung der Schlafgemeinschaften läßt sich über die Bildung von Trupps und den Haremsverband letzten Endes auf die Mutter-Kind-Beziehung zurückführen. *Organisationsform*: Lockerer Verband aus mehreren individualisierten Gemeinschaften, die ihre Nachbarn persönlich kennen. Insgesamt in Schlafgemeinschaften bis zu 750 Tiere. *Selektionsvorteile*: Gemeinsamer Schutz vor Raubtieren. Selektionsvorteile der einzelnen Trupps: Ökonomisierung der überlebensnotwendigen Aufgaben. *Arbeitsteilung*: Schutz der Gruppe, Beobachten der Umgebung, Erziehung der Jungtiere, usw. Bei Gefahr greifen die Männchen gemeinsam an = Potenzierung der Abwehrleistung (altruistisches Verhalten). *Funktionelle Bedingungen: Zusammenhalt der Schlafgemeinschaft,* eher territorial bedingt, nur wenig geeignete Schlafplätze vorhanden. *Zusammenhalt der Gruppen:* persönliches Kennen. *Koordination des Verhaltens:* Arbeitsteilung, teils genetisch bedingt, Männchen — Weibchen, teils alters- und erfahrungsbedingt → Rangordnung. *Individuelle Informationsübermittlung:* Signalreize, Auslöser; Mimik (vgl. Versuch 78), Körperhaltung, Lautäußerungen.

Staatenbildung beim Menschen Soweit rekonstruierbar, dürfte die Staatenbildung beim Menschen ausgehend von Familienverbänden → Sippen über Gruppen (Zusammenschluß von Sippen) bis zu Stämmen (= Zusammenschluß von Gruppen) verlaufen sein [94], [101], [120], [179], [183]. Inwieweit dies der einzig denkbare Weg ist, mag dahingestellt bleiben — der Anfang und das Endergebnis (wie immer entstanden) sehen, stark abstrahiert, ähnlich aus. Phylogenetisch gesehen, läßt sich die menschliche Sozietät ebenfalls auf Elemente der Mutter-Kind-Beziehung zurückführen.

Selektionsvorteile: Wie in Beispiel 1 und 2.*Funktionelle Bedingungen*: Zusammenhalt *der Gemeinschaft*, gemeinsames Territorium, Sprache, Tradition, Gesetze. *Koordination des Verhaltens: Arbeitsteilung*, Tradition, Rangordnung (Bildung), gesetzlich fixierte Verträge. *Kommunikation:* z.B. Mimik, Körperhaltung, Sprache, Schrift, Nachrichtenmedien.

A n m e r k u n g e n . Der stark abstrahierte und simplifizierte Vergleich soll die Problematik *nicht vereinfachen*, sondern zu eigenen Recherchen anregen. Verblüffend ist die weitgehende Übereinstimmung der Daten, die etwa wie folgt verwertet werden kann: 1. Erarbeitung einer allgemeingültigen verhaltensbiologisch orientierten Staatendefinition, die so aussehen könnte: Staaten sind eine im Dienste der Arterhaltung entstandene geschlossene (meist anonyme), durch Arbeitsteilung strukturierte und als Einheit (höherer Ordnung) agierende Sozietät (= altruistisches Verhalten). Der Zusammenhalt der den Staat bildenden Individuen und ihre Integration in die Gemeinschaft wird durch angeborene und/oder erlernte Verhaltensmechanismen sichergestellt und in der Regel durch Bindung an ein gemeinsames Heim oder Territorium manifest. 2. Ventilierung der analogen Entwicklungen unter folgendem phylogenetischen Aspekt: a) Die Insektenstaaten sind viele Millionen Jahre älter, d.h. phylogenetisch gesehen, dürfte die Anpassung an diese soziale Lebensform angesichts der längeren Selektionsprüfung „optimaler" sein als die gerade vor 7 bis 10 Tausend Jahren entstandenen Menschenstaaten. b) Eigentümlicherweise ist auch unter Berücksichtigung der anatomisch-physiologischen Daten der Insekten (Hirnleistung etc.) in den Insektenstaaten erstaunlich wenig auf der Basis des Lernens geregelt. c) Die Insektenstaaten funktionieren auf angeborener Basis perfekt. Offensichtlich gibt es einen Selektionszwang in Richtung Einschränkung der individuellen „Freiheit" zugunsten der Gemeinschaft. d) Welche Rückschlüsse lassen sich daraus ziehen? Deutet die Zukunftsentwicklung in Richtung: jeder muß seinen Dienst am Nächsten zum größeren Teil erlernen, oder wird das Selektionsprinzip „Ökonomisierung der Funktion" eine Welt entstehen lassen, wie sie von A. H u x l e y in seinem Buch „schöne, neue Welt" skizziert wurde? ■

4 Strukturanalyse des Verhaltens

Wie jede Wissenschaft ist auch die Verhaltenskunde vom Lernverhalten des Menschen geprägt. Begriffsbildung und Klassifizierung (vgl. Abschn. 5.3.2.7), die unser Denken erst ermöglichen, werden im Bereich biologischer Phänomene mit einer allmählichen phylogenetischen Entwicklung einzelner Formen konfrontiert, der sie nicht ganz gerecht werden können. So sind die erarbeiteten Definitionen einzelner Verhaltenskategorien nicht abgrenzend, sondern Begriffe mit definiertem Schwerpunkt und *fließenden „Grenzen"* [117]. Hinzu kommt, daß sie je nach Wissensstand und den bei der Analyse zugrunde liegenden Gesichtspunkten teilweise ähnliches Verhalten mit Hilfe unterschiedlicher Kriterien definieren. So ist man häufig gezwungen, einzelne, fast synonyme Begriffe nebeneinander zu benutzen, um der Verhaltensbeschreibung gerecht zu werden; man vergleiche z.B. Autorhythmie-Erbkoordination oder Instinkthandlung-Endhandlung (vgl. Abschn. 4.2.).

Für alle Verhaltensklassifizierungen gilt aber gleichermaßen, daß sie versuchen, eine größtmögliche Allgemeingültigkeit der Begriffe sicherzustellen, so daß es möglich wird, ein abstraktes Aufbauschema des gesamten Verhaltens zu konstruieren, das für den Spezialfall in mehr oder weniger abgewandelter Form, teils auch vereinfacht, einer Verhaltensbeschreibung zugrunde gelegt werden kann.

Die im folgenden angeführten Teilaspekte versuchen, ausgehend von elementaren Verhaltenskomponenten, fortschreitend komplexere Verhaltensweisen und ihren Aufbau darzustellen und so den Blick für die Gesetzmäßigkeiten zu schärfen. Es war dabei nicht zu vermeiden, daß gelegentlich zugunsten einer besseren Übersicht die Materie simplifiziert wurde. Soweit Termini aus der Alltagssprache Verwendung finden, wie z.B. Neugierverhalten, Lernen etc., sollen sie nur die einzelnen Verhaltensweisen kennzeichnen, ohne die im alltäglichen Gebrauch mit diesen Worten ebenfalls gelegentlich gemeinten Bewußtseinsinhalte anzudeuten. Diese werden, soweit möglich, gesondert in einzelnen Kapiteln vermerkt (vgl. z.B. Abschn. 5.3.2.7 und 5.3.2.9 und 6).

4.1 Aktion, Reaktion, angeborenes und erlerntes Verhalten

Eine der elementarsten Aufteilungen des Verhaltens ist die Unterscheidung zwischen spontanem Verhalten, der *Aktion,* und dem Verhalten als Antwort auf Außenreize, der *Reaktion.* Da beide Begriffe teils heftig zwischen den psychologischen und ethologischen Schulen diskutiert wurden, werden sie gelegentlich mißverstanden.

Die Reflextheorie führte das Gesamtverhalten auf Reflexe zurück und komplexe Funktionen auf Reflexketten, in denen der jeweils vorangegangene Reflex den nächst folgenden auslöst. Dabei ging man in der Interpretation so weit, daß Verhalten allein auf Umweltveränderungen (Reize) zurückgeführt wurde. Demgegenüber gelang es der Verhaltensphysiologie nachzuweisen, daß viele Verhaltensweisen spontan sind, d.h. allein durch physiologische Prozesse, die im Organismus ablaufen, aktiviert werden [131]. Mit dem Fortschreiten der Forschung stellte man fest, daß letztlich *das Gesamtverhalten eine aktive, primär autonome Leistung ist,* die allerdings in vielfältiger Weise auf die speziellen Umweltverhältnisse, in denen ein Organismus agiert, abgestimmt wird (vgl. Abschn. 4.2.2; 4.2.3; 4.2.4).

In diesem Sinne spricht die Verhaltenskunde heute von Aktion, wenn auslösende Reize nicht nachweisbar sind, z.B. beim spontanen Aufwachen aus dem Schlaf; und von Reaktion, wenn Verhalten durch einen Reiz ausgelöst wird, z.B. Aufwachen durch ein Klingelzeichen.

In beiden Fällen wird aber Verhalten von autonomen Faktoren im Organismus getragen. Selbst der Reflex, der im Unterschied zu den übrigen Elementen stets von einem Reiz ausgelöst wird, ist physiologisch gesehen (Rezeptor-, Nerven-, Muskelphysiologie), eine aktive Leistung des Organismus, *die durch den Außenreiz lediglich abgerufen wird.*

Eine weitere Unterteilung bedient sich des Kriteriums — angeboren oder erlernt. Obwohl hier prinzipiell hinsichtlich der Definitionen von angeborenem und erlerntem Verhalten zwischen den einzelnen Schulen keine Meinungsverschiedenheit vorhanden war, ergaben sich im Spezialfall immer dann theoretische Schwierigkeiten, wenn versucht wurde, beide Kategorien absolut zu trennen, was in Folge von Injunktionen nicht möglich ist (vgl. Abschn. 5).

4.2 Angeborenes Verhalten

Als angeborenes Verhalten definiert die Verhaltensforschung die Verhaltensweisen, die bei normalen Entwicklungsbedingungen (vgl. Abschn. 3.1.2) *ausreifen und ohne Lernprozeß vom Organismus beherrscht werden.* Der Nachweis wird in der Regel mit dem sogenannten Kaspar-Hauser-Versuch geführt, in dem nach Möglichkeit in der Umwelt des zu untersuchenden Organismus nur die für das interessierende Verhalten adäquaten Erfahrungsquellen ausgeschaltet werden.

Will man z.B. prüfen, ob ein Stichling angeborenermaßen einen Rivalen erkennt und bekämpft, wird man dafür Sorge tragen müssen, daß das Tier bis zur Geschlechtsreife nie einen Rivalen zu sehen bekommt, die übrigen Umweltfaktoren aber nach Möglichkeit unverändert lassen. Fälschlicherweise werden häufig Kaspar-Hauser-Versuche so praktiziert, daß die Organismen in einer laborkonstanten Umwelt aufgezogen werden, was zu erheblichen Störungen des Reifungsprozesses, bzw. zentralnervöser Funktionen führen kann. Die dann beobachteten Ausfallerscheinungen werden irrtümlicherweise häufig als Indiz für erlerntes Verhalten gedeutet.

Weitere Hinweise auf angeborenes Verhalten sind Artkonstanz, spontanes Auftreten bei hormoneller Behandlung, und in Grenzen bei elektrophysiologischer Hirnreizung (vgl. Abschn. 4.2.4.8). In der Praxis ergeben sich gelegentlich große methodische Schwierigkeiten bei der Trennung von angeborenen und erlernten Komponenten, besonders im Bereich der Instinkt-Dressur-Verschränkung (vgl. Abschn. 5.3.2.1).

Angeborenes Verhalten befindet sich, phylogenetisch gesehen, in einem stetigen Anpassungsprozeß an die Umwelt. Dabei „lernt" die Art genetisch (durch Mutation, Gen-Rekombination, Selektion) im Verlauf der Generationen u.a. sehr komplexe Verhaltensweisen (vgl. Versuch 11 und 75), die über das Artgedächtnis (Genom) jedem Individuum garantiert werden. Abgesehen von der Tatsache, daß dieser „Lernprozeß" sehr langsam erfolgt und, wie K. Lorenz erwähnt, sich nur am Erfolg orientiert (Mißerfolg ist gleichbedeutend mit Ausschluß durch die Selektion), weist angeborenes Verhalten eine Reihe von Selektionsvorteilen auf, von denen die wichtigsten sind:

1. Es hat eine „unbestechliche" und langfristige Auslese hinter sich, wodurch die Gefahr eines Irrtums auf ein Minimum reduziert ist.

Gelegentlich wird angeborenes Verhalten als „geringwertig" eingestuft, weil das Individuum diesen Verhaltensprogrammen gewissermaßen „hilflos" ausgeliefert ist. Hier hilft vielleicht der Hinweis, daß in der Evolution der Erfolg des Einzelnen am Erfolg der Population der Art gemessen wird, d.h., letzten Endes steht und fällt auch der Vorteil menschlichen Lernens mit der Erhaltung der Art Homo sapiens. Ob die Arterhaltung über angeborene oder individuell erlernte Verhaltensprogramme sichergestellt wird, ist dabei zweitrangig. Das Leben hat sowohl in Form zahlreicher Protozoenarten mit äußerst geringer individueller Lernfähigkeit, als auch in Form der Art Homo sapiens dem Selektionsverfahren bis heute widerstanden.

2. Das Verhalten braucht nicht erlernt zu werden, was besonders bei äußerst komplexen Verhaltensweisen relativ niederer Tiere, z.B. Netzbau der Spinnen, und generell bei essentiellen Verhaltensweisen, die häufig bereits bei der Geburt vorliegen müssen, wie Nahrungsaufnahme, Atmen, Laufen bei Nestflüchtern usw., vorteilhaft ist.

Die häufig extrem augenscheinlichen Anpassungen angeborenen Verhaltens an den Biotop und die Lebensweise lassen sich besonders einfach an der Leistung der Sinnesorgane demonstrieren (vgl. Abschn. 4.2.3). Sie sind jeweils auf die Perzeption von Reizen spezialisiert, die für die Art lebensnotwendig sind und begrenzen so das Verhalten auf einen der Anpassung adäquaten Rahmen.

Nur der Mensch hat diesen angeborenen Rahmen der Informationsaufnahme durch die Entwicklung von Meßgeräten (mit denen er auch für seine Sinnesorgane nicht perzipierbare „Reize" in für ihn wahrnehmbare Reize transformieren kann) gesprengt.

4.2.1 Automatie, Erbkoordination

Die einfachsten Verhaltenseinheiten des Spontanverhaltens sind die Automatie (Autorhythmie) und die Erbkoordination. *Automatien sind spontane und wiederholte, oft rhythmisch-periodische Tätigkeiten (Funktionen) erregbarer Strukturen*, z.B. spontane Depolarisationen von Nervenzellen oder von myogenen Aktivitätszentren, aber auch die hormoninduzierte Uteruskontraktion oder Darmperistaltik. Handelt es sich dabei um autonome rhythmische Tätigkeiten, sprechen wir von *Autorhythmien*. Automatien können, funktionell anatomisch gesehen, sowohl an einfachsten Systemen, wie komplexeren Einheiten, die aus einem oder mehreren Automatiezentren und den von ihnen angesteuerten Effektoren bestehen, auftreten. Bekannte Beispiele sind das Wirbeltierherz oder der Stachelapparat der Biene.

Beim Stich wird der Stachel samt Giftblase und Abdominalganglion herausgerissen. Dieses Abdominalganglion ist ein Automatiezentrum, das beim Abtrennen von den übergeordneten ZNS-Zentren des Tieres enthemmt wird und die Giftblasenmuskulatur zur rhythmischen Kontraktion anregt.

Der Terminus Automatie wird sowohl zur Beschreibung von physiologischen Vorgängen am Teilsystem eines Organismus, als auch bei der Beschreibung von Verhaltenskomponenten, die am intakten Organismus beobachtbar sind, verwendet. Im letzteren Fall gibt es fließende Übergänge zu der Erbkoordination = Instinktbewegung. *Erbkoordinationen sind artkonstante, zeitlich und räumlich geordnete Bewegungsweisen. Sie resultieren aus dem Zusammenwirken von spontanaktiven Nervenzentren, die in angeborenen Verschaltungen teils direkt, teils indirekt Koordinationsprogramme ergeben, mit denen die Effektoren angesteuert werden*, z.B. Laufkoordination bei Insekten, Schwimmkoordination beim Fisch, Lauf- und Flugkoordination beim Vogel usw..

Erbkoordinationen bilden den Elementarbaustein spontanen angeborenen Verhaltens. Neben den bereits angeführten Beispielen gehören hier auch so komplexe Verhaltensweisen dazu wie die angeborene Mimik des Menschen — Lächeln oder Drohmimik [77].

Beiden Verhaltenskomponenten, der Automatie und der Erbkoordination, ist eigen, daß sie von „übergeordneten" Zentren des ZNS kontrolliert werden. *Dabei sind Erbkoordinationen in der Regel in Verhaltensprogramme höherer Ordnung* (vgl. Abschn. 4.2.4) *integriert, so daß sie, je nach Bedarf, gehemmt oder enthemmt werden können.*

Die Aktivität spontanaktiver Nervenzentren wird beeinflußt von: a) *Reifungsprozessen*, z.B. spontane Bewegungen des menschlichen Embryos sind erst dann nachweisbar, wenn die Aktivierungszentren herangereift sind;
b) *Hormonen* (man denke an Heranreifen der Hormondrüsen), die teils direkt Transmitterfunktionen haben, teils die Erregbarkeit der Zellen verändern. Hier ist zur Zeit am besten die Regulation des Herzschlages bekannt [147];
c) *der Aktivität von vorgeschalteten Neuronen*, deren Erregung die Spontanaktivität hemmt oder fördert [86].

Von der artspezifischen Erbkoordination muß die modifizierte Koordination (motorisches Lernen) unterschieden werden. Über die individuell verschieden programmierbaren übergeordneten Zentren des ZNS ist es möglich, durch Lernen Erbkoordinationen zu modifizieren, z.B. in eine Ebene zu zwingen wie beim Schreiben, oder Teilabläufe neu zu kombinieren wie beim Klavierspielen (linke und rechte Hand verschiedene Bewegungen (s. Versuch 14). Solche erlernten Programme, die beim Menschen im Stammganglion (hier unter corticaler Kontrolle) und Cerebellum engrammiert werden, überlagern = modifizieren dann die Erbkoordinationen. Wenn bei Hirnschäden diese Einflüsse wegfallen, kommen teilweise die ursprünglichen Bewegungsprogramme wieder zum Vorschein.

Spontanaktivität und Lernen. Der Vollständigkeit halber muß kurz noch darauf hingewiesen werden, daß auch Lernen (s. Abschn. 5) nur über eine Aktivierung der assoziativen Zentren, z.B. des Cortex, durch spontanaktive Zentren des Hirnstamms, besonders Zwischenhirn und Formatio reticularis, möglich ist. Von hier aus werden (der Cortex über das limbische System) die in der Regel aus hemmenden Zellen bestehenden übergeoordneten Zentren aktiviert, die ihrerseits dann über eine gezielte und durch Lernen modifizierbare Hemmung das Verhalten beeinflussen [84], [100], [229].
Die teils noch nicht bis in letzte Detail bekannten Wirkungsmechanismen sind am besten am Kleinhirn untersucht [71] und lassen sich, stark simplifiziert, für den Cortex mit der Tatsache verdeutlichen, daß das Agieren der Organismen unmöglich wird, wenn man die erregenden Bahnen vom Stammhirn zum Cortex experimentell durchtrennt (Schnitt durchs Tegmentum). Sowohl hirngeschädigte Tiere wie Menschen (z.B. Kriegsverletzungen) verfallen in einen Dauerschlaf.

▲ *Versuch 12.* Automatien bei Protozoen

Automatien, Reflexe und Taxien (vgl. Versuche 15, 22) lassen sich bereits bei Protozoen nachweisen. In Analogie zum vielzelligen Organismus werden dabei die Funktionen einzelner Organellen, bzw. Organellsysteme, untersucht. Dabei ist zu beachten, daß hier das Integrationsniveau einer Zelle vorliegt (vgl. Abschn. 3.1), so daß die beobachteten Verhalteneinheiten nicht vorbehaltlos mit denen vielzelliger Organismen verglichen werden können. Verhaltensbiologisch gesehen, liegt im Einzeller die Grenze zwischen der biophysikalischen Funktion eines Zellbestandteils und der Gesamtfunktion des Regelkreises der Zelle, der erst das Attribut Verhalten im biologischen Sinne zusteht. So läßt sich Verhalten letztlich auf das Zusammenwirken physikochemischer Prozesse zurückführen, ist aber selbst erst in der Funktionseinheit Zelle, dem Grundbaustein des Lebens, realisiert [143].

Ein besonders schönes und einfach zu beobachtendes Beispiel einer Zellautomatie ist die kontraktile Vakuole [142], [150], [199], [315]. Die *kontraktilen Vakuolen* sind in erster Linie Organellen der Osmoregulation und kommen deshalb vorwiegend bei Süßwasserciliaten und Flagellaten vor.
Da das Zellplasma hypertonisch in Bezug zum Medium ist, dringt ständig Wasser durch die Pellikula, das von der kontraktilen Vakuole wieder hinausgeschafft wird.

Daneben dienen sie zur Ausscheidung wasserlöslicher Exkrete. Am besten untersucht sind die kontraktilen Vakuolen vom Pantoffeltierchen (Paramecium). Sie bestehen jeweils aus einer Vakuole, an die 7 bis 10 Radialkanäle (Abb. 16) anschließen. Die Radialkanäle ihrerseits stehen mit den Nephridialtubuli, einem spezialisierten Teil des Endoplasmatischen Retikulums, in Verbindung. Von hier wird die auszuscheidende Flüssigkeit aktiv in die Radialkanäle befördert (Narkotika setzen die Vakuolentätigkeit stark herab [142]). Sind die Radialkanäle gefüllt, kontrahieren sie (die Verbindung zu den Nephridialtubuli wird dabei unterbrochen), und die Flüssigkeit gelangt über einen ventilartigen Einspritzkanal in die Vakuole. Die Vakuole selbst wird bei maximaler Füllung über den Ausführkanal entleert (Myofibrillenkontraktion). Dabei zerreißt eine den Ausführkanal verschließende Membran und wird neu gebildet, womit eine Pulsationsphase abgeschlossen ist. Paramecium besitzt zwei solcher Vakuolen, die im Gegentakt arbeiten. Die Pulsationsfrequenz ist abhängig u.a. von der Wassertemperatur, der Osmolarität und dem Sauerstoffgehalt des Mediums.

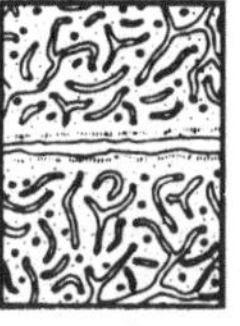

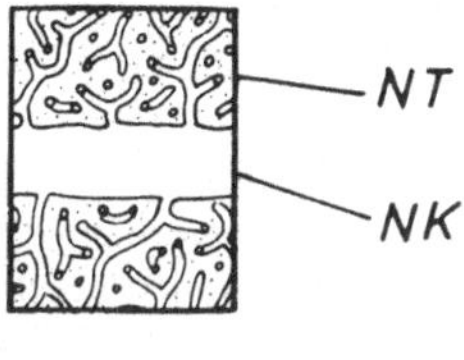

Abb. 16 (nach D. M a t t h e s u. F. W e n z e l verändert)
Kontraktile Vakuole von Paramecium.
a) Nephridialkanäle in Diastole, links = elektronenmikroskopisches Bild;
b) Nephridialkanäle in Systole.
NK = Nephridialkanal; NT = Nephridialtubili.

B e n ö t i g t e   T i e r e   u n d   G e r ä t e. Pantoffeltierchen entweder in Stuttgart (Landesanstalt für den naturwissenschaftlichen Unterricht, Abt. Biologie, Pragstr. 17) bestellen oder mit einem Heuaufguß ansetzen. Pantoffeltierchen treten in Heuaufgüssen erst nach einigen Tagen auf (Räuber-Beute-Beziehung; Bakterien, Colpidium, Paramecium), Objektträger und Deckgläser, ein Mikroskop, besser: Mikroprojektion (wenn möglich mit Dunkelfeldeinrichtung), Kochsalz (NaC1) und eine fein ausgezogene Kapillar-Pipette.

V e r s u c h s d u r c h f ü h r u n g. Es werden mit dem normalen Kulturwasser (filtriert) eine 0,5%ige und eine 1%ige Kochsalzlösung hergestellt. Anschließend werden jeweils 1 Objektträger mit Normallösung (Kontrolle) und den jeweiligen Kochsalzlösungen vorbereitet, Paramecien übertragen und jeweils die Zeit für 5 oder 10 Kontraktionen bestimmt und verglichen. Normalwerte bei 20 °C : 7 bis 12 Pulsationen/min.

A n m e r k u n g e n. 1. Es müssen jeweils mehrere Tiere (7 bis 10) untersucht und die Mittelwerte verglichen werden. Von einer Übertragung des gleichen Tieres von einem ins andere Medium wird abgesehen, da viel Übung notwendig, aber nicht abgeraten. Am gleichen Tier gemessen, ist die Streuung der Werte geringer.

2. Das Pipettieren der Tiere fällt leichter, wenn man das Gummihütchen vollständig über die Pipette stülpt und mit einem Faden festbindet, so daß die Saugwirkung kleiner und damit besser dosierbar wird.

3. Man muß darauf achten, daß die Lösung auf dem Objektträger nicht zu stark eintrocknet. Die Tiere werden zwar dadurch vom Deckglas an die Unterlage gepreßt und sind leichter zu beobachten, aber sie werden bei zu starkem Druck sehr schnell mechanisch geschädigt (+ Konzentrationsveränderung des Mediums).

4. Man kann natürlich nur die Werte von Vakuolen am gleichen Körperpol vergleichen.

5. Man kann auch die Temperatur variieren (vgl. Versuch 13). ■

▲ *Versuch 13*. Autorhythmie des Daphnienherzens

Eines der bekanntesten und am besten untersuchten Beispiele für Autorhythmien ist das Vertebratenherz, das über das ZNS → Zwischenhirn → parasympathisches und sympathisches Nervensystem angesteuert wird und je nach Verhaltenssituation in der Pumptätigkeit reguliert wird [86], [147], dessen Untersuchung aber ohne operativen Zugriff nicht möglich ist (gute Filme dazu vom Institut für den wissenschaftlichen Film, Göttingen: C 248; C 880). Es wird deshalb im vorliegenden Fall ein Versuch mit Daphnien vorgestellt, deren Herztätigkeit ebenfalls einer komplexen Regulation unterliegt: Abhängigkeit der Schlagfrequenz von der Temperatur. Der Versuch hat den Vorteil, daß der Herzschlag am intakten Tier unter dem Binokular oder Mikroskop sichtbar ist.

Das Daphnienherz liegt dorsal über dem Darm. Es ist ein sackförmiges Gebilde, das seitlich zwei Spaltöffnungen (Ostien) hat und in einem dünnwandigen, schwer sichtbaren Pericardialsinus liegt [266]. Die Blutströmung im offenen Gefäßsystem läßt sich an der Bewegung kleiner amöboider Blutzellen verfolgen. Soweit bekannt, ist das Daphnienherz myogen. Die Schlagfrequenz wird nervös (Hemmung) [86] gesteuert; sie steigt an bei allgemein erhöhter Aktivität, kurz nach dem Fressen, bei Erhöhung der Temperatur (5 ° bis 30 °C) und unerklärlicherweise bei „relativer Einsamkeit" (uncrowded population) [201].

Bei einer Populationsdichte von 1 Individuum auf 100 ml Wasser ist die Herzschlagfrequenz um 20 bis 25% höher als bei einer Dichte von 25 Individuen/100 ml Wasser. Normalschlagfrequenz bei Zimmertemperatur ca. 200/min.

B e n ö t i g t e   T i e r e   u n d   M a t e r i a l i e n . Daphnien sind in fast allen Tümpeln zu fangen, oder als Fischfutter käuflich. Hohlschliffobjektträger, Kühlschrank, Mikroskop.

V e r s u c h s d u r c h f ü h r u n g. Wir bereiten zwei oder mehr Hohlschliffobjektträger vor, die jeweils mit einer lebenden Daphnie versehen werden. Die erste Beobachtung erfolgt bei Zimmertemperatur. Dann werden die Daphnien samt Objektträger (Wasserwechsel – O_2-Gehalt) im Kühlschrank auf 5 °C abgekühlt und erneut beobachtet. Die Herzschlagfrequenz bei verschiedenen Temperaturen desselben Tieres wird verglichen.

A n m e r k u n g e n . Der Versuch läßt sich auch mit anderen transparenten Wassertieren durchführen, z.B. Corethralarven. Das gekühlte Präparat ist auf zwei Pappdeckelstückchen auf den Mikroskoptisch zu legen, damit es nicht zu schnell erwärmt wird. Schnelles Arbeiten und wiederholte Zählungen führen zu guten Ergebnissen. Auf alle Fälle Hohlschliffobjektträger benutzen, die aus dickerem Glas sind und sich langsamer erwärmen. ■

▲ *Versuch 14.* Angeborene Koordination beim Menschen

Jede Organismenart bietet zahlreiche Beispiele von Erbkoordinationen. So wird im vorliegenden Fall ein Versuch gewählt, der der Versuchsperson einen subjektiven Eindruck von solchen Koordinationen vermittelt. Soweit bekannt, sind Arm- und Beinbewegungen des Menschen, sowie die Bewegung beider Hände und Füße untereinander, durch angeborene Koordinationen verknüpft [131]. Während der Mensch durch motorisches Lernen eine mehr oder weniger gute Unabhängigkeit der Bewegung der Hände erlangt – besonders beim Instrumente spielen, bleibt die angeborene Koordination der Beinbewegung zeitlebens weitgehend von solchen Lernprozessen unbeeinflußt. Es ist deshalb vorteilhaft, diese Koordination zum Versuch heranzuziehen.

V e r s u c h s b e s c h r e i b u n g. Die Versuchsperson setzt sich auf einen Tisch, so daß die Unterschenkel frei beweglich sind. Nun werden der Versuchsperson (Vp) drei Aufgaben gestellt, die zeitlich (Stoppuhr) und im Bewegungsablauf kontrolliert werden.

1. Die Unterschenkel werden wechselweise 20 mal schnell hin und her bewegt und die Zeit gemessen, z.B. ca. 12 bis 15 s → keine Koordinationsfehler.

2. Beide Unterschenkel werden gleichzeitig 20 mal hin und her bewegt und beobachtet. Zeit ca. 14 bis 17 s → keine Koordinationsfehler.

3. Nun wird einer der Unterschenkel zweimal hin und her bewegt, der andere zur gleichen Zeit nur einmal und insgesamt 10 mal diese Bewegungsabläufe absolviert. Die benötigte Zeit ist auf jeden Fall länger als in den beiden vorherigen Versuchen. Der Bewegungsablauf – wenn überhaupt fehlerfrei – wird häufig unterbrochen. Die Vp neigt wiederholt dazu, die Koordination wie in der Aufgabe 1 durchzuführen.

A n m e r k u n g e n. Die Aufgabe 3 ist kaum ohne Übung zu lösen, weil sie keiner angeborenen Koordination entspricht und deshalb bewußt kontrolliert werden muß. Hinzu kommt, daß die willkürliche Ansteuerung mit der angeborenen Koordination in Konflikt gerät, was die Vp zu erhöhter Konzentration – stoppen der Bewegung, Korrektur etc. – veranlaßt. ■

4.2.2 Reflexe, Taxien

Bei der Analyse angeborenen Verhaltens stellt man in der Regel fest, daß es durch Umweltinformationen, die der Organismus über die Sinnesorgane wahrnimmt, den jeweiligen Reizsituationen angepaßt wird (vgl. Abschn. 4.2.3.). Die elementarsten, umweltorientierten Verhaltenseinheiten sind die Reflexe und die Taxien.

Reflexe. *Neuophysiologisch-anatomisch ist der Reflex an den Reflexbogen gebunden,* der aus einem informationsaufnehmenden Element (Sinneszelle oder -organ), einer informationsvermittelnden Bahn (afferente und efferente Fasern) und dem Effektor (z.B. Muskel) besteht (Abb. 17).

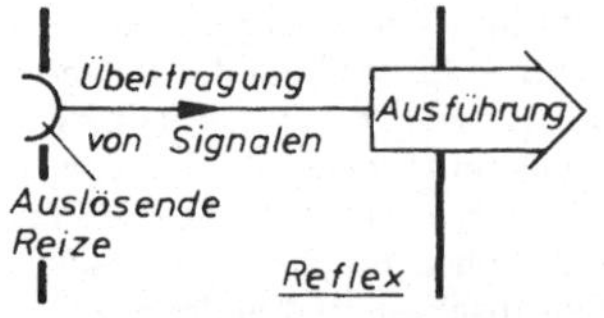

Abb. 17 (nach B. H a s s e n s t e i n).
Vereinfachtes, idealisiertes Funktionsschaltbild eines Reflexes. Die dicken, senkrechten Striche deuten die Begrenzung des Organismus an. Halbkreis = Symbol für Sinneszelle; kleiner Pfeil = Nervenbahn (Synapsen unberücksichtigt), großer Pfeil = Erfolgsorgan.

Entsprechend den neuroanatomischen Voraussetzungen unterscheidet man: *monosynaptische Reflexe* – zwischen Rezeptor und Effektor (entsprechend zwischen afferenter und efferenter Bahn) liegt nur eine (die motorische Endplatte eingeschlossen = zwei) Synapse, z.B. Patellarreflex. *Polysynaptische Reflexe* – zwischen Rezeptor und Effektor sind mehrere Synapsen eingeschaltet, z.B. Irisreflex. *Eigenreflexe* – Rezeptor und Effektor liegen im gleichen Organ, z.B. Muskeleigenreflexe. *Fremdreflexe* – Rezeptor und Effektor liegen in verschiedenen Organen, z.B. Muskelfremdreflexe. Angesichts der komplexen Verschaltungen polysynaptischer Reflexe nennt man sie heute besser *Reaktionen.*

Der Organismus führt nicht nur eine ganze Reihe von Schutzreaktionen reflektorisch aus, sondern viele körperinterne Funktionen werden durch Propriorezeptoren überwacht und reflektorisch geregelt, z.B. Pyloruskontraktion, Gefäßwandspannung oder Muskeleigenreflexe, die in einem Regelsystem (vgl. [86]) eine Überdehnung des Muskels verhindern.

Ein Reflex ist dadurch ausgezeichnet, daß er stets als stereotype Reaktion auftritt, durch Lernen nicht modifizierbar ist und beim Menschen durch Willensprozesse nicht beeinflußt werden kann.

Bedingte Reflexe – besser: bedingte Reaktionen – sind Reflexe, deren Auslösbarkeit mit einem neuen, dem bedingten Reiz, assoziiert ist (vgl. Abschn. 5.3.2.3).

Taxien. Eine komplexere umweltorientierte Verhaltenskomponente ist die Taxis, nach A. Kühn = Orientierungsbewegung [165]. Während im einfachsten Fall, z.B. bei Medusen, die Taxis sich als Kombination von Reflexen und Automatien (Erbkoordinationen) erweist, beinhaltet sie bei höher entwickelten Organismen äußerst komplexe nervöse Integrationsvorgänge, die zur Zeit noch weitgehend unerforscht sind.

Bei Medusen wird die autonome Aktivität spontanaktiver Zentren im schnelleitenden Nervenring (Aufrechterhalten der Schwimmbewegung) reflektorisch durch das langsamleitende Nervennetz, das seinerseits mit Sinneszellen Verbindung hat, je nach Lichteinfall partiell gehemmt, so daß das Tier sich immer zum Licht dreht [37].

Man definiert die Taxis als eine aktive Winkeleinstellung eines Organismus zu einer oder mehreren Reizquellen, bzw. zu den Feldlinien eines Reizfeldes [39].

Orientierungsbewegungen wurden früher teils nach der sie steuernden Reizqualität, teils nach der zentralnervösen Verrechnung der perzipierten Reize beschrieben. Dies führte zu einer uneinheitlichen Terminologie [75], [117], [165], [190], [297]. In neuerer Zeit werden die Taxien entweder phänomenologisch nach Art der zwischen Körperachse und Reizrichtung bestehenden Beziehungen oder nach Art der zentralnervösen Reizbewertung klassifiziert [39].

Phänomenologische Klassifizierung. Positive Taxis — Einstellung der Bewegung zu einer Reizquelle hin, z.B. positive Phototaxis; *negative Taxis* — Einstellung der Bewegung von der Reizquelle weg, z.B. negative Phototaxis; *transversale Taxis* — Reiz bzw. Feldrichtung bilden mit der Fortbewegungsachse (des Organismus) einen Winkel von 90 °, z.B. Lichtrückenorientierung beim Fisch oder Lichtbauchorientierung bei Notonecta; *Menotaxis* — Einstellung eines bestimmten Winkels zwischen Fortbewegungsachse und Reizrichtung, z.B. Lichtorientierung bei verschiedenen Insekten und einigen Asseln.

Klassifizierung nach reizbewertenden Vorgängen im ZNS. Tropotaxis — bei zwei oder mehreren Reizquellen wird die Fortbewegungsachse in Richtung des Reizschwerpunktes eingestellt = Einstellung eines Erregungsgleichgewichtes zwischen den Afferenzen paariger Sinnesorgange, z.B. einseitig geblendete Salinenkrebschen schwimmen im Kreise; *Menotaxis* (s. auch phänomenologische Klassifizierung) = *Kompaßorientierung* — im Gegensatz zur Tropotaxis wird ein Ungleichgewicht zwischen den Afferenzen paariger Sinnesorgane aufrechterhalten, z.B. Kompaßorientierung bei Bienen und Ameisen nach der Sonne. *Telotaxis* — zwischen mehreren gleichwertigen Reizquellen wird gewählt und nur eine angezielt, z.B. Orientierung der Libellen (einseitige Blendung der Tiere verhindert nicht das Jagen von Beute).

Die Definition schließt Orientierungsleistungen des Menschen nicht aus, z.B. allein nach Geruch, oder Gehör u.s.w. Einige Autoren führten den Begriff Mnemotaxis ein, mit dem Orientierungsbewegungen aufgrund komplexerer Lernleistungen (Aneinanderreihen von Orientierungsmarken, „Raumvorstellungen" etc.) gemeint sind, z.B. Geländeorientierung der Biene beim Hin- und Rückflug, Raumorientierung beim Papagei oder Hund (vgl. Versuch 71).

▲ *Versuch 15.* Verkürzungsreflex beim Glockentierchen, Vorticella

Reflexe werden bei Protozoen durch das Zusammenwirken von reizperzipierenden und erregungsleitenden Membranregionen mit Effektororganellen ermöglicht; Rezeptor und Effektor sind an dieselbe Zelle gebunden. Gut zu beobachten ist der Verkürzungsreflex bei Vorticella. Berührt ein anderes Tierchen, z.B. ein Pantoffeltierchen oder Stylonychia, den Wimpersaum, kontrahieren die Fibrillen im Stiel, der sich charakteristisch aufrollt, und die Tiere schnellen ruckartig zurück (Abb. 18). Da die Verkürzung an der Basis des Stiels beginnt, muß die Information vom Wimpersaum bis zur Basis übertragen werden [37].

Benötigte Tiere und Geräte. Glockentierchen finden sich fast in allen Tümpeln (gelegentlich auch in Aquarien), wo sie nah am Ufer an Wasserpflanzen oder an auf den Boden abgesunkenen Blättern haften. Entnommene Proben längere Zeit beobachten, da die Tiere auch bei Erschütterungen den Stiel kontrahieren und dann schwierig aufzufinden sind. Geräte wie im Versuch 12. Anstelle eines Objektträgers einen Hohlschliffobjektträger verwenden oder Deckglas mit Glasstückchen stützen. Die für den Versuch als Reizgeber benötigten, frei beweglichen Kleintiere sind meistens in der Probe mitenthalten.

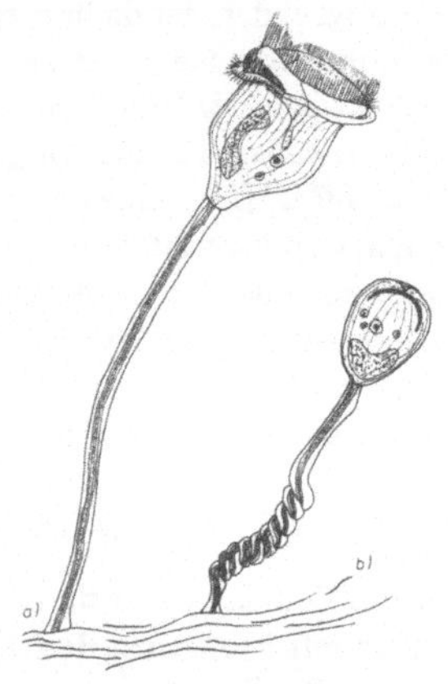

Abb. 18 Vorticella.
a) normale Fanghaltung;
b) nach Kontraktion des Stiels durch
   z.B. Berührung ausgelöst

Versuchsdurchführung. Die Tiere werden ruhig beobachtet. Keine Erschütterungen! Jedesmal, wenn der Wimpersaum, z.B. von einem Protozoon, berührt wird, läßt sich der Reflex beobachten. Da wir das Geschehen nur zweidimensional kontrollieren können, werden gelegentlich in der dritten Dimension Berührungen vorgetäuscht. Vorticella ist übrigens Nahrungsstrudler und ernährt sich von Bakterien und frei flottierendem Detritus. ■

▲ *Versuch 16.* Reflexe bei Frosch oder Kröte

Besonders gut geeignete Tiere zur Demonstration von Reflexen sind Frösche oder Kröten, die das ganze Jahr über bei der Fa. R. Steins (Inh. H. Panzner, 8882 Donau-Lauingen) bestellt werden können.

Benötigte Tiere und Materialien. Frösche oder Kröten, erbsengroße Fleischstückchen, ein Aquarellpinsel oder 0,3 mm starker Draht, eine Holzwippe (Brettchen 20 cm x 10 cm, das in der Mitte fixiert ist, so daß es mal nach vorn, mal nach hinten um 30° bis 45° geneigt werden kann), ein Plastiklöffel.

Versuchsdurchführung. *Schluckreflex:* Da Frösche und Kröten nur bewegte Nahrung aufnehmen, werden sie in Gefangenschaft häufig gestopft. Dazu müssen wir mit einem Plastiklöffel (keine scharfen Kanten) vorsichtig das Maul des Tieres soweit öffnen, daß ein Stückchen (etwa erbsengroß) Fleisch hineingelegt werden kann. Kommt das Fleisch im vorderen Bereich der Mundhöhle zu liegen, wird es wieder ausgespuckt; schieben wir es tiefer hinein, wird der Schluckreflex ausgelöst und die Nahrung verschlungen (vgl. Versuch 42). *Augen- und Flankenwischreflex:* Wird die Flankenhaut oder die Kopfpartie in der Nähe der Augen bei einer Kröte oder Frosch mit einem Pinsel oder besser feinem Draht gereizt, so wird der Flankenwischreflex (mit der Hinterextremität) oder der Kopfwischreflex (mit der Vorderextremität) ausgelöst. Das

Tier versucht den lästigen Gegenstand – auch wenn er bereits entfernt ist – mit einer Wischbewegung abzustreifen. *Kompensatorischer Lagereflex* (statischer Kopfreflex): Die Organismen mit Gleichgewichtsorganen haben einen kompensatorischen Lagereflex ausgebildet, der dafür sorgt, daß die Kopf- oder Körperhaltung, soweit möglich, in der Normallage bleibt. Setzt man einen Frosch oder Kröte auf eine Wippe, so wird, je nach Neigung der Unterlage, der Kopf an den Boden angepreßt oder abgehoben, so daß er annähernd in der Waagerechten bleibt.

Totstell-Reaktion: Eine bei Insekten und Spinnen, aber auch bei zahlreichen Vertebraten, weit verbreitete Reaktion ist die Akinese oder Thanatose. Die Tiere erstarren und werden dadurch wahrscheinlich vom Freßfeind nicht mehr beachtet. Nimmt man einen Frosch oder Kröte in beide Hände (Hände hohl über dem Tier schließen), und bringt das Tier mit einer schnellen Bewegung in die Rückenlage, bleibt es in dieser Position bis zu 30 min reglos liegen. ■

▲ *Versuch 17.* Reflexe des Menschen

Wie das Verhalten aller tierischen Lebewesen ist auch menschliches Verhalten von zahlreichen reflektorischen Reaktionen mitbestimmt, z.B. Schlucken, Husten, Niesen, Erbrechen, Patellarreflex, Augenlidschlußreflex, Irisreflex und andere (vgl. Abschn. 4.2.2), die wichtige lebenserhaltende Funktionen sicherstellen. Davon sind besonders die drei letztgenannten gut geeignet, um die im Abschnitt 4.2.2 angeführte formale Definition des Reflexes verständlich zu machen. Da sie im wesentlichen bekannt sind, wird nur stellvertretend ein Versuch näher beschrieben: der *Augenlidschlußreflex.* Er wird immer dann ausgelöst, wenn entweder eine Irritation der Augenoberfläche erfolgt, z.B. durch einen Luftstrahl (vgl. Versuch 58), oder wenn ein Gegenstand sich schnell dem Auge nähert, weil dann Gefahr besteht, daß das Auge verletzt wird.

V e r s u c h s b e s c h r e i b u n g. Die Versuchsperson wird mit dem Rücken so an eine Wand gestellt, daß sie nicht ausweichen kann und angewiesen, die Augen nicht zu schließen. Eine zweite Person führt mit einer schnellen Bewegung beide Hände von vorne vor die Augen der Vp, breitet sie dann auseinander und stützt sich an der Wand ab. Dabei wird der Augenlidschlußreflex bei der Vp mit Sicherheit ausgelöst. Die Reaktion ist stereotyp, nicht ermüdbar und vom Willen unabhängig (vgl. Abschn. 4.2.2).

A n m e r k u n g e n. Der Versuch, obwohl häufig bei Kindern als eine Art Spiel beobachtet, ist bei unsorgfältiger Durchführung, mangelnder Konzentration des Experimentators, nicht ganz ungefährlich und sollte deshalb nur mit flach ausgebreiteten Händen: Handfläche zum Gesicht der Vp, durchgeführt werden. Hat man Bedenken, können der Patellarreflex, der durch einen leichten Schlag (orthopädischer Hammer) an die Sehne unterhalb der Kniescheibe ausgelöst wird, oder der *Irisreflex,* den man bei gedämpftem Licht, z.B. mit Hilfe einer Taschenlampe, demonstrieren kann, eingesetzt werden. ■

△ **Versuche** *Optomotorische Reaktion.* Die optomotorische Reaktion, auch Nystagmus genannt, ist bis auf wenige Ausnahmen sowohl bei Vertebraten wie bei Evertebraten nachweisbar. Sie wird von einer Umweltbewegung ausgelöst und besteht aus zwei Phasen: 1. der langsamen Phase, in der der Organismus mit einer Körper-, Kopf- oder nur Augenbewegung der Umweltbewegung folgt, so daß das Bild auf der Retina nicht verschoben wird, und 2. einer schnellen Phase, in der die Ausgangsposition wieder eingenommen wird [217]. Häufig, z.B. bei Fröschen, folgt der Kopfdrehung eine Wendung des gesamten Körpers. Der Selektionsvorteil dieser Verhaltenskomponente dürfte eine Optimierung des Sehens sein. Über die optomotorische Reaktion verbleibt das Bild länger auf der gleichen Retinapartie und kann besser perzipiert werden.

Der „Trick" wird übrigens auch beim Fotografieren häufig angewendet. Will man mit langen Belichtungszeiten eine schnelle Bewegung fotografieren, empfiehlt es sich, die Kamera in Richtung der Bewegung mitzubewegen.

Die optomotorische Reaktion ist für den Verhaltensbiologen von besonderem Interesse, weil sie ihm die Möglichkeit bietet, die Sehfähigkeit vieler Tiere einfach zu untersuchen.

▲ *Versuch 18.* Sehauflösungsvermögen — Minimum separabile

Das Minimum separabile ist der kleinste Winkel, unter dem zwei Punkte noch getrennt wahrgenommen werden können (Trennschärfe). Dabei muß theoretisch zwischen zwei Sehzellen, die jeweils einen der beiden Punkte oder eine von zwei eng benachbarten Linien wahrnehmen, mindestens 1 Sehzelle liegen, die die Information des Zwischenraumes perzipiert.

Ein Organismus nimmt nur das wahr, was Rezeptorzellen registrieren. Sollen zwei Punkte getrennt gesehen werden, bedarf es mindestens einer Sehzelle, die den Zwischenraum registriert und die Information ans ZNS weiterreicht. Was nicht perzipiert wird, nehmen wir nicht wahr. So ist z.B. der Bildausfall, der bei uns durch den Blinden Fleck in der Retina entsteht, in unserer Wahrnehmung nicht existent. Erst das Experiment macht uns diesen Sachverhalt bewußt.

Benötigte Tiere und Materialien. Geeignet für den Versuch sind die meisten Insekten, Frösche, Salamander, Eidechsen, Schildkröten usw. Weiterhin werden benötigt: Plastikpetrischalen für Fliegen, ein Rundaquarium für Frösche etc. und eine optomotorische Trommel (nach v. Buddenbrock), sowie Streifenmanschetten mit verschiedener Streifendicke (Abb. 19).

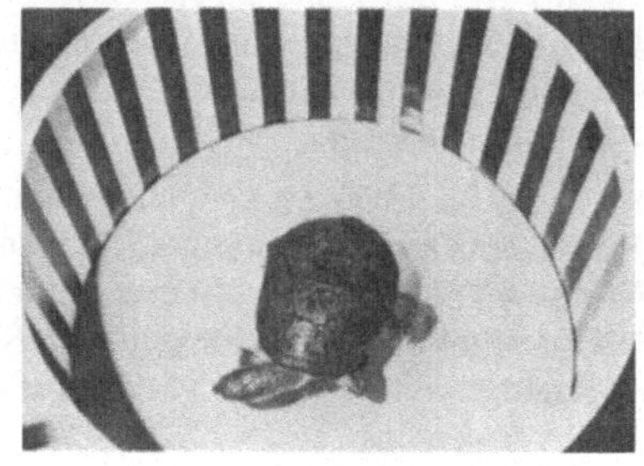

Abb. 19
Eine Schildkröte im optomotorischen Versuch.
Eine Drehung im Uhrzeigersinn bewirkt eine
Wendung des Kopfes in gleicher Richtung.

Die optomotorische Trommel besteht aus einem oben offenen Zylinder (ϕ 40 cm, Höhe 25 cm) mit weißem Boden, der drehbar ist und in dessen Mitte eine feststehende (d.h. sich nicht mitdrehende) Plattform befindet. Die Innenwand wird mit verschieden dicken Streifenmustern versehen, die erfahrungsgemäß am besten mit einer gut eingepaßten, 1 mm dicken Zelluloid- oder Plexiglasmanschette befestigt werden, so daß sie leicht auswechselbar sind (Abb. 20a).

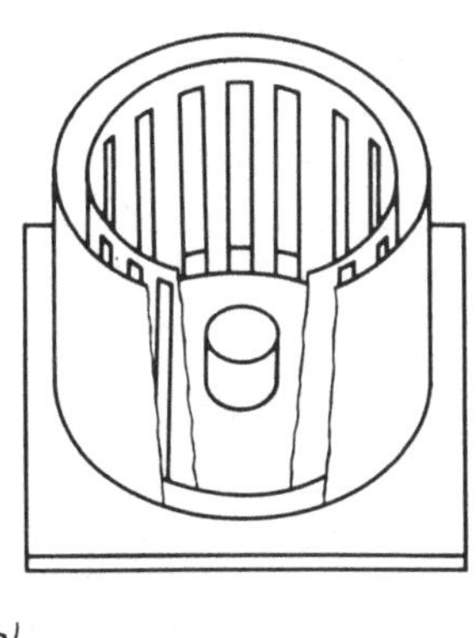

a)

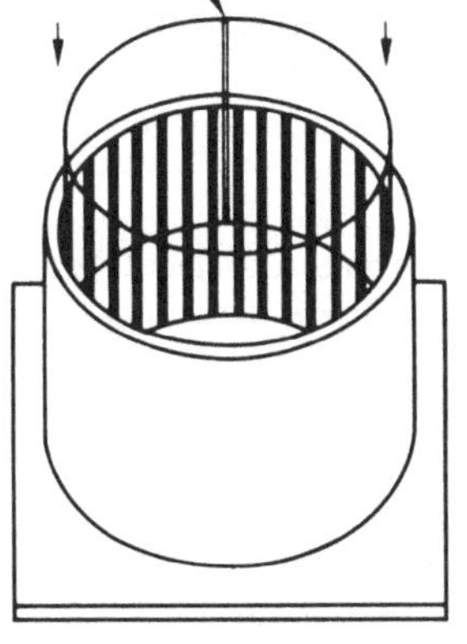

b)

Abb. 20.
a) Das Streifenmuster wird mit einer genau eingepaßten Kunststoffmanschette an die Innenwand gepreßt. Kunststoffmanschette hier zum besseren Verständnis halb herausgezogen. Die Enden müssen auf Stoß zurechtgeschnitten sein.
b) Versuchsanordnung zur Überprüfung des zeitlichen Auflösungsvermögens. In die Trommel wird ein zweiter Einsatz mit „Sehschlitzen" auf der feststehenden Achse fixiert. Weitere Erklärungen siehe Text zum Versuch 18.

Die optomotorische Trommel läßt sich mit ein wenig Bastlergeschick einfach aus einem zylindrischen Plastikeimer oder einer Waschpulvertrommel herstellen. In der Mitte des Bodens wird ein Holzzylinder (5 cm hoch, ϕ 5 cm) geklebt, der in der Mitte ein senkrechtes (ϕ 5,1 mm) Loch gebohrt hat und auf eine entsprechend auf einem Brett montierte Achse (Rundstab ϕ 5 mm), bis zu 7 cm lang, aufgesteckt wird. Auf den Kopf der Achse wird eine feststehende Holzplattform (ϕ 10 cm) befestigt.
Die Streifenmuster sind am einfachsten aus schwarzem d-c-fix, das auf weißen Karton geklebt wird, herzustellen. 1. Muster: alle 0,5 cm ein 0,5 cm schwarzer Streifen; 2. Muster: alle cm ein 1 cm dicker Streifen; 3. Muster: alle 2 cm ein 2 cm dicker Streifen usw. 4 cm und 8 cm.

V e r s u c h s d u r c h f ü h r u n g. In die optomotorische Trommel werden die zu prüfenden Organismen eingebracht und die Trommel langsam! (s. zeitliches Auflösungsvermögen) gedreht. Ist eine optomotorische Reaktion nachweisbar, wird sukzessive die Streifendicke verringert bis die Reaktion nicht mehr erfolgt. Aus der Streifendicke, die gerade noch die Reaktion auslöst, läßt sich dann das Minimum separabile leicht errechnen:

$$\text{Minimum separabile} = \frac{\text{Streifendicke}}{\text{innerer Umfang}} \times 360° \text{ (Winkelgrade)}$$

A n m e r k u n g e n. 1. Die Dicke der weißen und schwarzen Streifen muß gleich sein, da sonst die Ergebnisse verfälscht werden.

2. Je genauer die Abstufung der Streifen, also z.B. anstelle von 0,5/1/2 cm, Streifen mit 0,5/0,6/o,7 cm usw., desto genauer die Ergebnisse.

3. Man muß darauf achten, daß sich die Augen der Tiere beim Test in der Mitte der Trommel befinden, da sonst die Winkelbeziehungen nicht stimmen.

4. Bei Fliegen, z.B. Drosophila, die meistens spontanaktiv sind, kann man die durch die Drehung der Trommel veränderte Laufrichtung (vgl. Versuch 3) als Indikator verwenden. Drosophila: Minimum separabile ca. 4,2 °.

5. Die Trommel sollte mit einer Glühfadenbirne gut ausgeleuchtet werden. Leuchtstoffröhren täuschen bei einem Bildwechsel auf der Retina von ca. 50 Hz oder einem Vielfachen davon eine langsamere Bewegung oder Bildkonstanz vor.

6. Mit Hilfe dieser Versuchsanordnung läßt sich auch der Nystagmus beim Menschen demonstrieren. Dazu wird eine Versuchsperson angewiesen, seitlich über den Rand in die Trommel zu schauen und die Augen nicht zu bewegen. Dann wird die Trommel langsam bewegt. Besonders gut bei breiten Streifen sichtbar, kann man feststellen, daß die Augen der Bewegung folgen und dann jeweils ruckartig in die Ausgangsposition zurückkehren. Die Reaktion ist willentlich absolut nicht kontrollierbar. Versuchspersonen, bei denen sie nicht ausgelöst werden kann, fixieren entweder z.B. die Innenseite von Brillengläsern, oder ein von der Trommelwand reflektiertes, fest stehendes Bild oder Schatten. Da die optomotorische Reaktion des Menschen in der Eisenbahn beim Landschaftsbetrachten entdeckt wurde, wird sie auch „Eisenbahn-Nystagmus" genannt. ■

▲ *Versuch 19.* Bestimmung des Minimum visible

Das Minimum visibile, das ebenfalls in einem Winkelmaß angegeben wird, charakterisiert den Sehwinkel, unter dem eine Linie oder ein Punkt gerade noch erkannt werden. Es ist, entsprechend dem im Versuch 18 Gesagten, kleiner als das Minimum separabile, da für die Informationsaufnahme eine Sehzelle für einen Punkt bzw. eine Sehzellenreihe für eine Linie ausreichen dürfte.

V e r s u c h s d u r c h f ü h r u n g. Wie im Versuch 18; anstelle der feinen Streifenmuster verwendet man Muster, die nur alle 90 ° einen senkrechten Streifen aufweisen. Ein Testsatz kann sich z.B. aus Einlagen zusammensetzen, die jeweils Streifen von 0,1/ 0,2/0,3/0,4/0,5 mm Dicke haben. ■

▲ *Versuch 20.* Prüfung der Farbtüchtigkeit

Farbenblinde Tiere und Menschen differenzieren Farben nur nach dem absoluten Helligkeitswert, d.h., sie sehen etwa eine bunte Landschaft wie auf einem Schwarzweißfoto in unterschiedlichen Grautönen. Diesen Sachverhalt macht man sich zu Nutzen bei der Überprüfung des Farbensehens in der optomotorischen Trommel. Es werden etwa 3 cm dicke Farbstreifen auf verschieden stark grau getönten Einlagen im Abstand von 30 ° senkrecht aufgeklebt und die optomotorische Reaktion überprüft. Ist die Lichtintensität (in W/cm²) der Graustufe und der getesteten Farbe gleich und die optomotorische Reaktion dennoch auslösbar, wird die geprüfte Farbe gesehen.

A n m e r k u n g e n. 1. In der Praxis ist es einfacher, in den Tests farbige Manschetten jeweils mit graugetönten Streifen gleicher Helligkeit (fotografische Herstellung) zu verwenden. Farb- und Graustufen mit gleicher Oberfläche.

2. Da genaue Lichtintensitätsbestimmungen der verwendeten Farben und Graustufen zu aufwendig sind, wird wie folgt verfahren. Die Farben werden gegen eine Reihe fein abgestufter Graustreifen (jeweils 1 Grauton pro Versuch) getestet. Sind alle Tests positiv, wird unter der Annahme, daß eine der Graustufen genau der Helligkeit der Farbe entspricht, Farbtüchtigkeit für die getestete Farbe angenommen. ■

▲ *Versuch 21.* Überprüfung des zeitlichen Auflösungsvermögens

Sehen wird nicht nur durch Sehschärfe und Farbtüchtigkeit charakterisiert, sondern auch durch das zeitliche Auflösungsvermögen, d.h. die Frequenz, in der eine Bildfolge noch getrennt wahrgenommen wird. In Anpassung an die Umwelt (vgl. Abschn. 4.2.3) und Lebensweise ist das Auflösungsvermögen einzelner Arten verschieden, z.B. Bienen und Libellen nehmen 100 bis 300 Bilder/s getrennt wahr, der Mensch ca. 16 bis 18 Bilder/s. Auch dieses Sehcharakteristikum läßt sich mit Hilfe der optomotorischen Trommel untersuchen.

B e n ö t i g t e   M a t e r i a l i e n   u n d   V e r s u c h s d u r c h f ü h r u n g. Ist das Minimum separabile bekannt, wird eine gut gesehene Streifenbreite ausgewählt und zu ihr passend ein zweiter Zylinder angefertigt, der in der optomotorischen Trommel, z.B. mit Hilfe eines Stativs, fest eingehangen wird. Der feststehende Zylinder wird rundum mit senkrechten Schlitzen versehen, die so breit sind, daß sie gerade eben die Sicht auf einen weißen und einen schwarzen Streifen freigeben; z.B. Trommel (ca. ϕ 41 cm) mit 2 cm breiten Streifen; Innenzylinder (ca. ϕ 35 cm) mit 14 symmetrisch verteilten Schlitzen; 3,4 cm breit (Abb. 20 b). In dem nun folgenden Test wird die Trommel immer schneller gedreht, bis eine optomotorische Reaktion nicht mehr beobachtet werden kann. Die Anzahl der Umdrehungen mal der Anzahl der schwarzen Streifen in der Zeiteinheit = zeitliches Auflösungsvermögen.

A n m e r k u n g e n. 1. Bei selbst gebauten optomotorischen Trommeln werden wir nur ganz grobe Näherungswerte erhalten. Dabei ist es vorteilhaft, Arten mit relativ geringem zeitlichen Auflösungsvermögen zu wählen, z.B. Frosch, Schildkröte, Mensch.

2. Siehe Anmerkung 1 und 5 Versuch 18. ■ □

▲ *Versuch 22.* Positive Phototaxis beim Augentierchen Euglena

Euglena, die an der Grenze zwischen Pflanzen- und Tierwelt eingeordnet wird (sowohl Autotrophie als auch Heterotrophie möglich), ist positiv phototaktisch.

Die positive Phototaxis von Euglena ist ein Ergebnis des Zusammenwirkens von Stigma (Augenfleck) und einer an der Basis der Geißel inserierten, lichtempfindlichen Struktur, dem Photorezeptor, der je nachdem, ob er belichtet wird oder nicht, die Geißelbewegung verschieden steuert.

Photorezeptor und Stigma (Augenfleck) sind so angeordnet, daß der Photorezeptor bei seitlichem Lichteinfall, bedingt durch den Schatten des Augenflecks und die Rotation des Organismus beim Schwimmen, nur periodisch belichtet wird. Bei Parallelstellung des Tieres zum Licht fällt die Schattenwirkung aus, was zur Orientierung genutzt wird (allmähliche Kurskorrektur), (Abb. 21). Die Wirkungsweise des Photorezeptors auf die Geißelbewegung ist zur Zeit noch nicht aufgeklärt [289].

Kultur von Euglena gracilis. Gut geeignet für den Versuch ist Euglena gracilis, die z.B. beim Pflanzenphysiologischen Institut der Universität Göttingen bezogen und in einer unempfindlichen Dauerkultur über Monate gehalten werden kann: 1. Erlenmeyerkolben (100 bis 200 ml) mit 1 bis 2 ccm Gartenerde + erbsengroßem Stückchen *Hartkäse* + 100 ml Leitungswasser. Mit Watte verschließen und ca. 1 Stunde in siedendem Wasser sterilisieren. Nach dem Abkühlen mit 5 ml einer alten Kultur beimpfen. Meist nach 1 Woche ist das Wasser bereits grün von Euglenae; nach 3 Wochen Kultur neu ansetzen [289]

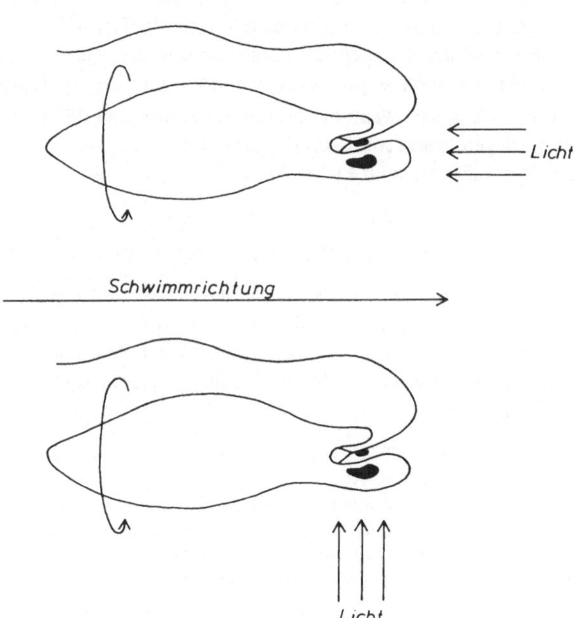

Abb. 21
Die Beziehung von Augenfleck und Photorezeptor zum Lichteinfall bei Euglena.

Benötigte Geräte und Versuchsdurchführung. Haben wir eine sehr dichte Reinkultur vorliegen, stülpt man über ein Demonstrationsgefäß, z.B. eine Küvette (10 cm x 10 cm x 3 cm) eine Stanniol-Manschette, die einen ausgeschnittenen Buchstaben hat (ca. 0,5 cm dick) und beleuchtet das Ganze 3 bis 5 min lang. Hebt man dann die Manschette ab, sind die Euglenen buchstabenförmig in der Küvette angeordnet (heller Hintergrund hebt die Figur besser ab) [58]. Hat man nur wenige Tiere, sollte mit dem Mikroskop gearbeitet werden. Die Beleuchtung wird etwa durch eine schwarze Pappdeckelscheibe partiell abgedunkelt; die Euglenae halten sich dann vorwiegend im beleuchteten Feld auf.

A n m e r k u n g. Bei zu starkem Licht (Temperatur) werden die Euglenae negativ phototaktisch. ■

▲ *Versuch 23.* Positive Phototaxis des Marienkäfers

Besonders gut für Taxis-Untersuchungen sind Insekten geeignet, die je nach Lebensart, positiv oder negativ phototaktisch sind. Ein bereits im Frühling nach der ersten Schneeschmelze zur Verfügung stehendes Versuchstier ist der Marienkäfer, der bei uns überwintert und an den ersten warmen Tagen aus den Schlupfwinkeln hervorkommt.

B e n ö t i g t e   T i e r e   u n d G e r ä t e. Einige Marienkäfer, ein Raum mit gedämpftem Licht, zwei Tischlampen a 40 Watt.

V e r s u c h s d u r c h f ü h r u n g. Die Tischlampen werden in einem Abstand von ca. 1 m aufgestellt. Dann setzt man jeweils ein Tier auf den Tisch in gleicher Entfernung von beiden Lampen, die daraufhin wechselweise an- und ausgeschaltet werden. Je nachdem, welche Lampe brennt, verändert das Tier die Laufrichtung.

A n m e r k u n g. Wenn die Raumtemperatur über 25 °C steigt, neigen die Tiere sehr zum Fliegen. Dann sollte das Raumlicht eingeschaltet werden. Die Käfer fliegen, positiv phototaktisch, zum Licht hin. ■

▲ *Versuch 24.* Negative Phototaxis einheimischer Laufkäfer

Die meisten unserer häufig zu findenden Laufkäfer: Carabus granulatus, C. problematicus, C. violaceus, aber auch Abax ater, Pterostichus niger, die im Sommer unter Steinen und Baumstämmen, im Winter unter loser Rinde, in morschen Baumstümpfen oder unter Moospolstern zu finden sind, sind nachtaktiv und demzufolge am Tage negativ phototaktisch.

Einige Arten, wie z.B. C. auronitens, C. aureatus usw. sind tagaktive Tiere und entsprechend positiv phototaktisch.

Haltung. Man kann die gefangenen Tiere in einer Plastikschachtel, z.B. Eisschrankdose (20 cm x20 cm x 6 cm), mit einer ca. 1 cm dicken, feuchten Torfschicht und einem Stückchen Rinde als Schlupfwinkel über Jahre halten. Regelmäßig Wasser (Zerstäuber) geben und mit rohem Fleisch und Käse füttern.

B e n ö t i g t e   T i e r e   u n d   G e r ä t e. Einige Laufkäfer, eine Testapparatur (Abb. 22). Die Testapparatur wird aus festem, weißem Karton zurechtgeschnitten und, wie in der Abbildung 22 gezeigt, gefaltet; so daß eine Startkammer, die in einen Wahlraum mündet, entsteht. An der Frontseite wird ein rechteckiger, schwarzer Karton in einem *unregelmäßigen* Wechsel, mal links, mal rechts eingehängt und die Tiere in den Startraum gebracht und beobachtet. Je nach Art werden negativ phototaktische Laufkäfer signifikant häufiger das dunkle Feld ansteuern und positiv phototaktische entsprechend das helle Feld.

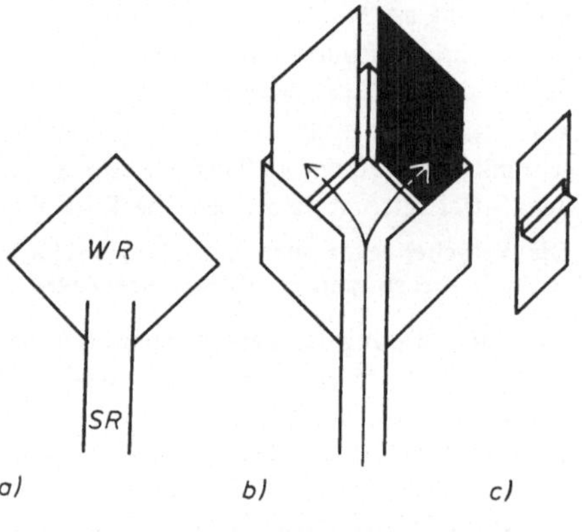

Abb. 22
a) Testapparatur zur Prüfung der Phototaxis bei Laufkäfern, in Aufsicht. Die Wände des Startraumes (SR) sind verlängert, so daß die Tiere beim Gelangen in den Wahlraum (WR) den Fühlerkontakt zur Wand verlieren.
b) Seitliche Ansicht. Unter den Wahltafeln ist ein Durchlaufschlitz, ca. 10 cm breit und 1,5 cm hoch. Pfeil = Laufrichtung.
c) Einzelne Wahltafel, schwarz oder weiß.

A n m e r k u n g. Da Laufkäfer sich außerdem auch stark thigmotaktisch orientieren (= Fühlerkontakt zur Wand), treten Fehler auf, so daß etwa nach 30 Läufen das Ergebnis statistisch (vgl. S. 143) abgesichert werden muß. ■

▲ *Versuch 25.* Lichtrückenreaktion bei Fischen

Die Orientierung der Körperlage des Fisches im Wasser wird im wesentlichen durch drei Faktoren bestimmt: die Schwerkraft (Labyrinth), die Wasserströmung (Seitenlinienorgan) und den Lichteinfall (Auge). Besonders der letztgenannte Faktor läßt sich in einem Versuch einfach demonstrieren.

B e n ö t i g t e   T i e r e   u n d   M a t e r i a l i e n. Einige Segelflosser (Scalare) oder Guppy oder Goldfische; ein Vollglasaquarium (ca. 40 cm x 30 cm x 30 cm), eine Tischlampe 100 Watt.

V e r s u c h s d u r c h f ü h r u n g. Das Aquarium wird in einem dunklen Raum so aufgestellt, daß es mit der Tischlampe seitlich beleuchtet werden kann. Setzt man nun die Fische hinein und beleuchtet sie seitlich, neigen sie ihren Körper mit dem Rücken zum Licht hin. Da die Afferenzen der Augen (Lichteinfall) und des Labyrinths (Schwerkraft) verrechnet werden, nehmen die Tiere eine Schräglage ein, die besonders gut, von frontal betrachtet, bei Segelflossern zu beobachten ist. Der Neigungswinkel nimmt ab, je weiter wir die Lampe vom Aquarium entfernen.

Labyrinthlose Fische [131] können mit einer Beleuchtung des Aquariums von unten in eine Bauch-nach-oben-Lage gebracht werden, allerdings ist die operative Vorbereitung des Versuchs schwierig und für die Schulpraxis kaum geeignet. ■

▲ *Versuch 26.* Orientierung der Trichterspinne, Tegenaria domestica.

Die Orientierung bei Spinnen kann durch verschiedene Faktoren bestimmt sein. Während z.B. Kreuzspinnen und Zygiella (vgl. Versuch 75) sich beim Netzbau geotaktisch orientieren und durch wechselnde Beleuchtung nicht beeinflußt werden [218], [219], orientiert sich Tegenaria beim Beutefang optisch [62], [141], nach dem Lichteinfall.

Benötigte Materialien und Versuchsdurchführung. Benötigt werden Trichterspinnen, die jederzeit etwa in Ställen, gelegentlich auch auf Hausböden aus den Schlupfwinkeln ihrer trichterförmigen Netze (in Mauerecken ausgespannt), z.B. mit einem Strohhalm herausgejagt und gefangen werden können. Einzeln in Kühlschrankdosen (20 cm x 20 cm x 6 cm) gehalten und regelmäßig mit Wasser und Lebendfutter versorgt, lassen sich die Tiere über lange Zeit in Gefangenschaft halten.

Die Weibchen legen auch in Gefangenschaft Eier ab. Nach einiger Zeit schlüpfen Jungtiere, die bei sorgfältiger Pflege aufgezogen werden können.

Zur Durchführung des Versuchs benötigt man einige dichte Karton- oder Holzkisten (etwa 35 cm x 35 cm x 15 cm oder größer), in denen die Tiere einzeln untergebracht werden. Die Versuchsbehälter werden mit einer Scheibe abgedeckt und in Fensternähe aufgestellt, so daß die Tiere 1 Woche lang seitlich von oben Licht bekommen. Während dieser Zeit werden sie täglich mit Wasser versorgt (ansprühen des Netzes mit dem Zerstäuber) und zweimal wöchentlich mit einer lebenden Fliege oder Grille gefüttert, die man ins Netz wirft. Sind die Netze gut ausgebaut, wird der Versuch wie folgt durchgeführt: Wir werfen ein Beutetier möglichst weit vom Schlupfwinkel ins Netz und warten, bis die Spinne die Beute aussaugt. Nun wird der Karton vorsichtig um 180° gedreht. Wenn die Spinne zurückläuft, sucht sie anfangs ihren Schlupfwinkel dort, wo er sich vor dem Drehen des Kartons in Bezug zum einfallenden Licht befunden hat.

Anmerkungen. 1. Der Versuch bedarf einiger Übung. Das Drehen des Behälters darf nicht zu langsam erfolgen und sollte möglichst erschütterungsfrei durchgeführt werden.

2. Die Versuche gelingen in ca. 80% aller Fälle auch dann, wenn die Netze spärlich gebaut sind; wichtig ist, daß der trichterartige Schlupfwinkel ausgebaut ist und die Fäden ausreichen, um zu signalisieren: Beute im Netz.

3. Man kann den Versuch auch in abgewandelter Form durchführen, indem man die gegenüberliegenden Innenseiten des Versuchsbehälters einmal mit weißem, zum anderen mit schwarzem Papier versieht. Während die Spinne die Beute aussaugt, wird nun Schwarz gegen Weiß ausgetauscht, mit dem gleichen Effekt → Fehlorientierung wie beim Drehen des Behälters.

4. Gelegentlich gelingt der Versuch auch bei Verwendung zweier Tischlampen. Der Versuch wird, wie oben beschrieben, mit einseitiger Beleuchtung vorbereitet, und während des Aussaugens der Beute wird die Beleuchtungsrichtung durch Einschalten der anderen Lampe um 180° verändert. ∎

4.2.3 Artspezifische Sinnesleistungen

Entsprechend der phylogenetischen Anpassung des Verhaltens an den Biotop (vgl. Abschn. 3.1.2), sind je nach Art der Organismen nur bestimmte Reizqualitäten für das Individuum lebenswichtig. Dementsprechend sind Leistung und Lage der Sinnesorgane (am Körper) von Art zu Art verschieden [30]. J. v. U e x k ü l l , der als erster erkannte, daß jede Art aufgrund ihrer spezifischen Sinnesleistungen die Umwelt anders wahrnimmt, prägte den Terminus: *Merkwelt des Organismus.*

Beispiele für unterschiedliche Leistungen. Ameisen und Bienen können sich nach der Schwingungsebene polarisierten Lichtes orientieren; Grubenschlangen (Crotalinen) nach der Wärmestrahlung der Beutetiere, die mit Sinnesgruben an der Vorderseite des Kopfes wahrgenommen werden. Fledermäuse und Delphine orientieren sich im Raum mit Hilfe von Ultraschall. Hunde riechen um ein Vielfaches besser als der Mensch, usw.

Beispiele für unterschiedliche Lage. Geschmackssinneszellen (Chemorezeptoren) liegen bei einigen Schmetterlingen an Tarsen der Vorderfüße; beim Stör sind sie über den ganzen Körper verstreut; beim Menschen nur auf der Zunge lokalisiert.

Interessant in diesem Zusammenhang ist, daß in einigen Fällen die Leistung der Sinnesorgane entsprechend der Aktivierung einzelner Verhaltensweisen verschieden zu sein scheint, Stichlinge z.B. reagieren auf rote Attrappen nur während der Fortpflanzungszeit, oder der Mensch nimmt bestimmte Moschussubstanzen nur bei einem definierten Östrogenspiegel wahr [182], fortpflanzungsfähige Frauen etwa in der Mitte des Monatszyklus, Männer nur bei Östrogenbehandlung. Beim letzten Beispiel dürfte es sich um ein Verhaltensrudiment handeln (vgl. Abschn. 3.2).

▲ *Versuch 27.* Geschmackssinneszellen an den Tarsen von Insekten

Zahlreiche Insektenarten haben Geschmackssinneszellen nicht nur an den Mundwerkzeugen, sondern auch an den „Fußspitzen", den Tarsen der Vorderfüße, z.B. Sarcophaga, Calliphora oder Lucilia und einige Tagschmetterlinge, wie das Tagpfauenauge, Vanessa io, oder der Admiral, Pyrameis atalanta.

V e r s u c h s d u r c h f ü h r u n g. Eines der oben angeführten Insekten wird vorsichtig an den Flügeln festgehalten und die Tarsen der Vorderfüße mit einem Pinsel, der konzentrierte Zuckerlösung oder Salzlösung enthält, betupft. Bei Zuckerlösung strecken die Insekten sofort den Rüssel aus, bei Salzlösung nicht. ■

▲ *Versuch 28.* Anpassung der Gammaeule an ihre Freßfeinde

Nachtschmetterlinge werden in der Regel von Fledermäusen gejagt, die sich mit Hilfe von Ultraschall, ca. 40 bis 80 kHz [214] orientieren. So haben die Tiere nicht nur Sinnesorgane entwickelt, die den Ultraschall wahrnehmen, sondern sie reagieren mit einer lebenserhaltenden Reaktion — bei Ultraschall lassen sich die Tiere fallen oder schlagen Haken in der Luft.

B e n ö t i g t e   T i e r e   u n d   M a t e r i a l i e n. Gammaeulen, eine Glasflasche mit Glasschliffstopfen.

Die *Gammaeule* gehört zu den Wanderschmetterlingen, die im Frühjahr vom Süden her bei uns einwandern und in der zweiten Generation teils bis nach Norwegen/Schweden vordringen, um im Herbst den Rückflug anzutreten [154], [323]. Die Ursachen sind unbekannt. Man kann sie gut am Abend mit Hilfe einer Höhensonne, die hinter dem Fenster aufgestellt wird (Achtung, daß die Scheibe nicht platzt), etwa auf dem Balkon von Mai bis Juni und dann wieder verstärkt Ende August/September fangen (Schmetterlingsnetz).

V e r s u c h s b e s c h r e i b u n g. Man läßt die dämmerungsaktiven Tiere abends im Versuchsraum eine Lampe anfliegen und dreht währenddessen den Glasstopfen im Flaschenhals. Dabei entstehen auch Ultraschalltöne, deren Frequenz zwischen 40 bis 80 kHz liegt. Sobald die Tiere im Flug diese registrieren, lassen sie sich fallen bzw. schlagen Haken.

A n m e r k u n g. Der Versuch gelingt am besten zu später Stunde (bis ca. 22 Uhr). Die Flaschen sollten vorher ausprobiert werden. Man kann zum Vergleich einen Tagschmetterling testen, z.B. einen Kohlweißling. ■

▲ *Versuch 29.* Bienendressur auf ultraviolettes Licht

Soweit untersucht, ist das Farbensehen der Biene ähnlich wie das des Menschen, trichromatisch, ihre spektrale Empfindlichkeit aber zum UV-Bereich verschoben (Abb.23).

Dabei ist interessant, daß die Wellenlängen 300 bis 400 nm für die Bienen eigene Farbqualitäten (Bienenviolett und Ultraviolett) darstellen, denen in Abstufungen Blau, Blaugrün, Grün, Gelb und Orange folgen. Die Mischung von Ultraviolett mit Gelb führt zu einer neuen Farbqualität, die von den Tieren sicher erkannt wird – Bienenpurpur, womit der Farbkreis, ähnlich wie beim Menschen, geschlossen wird [90].

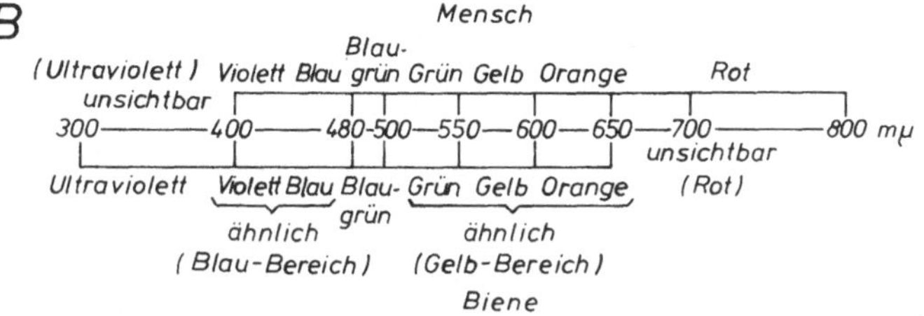

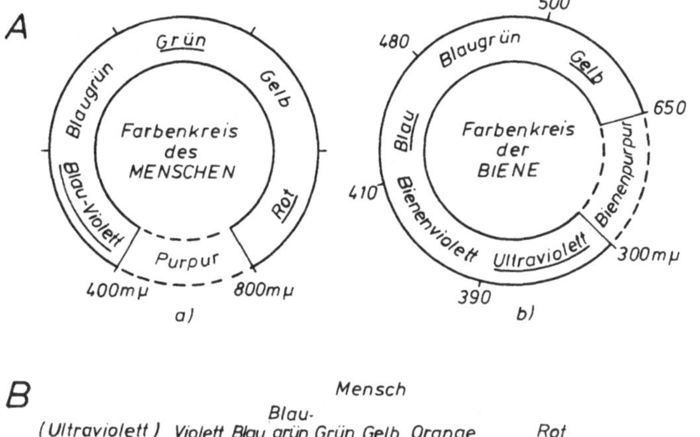

Abb. 23 (nach K. v. F r i s c h).
A: Der Farbenkreis der Biene und des Menschen (Schema).
B: Die Farben des Spektrums für das menschliche Auge (oben) und das Bienenauge (unten).

Außerdem weiß man, daß die Mischung aller von den Bienen wahrnehmbarer Farben eine Farbqualität liefert, die die Tiere ebenfalls von allen anderen Farben unterscheiden und die man, analog zum menschlichen Farbensehen, „Bienenweiß" benannt hat.

Dabei ist der UV-Anteil für das Bienenauge unerläßlich; fehlt er, wird das Strahlengemisch für die Biene farbig, und zwar verwechslungsgleich mit der Farbe Blaugrün. So können z.B. Bienen im Gegensatz zum Menschen, Bleiweiß und Zinkweiß sicher unterscheiden, da nur Bleiweiß UV-Licht reflektiert.

Zahlreiche Blüten tragen UV reflektierende Nektarmerkmale, die der Biene die Stellen, aus denen Nektar in der Blüte austritt, anzeigen.

Benötigte Materialien und Versuchsdurchführung. Der Versuch wird entsprechend der Farb- oder Musterdressur, wie sie im Versuch 59 beschrieben ist, durchgeführt.

Anstelle der Farb- oder Mustertafel verwendet man 10 cm × 10 cm große Kartonstückchen, von denen einige mit Bleiweiß, die anderen mit Zinkweiß angestrichen sind. Es empfiehlt sich, den Dressurtisch nicht mit einer Glasplatte abzudecken, da Glas UV-Strahlung absorbiert. Bei Kontrollen müssen deshalb die Dressurtafeln gegen neue Tafeln ausgewechselt werden, um sicherzustellen, daß eventuelle Duftspuren nicht das Ergebnis verfälschen. Statistische Absicherung wie im Versuch 59.

Anmerkung. Die Ergebnisse fallen besser aus, wenn bei der Dressur der Anflug der Bleiweiß-Tafeln belohnt wird. ■

▲ *Versuch 30.* Saisonale Empfindlichkeit des Stichlings auf rote Attrappen

In einem weiteren Versuch kann demonstriert werden, daß sich manche Arten, je nach Aktivierung einzelner Verhaltensweisen, gegenüber bestimmten Reizen, z.B. Farben (vgl. Abschn. 4.2.3) verschieden verhalten und zwar so, als ob sie diese Reize nur bei Aktivierung des entsprechenden Verhaltens wahrnehmen könnten.

Benötigte Materialien und Versuchsbeschreibung. Der Versuch wird entsprechend dem Attrappenversuch 36 mit Stichlingen durchgeführt, wobei nur die Attrappe 2 (vgl. Abb. 32) getestet wird, einmal vor der Ausbildung des Hochzeitkleides, wenn die Tiere noch kein Revierverhalten zeigen, zum anderen während der Paarungszeit. Die Ergebnisse werden verglichen.

Anmerkung. Man kann beide Tests nebeneinander durchführen, wenn man einen Teil der Tiere in einem Kühlraum hält, so daß die Aquarientemperatur nicht über 16 ° ansteigt, am besten bei 10 ° bis 15 °C. Bei niedrigen Temperaturen wird das Fortpflanzungsverhalten nicht aktiviert. ■

4.2.4 Instinktives Verhalten

Die vergleichende Verhaltensforschung spricht von instinktivem Verhalten dann, wenn es sich um komplexe (aus einfachen Verhaltenselementen zusammengesetzte, vgl. Abschn. 4.2.1 und 4.2.2) Verhaltensweisen handelt, die in ihrem Grundschema artkonstant = angeboren sind (vgl. Abschn. 3.1), und die sich gegen andere Verhaltenskomplexe formal und physiologisch (vgl. z.B. Abschn. 4.2.4.8) abgrenzen lassen.

Zum Beispiel: Paarungsverhalten besteht aus der Partnersuche, der Balz, der Kopula und der Nachbalz (vgl. Abschn. 4.2.4.6), oder Nahrungsaufnahme-Verhalten aus der Nahrungssuche und dem Nahrungsverzehr. In beiden Fällen können wir unter dem Aspekt der arterhaltenden Funktion des Verhaltens gewissermaßen einen Anfang und ein Ende abstrahieren.

Wie nicht anders zu erwarten, werden instinktive Verhaltensweisen, die aus Aktionselementen und Reaktionselementen zusammengesetzt sind, sowohl von inneren wie äußeren Bedingungen abhängig sein, die in einem komplexeren Regelsystem (vgl. Abschn. 1 und 3.1) integriert sind und mit den bereits beschriebenen Antriebsmechanismen nur bedingt gleichgesetzt werden können. Die vergleichende Verhaltenskunde spricht deshalb bei den inneren Bedingungen summarisch von Bereitschaft, Stimmung oder Innerem Antrieb (= Synonyme) und bei den äußeren von auslösenden Reizen, Schlüsselreizen, Schlüsselreizkombinationen und Auslösern.

4.2.4.1 Innerer Antrieb Der Innere Antrieb wird von einer ganzen Reihe physiologischer Faktoren, z.B. Spontanaktivität von Nervenzentren, Reifungsprozessen, Hormonen und anderen, zum Teil noch nicht voll verstandenen, internen Umstimmungsprozessen bestimmt. Wichtig ist, daß er in der Regel einen autonomen, spontanen Faktor des Verhaltens darstellt, der sich, soweit feststellbar, auch bei konstanten Umweltbedingungen steigert (auflädt) und bei genügend großer Stauung allein Verhalten auslöst: *Leerlaufreaktion. D.h. auch beim Ausbleiben adäquater, auslösender Reize in der Umwelt aktiviert der Innere Antrieb angeborene instinktive Verhaltensweisen* (vgl. Abb. 24 a). Der Selektionsvorteil dieser angeborenen Verhaltensprogrammierung wird durch folgende Überlegung verdeutlicht: Beim Fehlen auslösender Reize für z.B. Nahrungsaufnahme oder Fortpflanzungsverhalten wird der Organismus, motiviert vom inneren Antrieb, aktiv nach ihnen suchen (vgl. Abschn. 4.2.4.6), wodurch diese für die Art überlebensnotwendigen Funktionen sichergestellt werden.

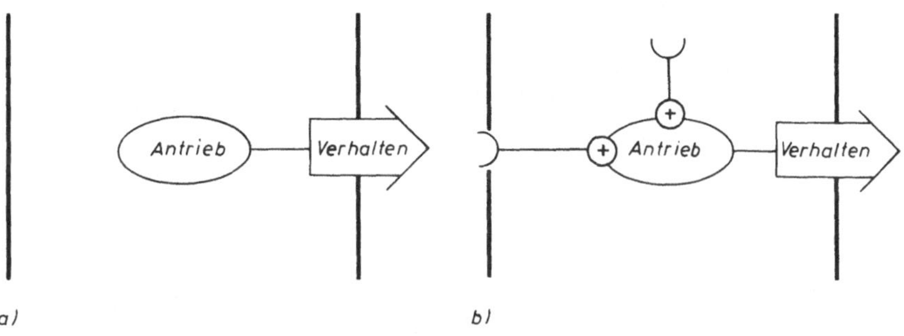

Abb. 24 (in Anlehnung an B. Hassenstein).
a) Vereinfachtes, idealisiertes Funktionsschaltbild des Inneren Antriebes.
b) Der autonome Innere Antrieb wird durch Meldung der Rezeptoren und Propiorezeptoren mitbeeinflußt, z.B. verstärkt (vgl. Abb. 49). Symbole wie in Abb. 17.

Von den vielen bekannten Beispielen für Leerlaufreaktionen und die Wirkung des Inneren Antriebes sollen im folgenden vier aus dem menschlichen Verhalten angegeben werden, um das Gesagte zu verdeutlichen:

1. *Atmen:* der Innere Antrieb des Atmens [116], [147], sorgt bei längerem Atemanhalten auch gegen unseren „Willen" dafür, daß diese Verhaltensweise aktiviert wird.

2. *Schlaf:* ähnlich wie Atmen kann der Schlaf nur in gewissen Grenzen willentlich hinausgezögert werden. Menschen, länger als 6 bis 8 Tage am Schlaf gehindert, werden geschädigt bzw. sterben.

3. *Nahrungsaufnahme:* Nahrungs- und Wasseraufnahme können in der Regel nicht unbegrenzt lange hinausgezögert werden. „Hunger und Durst" lassen mit zunehmendem Antriebsstau alles andere in den Hintergrund treten; sie „entmenschlichen", wie der Volksmund sagt.

4. *Pollution:* bei genügend großem Antriebsstau wird beim Menschen die Endhandlung sexuellen Verhaltens im Leerlauf ausgelöst [116].

Der Innere Antrieb für einzelne Verhaltensweisen kann bei langfristiger Hemmung des Verhaltens auch atrophieren → Verhaltensstörung (vgl. [116]).

Der Innere Antrieb wird beeinflußt von Informationen über die Umwelt (Rezeptoren) und über den eigenen Körper (Propriorezeptoren), z.B. Sauerstoffgehalt des Blutes, Magenfüllung etc. (vgl. Abschn. 4.2.4.6 u. Abb. 24 b).

Der Selektionsvorteil dieser Zusatzregulation liegt darin, daß das autonome System den jeweiligen Umweltverhältnissen (im Dienste der Lebens- und Arterhaltung) besser angepaßt wird; z.B. ist besonders wertvolle Nahrung vorhanden, ist es vorteilhafter, wenn über die Rezeptorenmeldung – gute Nahrung – der Antrieb gesteigert und gewissermaßen in Reserve Nahrung aufgenommen wird, als allein von einer umweltunabhängigen Regelung abhängig zu sein. Dann könnte es nämlich theoretisch vorkommen, daß dieses Verhalten immer dann aktiviert ist, wenn gerade keine Nahrung vorhanden ist.

▲ *Versuch 31. Wirkung der* Hormone auf den Inneren Antrieb – Krallenfrosch.

Zur Zeit am besten gesichert ist die antriebsaktivierende Wirkung von Hormonen. Die Versuche, die in verschiedensten Abwandlungen und mit verschiedenen Organismen durchgeführt wurden, verdeutlichen, daß besonders Geschlechtshormone unmittelbar verhaltensaktivierend wirken. So treten z.B. junge Männchen verschiedener Vogel- und Säugetierarten nach Behandlung mit Testosteron früher in die Geschlechtsreife ein und zeigen Balz- und Revierverhalten zu einer Zeit, in der dieses Verhalten bei normaler Entwicklung noch nicht aktiviert ist. Behandelt man Tiere des Gegengeschlechts, z.B. Zebrafinkenweibchen, mit Testosteron, singen sie wie Männchen; Hühner zeigen hahnähnliches Verhalten, bzw. Hündinnen urinieren nicht mehr geschlechtstypisch in der Hocke, sondern markieren wie ein Rüde. Dagegen bewirkt Östrogen und Progesteron z.B. bei weiblichen Nagetieren nicht nur den Östrus (Brunst), sondern auch die Lordosis (Anheben und Anbieten der Vagina nach hinten [288]).

Interessant in diesem Zusammenhang sind Versuche, in denen Hormone direkt ins Hirn eingebracht wurden. In einigen Fällen konnte so Verhalten reproduzierbar beeinflußt werden; z.B. Stimulationen im ventralen Bereich des Nucleus amygdalae mit adrenergen Substanzen haben eine gesteigerte Tendenz zur Nahrungsaufnahme zur Folge, hingegen eine cholinerge Stimulation eine Reduktion der Freßbereitschaft [85], [106].

Mit dem Aufkommen der Hormonbehandlung bei manchen Krebserkrankungen, z.B. der langfristigen Östrogentherapie bei Männern, konnte festgestellt werden, daß sich nicht nur die äußeren Körpermerkmale der Patienten verändern, sondern auch ihre Psyche. Ein anderes Beispiel ist die vorzeitige Geschlechtsreife infolge einer erhöhten Androgenproduktion, die bei Mädchen häufig zu Vermännlichungserscheinungen führt (Virilismus).

Von den zahlreichen in der Spezialliteratur beschriebenen Versuchen (vgl. z.B. [12], [28], [85], [288]) scheint der Krallenfrosch-Versuch der einfachste und sicherste zu sein.
Zahlreiche Versuche mit Hormonbädern bei Zierfischen, z.B. Cichliden oder Stichlingen, erwiesen sich in der Praktikumsdurchführung als unzuverlässig.

Verschiedene Krötenarten reagieren äußerst empfindlich auf das Schwangerschaftshormon Choriongonadotropin mit Ei- und Spermienreifung und wurden deshalb früher zu Schwangerschaftstests benutzt. Außerdem läßt sich mit diesem Hormon auch mittelbar Paarungsverhalten bei Krallenfröschen aktivieren (Rückkopplung zur Hypophyse) [144], [180].

Choriongonadotropin fördert die Östrogen- und Progesteronproduktion bei Säugern.

B e n ö t i g t e   T i e r e   u n d   M a t e r i a l i e n. 4 Pärchen Krallenfrösche, 4 Vollglasaquarien (40 cm x 30 cm x 30 cm), einige Wasserpflanzen oder Steine; 1 500 IE Primogonyl (Fa. Schering) und 10 ml isotonische Kochsalzlösung (Selbstansatz 0,9 % NaCl – beides erhältlich in Apotheken), eine graduierte Injektionsspritze und feine Injektionsnadeln.
Krallenfrösche, Xenopus laevis, werden häufig an medizinisch-physiologischen Instituten gehalten und sind von dort zu beziehen, oder sie können in Zoohandlungen gekauft werden. Die Weibchen unterscheiden sich von den Männchen durch drei Hautlappen an der Kloake. Die Männchen sind kleiner und haben an der Innenseite der Vorderfüße schwarze Klammerballen (Warzen, besonders deutlich ausgeprägt während der Paarungszeit) [55], [151].

V e r s u c h s d u r c h f ü h r u n g. Die 4 Aquarien werden an einem ruhigen Ort am Fenster aufgestellt, einige Steine als Laichsubstrat hineingelegt und bis zu 5 cm mit chlorfreiem Wasser gefüllt, Temperatur 20 °C. Zwei Pärchen (1 Paar pro Aquarium) dienen als Kontrolle, den anderen beiden Pärchen wird hingegen nach 4 bis 6 Tagen Primogonyl injiziert. Primogonyl, gelöst in 1 bis 2 ml isotonischer Kochsalzlösung: 200 IE pro Männchen; 300 IE pro Weibchen, injiziert in den dorsalen Lymphsack (Abb. 25). Die Klammerung und das Ablaichen beginnen in der folgenden Morgendämmerung. Bei den Kontrolltieren bleibt sie in der Regel aus.

Abb. 25
Dorsaler Lymphsack beim Krallenfrosch. Dort, wo die Haut frei beweglich ist (schraffiert), „subkutan" injizieren.

A n m e r k u n g. Steigt die Temperatur über 20 °C an, oder wurden die Tiere vor dem Versuch im Kühlraum gehalten, laichen die Kontrolltiere häufig spontan ab, weil die Temperaturveränderung die körpereigene Hormonproduktion anregt.

Erwachsene Tiere mit fein gewürfeltem Rinderherz füttern. Zucht: Ältere Tiere (Laichräuber) entfernen; Jungtiere z.B. mit Brennesselpulver füttern [151]. ■

4.2.4.2 Circadiane und circannuale Rhythmik Die endogenen Faktoren, die Spontanverhalten aktivieren, treten u.a. deutlich in der circadianen (Tages-)Rhythmik des Verhaltens in Erscheinung, die bei den meisten Organismen nachgewiesen werden kann [253]. Umfangreiche Untersuchungen haben gezeigt, daß die Circadianrhythmik durch endogene Prozesse aufrechterhalten wird, und veränderliche Umweltfaktoren, wie z.B. Tag-Nacht-Rhythmus, Mondphasen, Gezeitenwechsel oder Temperaturschwankungen (je nach Tierart verschieden), lediglich zur Synchronisation der inneren Periodizität mit den Tagesschwankungen der Umwelt dienen. Z.B. läßt sich die Circadianrhythmik der Honigbiene im Experiment nicht [90], die des Menschen [316] nur innerhalb gewisser Grenzen, in der Periodendauer verändern. Daneben beobachtet man bei vielen Arten eine circannuale Periodizität, z.B. tritt auch bei konstanten Bedingungen periodisch Winterschlaf bei Igeln und Bilchen auf, bzw. Zuginstinkte bei Wandervögeln. Auch der Mensch scheint hinsichtlich seiner Eßgewohnheiten (Gewichtszunahme) und des Sexualverhaltens (Geburtenrate) eine circannuale Periodik aufzuweisen [136], [137]; die Verhältnisse sind aber im letzteren Fall noch ungenügend untersucht, so daß nicht gesagt werden kann, ob sie allein durch Umweltfaktoren oder durch vorwiegend endogene, periodische Prozesse gesteuert wird.

Inwieweit besonders die Circadianrhythmik („Innere Uhr") vom ZNS bestimmt wird, läßt sich nicht entscheiden. Versuche an Zellkulturen, die eine circadiane Periodizität von Stoffwechselprozessen zeigen, bzw. Beobachtungen circadianer und circannualer Rhythmen bei Pflanzen [298], die beweisen, daß für dieses Phänomen ein ZNS nicht prinzipiell notwendig ist, machen wahrscheinlich, daß sich die jeweiligen periodischen Teilprozesse einzelner Zellen und Organe usw. im Regelkreis des Gesamtorganismus zu einer summarischen Circadianrhythmik stabilisieren. Diese wird bei tierischen Organismen entsprechend der zentralen Bedeutung des ZNS von diesem beeinflußt und über die Sinnesorgane den jeweiligen Umweltverhältnissen angepaßt (Sinnesorgan → ZNS → Neurosekretion → Hormonhaushalt → ZNS).

Zahlreiche Untersuchungen der Circadianrhythmik können nur während des Tages durchgeführt werden, da Nachtbeobachtungen entweder einen unzumutbaren zeitlichen oder apparativen Aufwand erfordern. Es werden deshalb im vorliegenden zwei Versuche angeführt, die die Tagesperiodizität untersuchen.

▲ *Versuch 32.*   Tagesschwankungen der Aktivität bei Drosophila

Untersuchungen der Circadianrhythmik bei Drosophila [6] haben gezeigt, daß einige der Stämme, z.B. Berlin (wild) oder Abeele (wild) eine charakteristische Verteilung der Aktivität während des Tages haben, die sich auch in aggressiven Interaktionen widerspiegelt [163], was wie folgt untersucht werden kann.

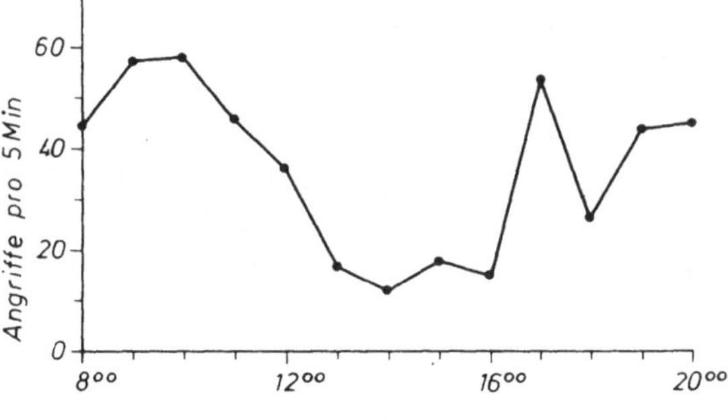

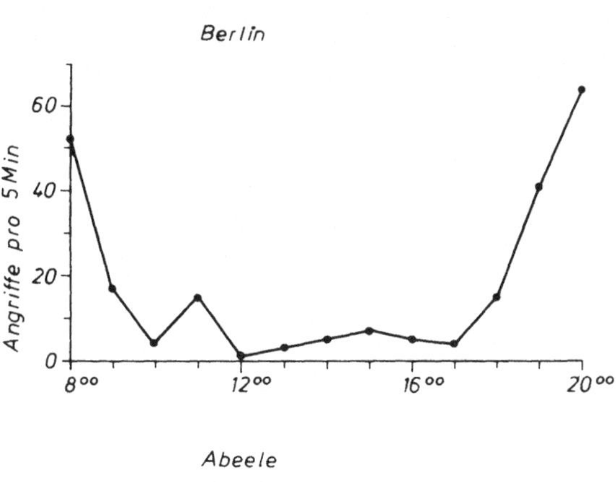

Abb. 26 (nach B. K r ö n e r). Aktivitätsbestimmung = Anzahl aggressiver Interaktionen bei Drosophila-Männchen (Berlin) im Verlauf eines Tages. Tagesrhythmus 12h/12h; Temperatur 25°C konstant; rel. Luftfeuchtigkeit 70 % konstant. Vergleiche Versuch 32 und Versuch 77.

B e n ö t i g t e   T i e r e ,   M a t e r i a l i e n   u n d   V e r s u c h s d u r c h f ü h r u n g. Wie Versuch 77. Die Interaktionen zwischen einzelnen Männchen werden tagsüber (12 h), jede Stunde einmal, 5 min lang beobachtet und registriert. Es ergeben sich charakteristische Aktivitätskurven (Abb. 26). ■

▲ *Versuch 33.* Tagesschwankungen des Jagdverhaltens bei Salticus

Auch unsere einheimische Springspinne (Salticus scenicus) hat eine charakteristische Verteilung der Aktivität im Verlaufe des Tages [96]. Die Tiere verlassen ihre Schlupfwinkel nur in der Zeit zwischen 10 bis 16 Uhr, in der sie aktiv sind.

B e n ö t i g t e   T i e r e ,   M a t e r i a l i e n   u n d   V e r s u c h s d u r c h f ü h r u n g. Der Versuch wird im wesentlichen wie Versuch 40 durchgeführt. Eine Gruppe von ca. 20 einzeln gehaltenen Salticusweibchen wird am besten mit der räumlichen Attrappe (brunierte Eisenkugel, ϕ 1 mm) jeden Tag 5 min lang getestet: am ersten Tag um 8 Uhr am zweiten Tag um 9 Uhr, am dritten Tag um 10 Uhr usw. bis zum elften Tag um 18 Uhr. Jeweils sofort nach dem Test wird mit nur 1 Drosophila gefüttert. Die Ergebnisse sehen etwa wie in Abbildung 27 aus.

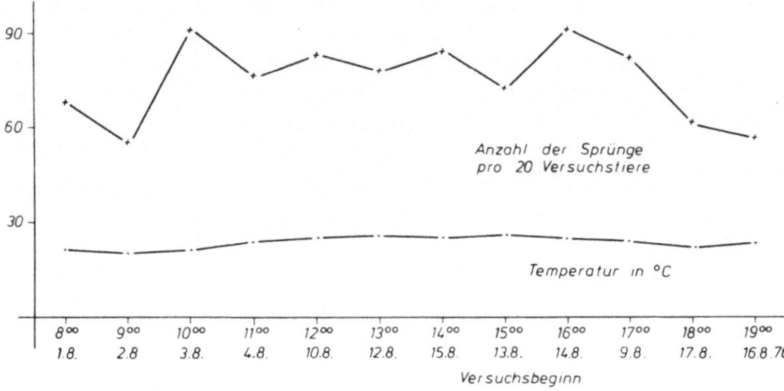

Abb. 27
Beutefangverhalten von Salticus im Tagesverlauf. Getestet wie im Versuch 33 beschrieben. Der Kurvenverlauf entspricht nicht ganz der Aktivitätsphase 10 bis 16 Uhr, da die Versuche unter Laborbedingungen durchgeführt wurden.

A n m e r k u n g e n . Die Messung wäre exakter, wenn man sie an einem Tag durchführen könnte, z.B. mit 11 Gruppen von jeweils 20 Tieren, die von Stunde zu Stunde, jedesmal eine andere Gruppe, getestet würden. Dies scheitert aber in der Regel an der Tierzahl. Kleinere Gruppen, z.B. von 2 Tieren, sind wegen der individuellen Varianz des Verhaltens (Häutung etc.) ungeeignet. Ein-und-dieselbe 20er Gruppe jede Stunde einmal zu testen, ist ebenfalls nicht möglich, da der Innere Antrieb, der bei solchen Versuchen nivelliert wird (vgl. Abschn. 4.2.4.6) erst nach ca. 1 Tag seinen Ausgangswert wieder erlangt hat [227]. ■

▲ *Versuch 34.* Zeitdressur der Biene

Die „Innere Uhr" der Biene ist eine der genauesten. Trotz aufwendiger Bemühungen ist es nicht gelungen, den Circadianrhythmus der Bienen auf einen anderen als 24-Stunden-Rhythmus einzustellen. Dies ist biologisch gesehen verständlich, da die Biene nur bei „Kenntnis" der Zeit mit Hilfe der Sonne navigieren kann. Je genauer die Innere Uhr „geht", desto genauer werden Kursberechnungen zu verschiedenen Zeiten möglich sein.

B e n ö t i g t e M a t e r i a l i e n u n d V e r s u c h s d u r c h f ü h r u n g . Der Versuch wird ähnlich wie die Bienendressur, Versuch 59, durchgeführt. *Benötigt werden:* Bienen, Farbe zum Markieren der Tiere (vgl. Versuch 59), eine Petrischale (ϕ 10 cm) mit Filterpapier, Wasser, eine Uhr und ein Gartentisch, der den ganzen Tag über, etwa 1 Woche lang, draußen stehen kann.

Nun wird 2 bis 3 Tage, immer zur gleichen Tageszeit, 1 bis 2 h, auf dem Tisch Zuckerwasser geboten. Am ersten Tag ist es ratsam, einige Bienen etwa auf einen mit Zuckerwasser getränkten Schwamm zum Dressurtisch zu tragen. Dadurch wird der Fundort im Stock gemeldet (Bienensprache) und ein regelmäßiger Anflug ist sichergestellt. Die jeweils am Zuckerwasser saugenden Bienen werden mit einem Farbtupfer am Thorax markiert. Nach 3 bzw. 4 Tagen erfolgt der Kontrollversuch. Nun wird den ganzen Tag über Zuckerwasser angeboten, die Zuckerwasser aufnehmenden Tiere, und zwar nur die markierten, gezählt und die Zeit registriert (Abb. 28).

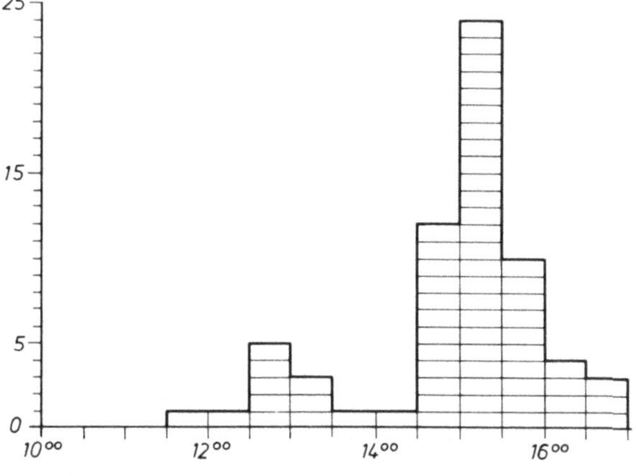

Abb. 28
Zeitdressur der Bienen – Kontrollversuch. In der vorangegangenen Zeit wurde täglich von 14 bis 16 Uhr eine Farbdressur durchgeführt. Aufbauen des Versuchs ca. 20 min, so daß Zuckerwasser effektiv von 14.20 bis 16 Uhr geboten wurde.

A n m e r k u n g e n. 1. Es kann sein, daß (am Kontrolltag) die Nahrungsquelle von anderen Arbeiterinnen entdeckt wird, deshalb werden nur die an den vorangegangenen Tagen markierten Tiere gezählt. 2. Weitere Angaben siehe Versuch 59. ■

▲ *Versuch 35.* Circadianrhythmus des Goldhamsters

Die meisten Kleinsäuger, wie z.B. Ratten, Mäuse, Hamster, sind nachtaktive Tiere, von denen besonders der Goldhamster bei Licht so gut wie gar nicht seine Schlafhöhle verläßt (9). Dieser Umstand und die einfache Beschaffung sowie Haltung der Tiere erlauben es, mit Goldhamstern eine Reihe von Versuchen durchzuführen, in denen die Circadianrhythmik sowie die Bedeutung des Lichtes für die Synchronisation der endogenen Periodik mit den Umweltverhältnissen besonders gut demonstriert werden kann.

B e n ö t i g t e T i e r e u n d M a t e r i a l i e n. 2 bis 4 Goldhamster, die einzeln in käuflichen Drahtkäfigen, am besten mit einer Plastikwanne als Boden (56 cm x 29 cm x 7 cm), gehalten werden; Dunkelraum mit Schaltuhr zum Variieren des Hell-Dunkel-Rhythmus; Registrierapparatur (s. unten).

Haltung der Tiere. Alle heute in Europa lebenden Goldhamster gehen auf ein Weibchen und 12 Jungtiere, die 1930 von Aharoni bei Aleppo (syrische Wüste) gefangen wurden, zurück. Soweit bekannt, wurde seit dieser Zeit in freier Wildbahn kein Goldhamster mehr beobachtet. Die Tiere haben ein ausgesprochenes Revierverhalten und sind Einzelgänger, außer während der Paarungszeit, so daß erwachsene Exemplare einzeln gehalten werden müssen. Da die käuflichen Käfige im Hinblick auf den Bewegungsdrang der Tiere zu klein sind, empfiehlt es sich, unbedingt ein Laufrad zu montieren. Guiking [108] stellte fest, daß pro Aktivitätsperiode täglich 8 bis 11 km im Laufrad zurückgelegt werden. Gefüttert wird mit käuflichem Hamsterkörnerfutter (Sonnenblumenkerne, Weizen, Hafer, Mais), Möhren und Apfelstückchen. Daneben kann Klee, Löwenzahn und Wegerich (gut waschen!) geboten werden, aber auch Insekten, z.B. Heuschrecken, Käfer, Raupen [57], [83], [188]. Kekse, Rosinen und andere Genußmittel, z.B. Schokolade, werden ebenfalls gern angenommen, sollten aber nur gelegentlich als Abwechslung neben dem Standardfutter gefüttert werden. Daneben wird Wasser gereicht.

Als Nest wird eine Holzschachtel (16 cm x 10 cm x 7 cm) geboten, die seitlich einen Eingang (ϕ 4 cm) hat. Hier schlafen die Tiere und verstecken einen Teil der Nahrung (Vorratsanlage). Als Nestmaterial können Papier, Holzwolle und Stoffreste dienen.

Entwicklung: die Tragzeit beträgt nur 16 Tage, und es werden 1 bis 12 Junge geworfen, die bis zu 3 Wochen von der Mutter gesäugt werden.

Zur *Messung der Aktivität* – Registrierapparatur – müssen die Käfige umgebaut werden; weiterhin benötigt man einen Kymographen (Registriertrommel – 1 Umdrehung/24 Stunden) und am besten 2 bis 4 Markenschreiber (nach Fleisch). Am Schreibarm wird mittels einer Blechschlaufe (Abb. 29 a) ein Filzschreiber (z.B. X-Y Recorder Fibre Pen der Fa. Tekelec Ertronic, Ges. f. Elektronik m.b.H., Postfach 833101, 8 München 83) befestigt; ein Transformator 4 Volt.

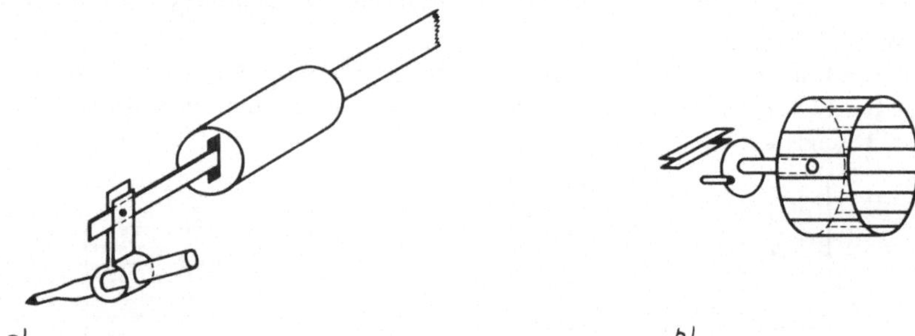

Abb. 29
a) Blechschlaufe zur Befestigung eines Filzschreibers am Markenschreiber nach Fleisch.
b) Laufrad-Achse mit Kontakt zur Registrierung der Umdrehungsanzahl.

Umbau des Käfigs: die Aktivität des Goldhamsters kann mit zwei Methoden gemessen werden (exakter ist es, beide Verfahren gleichzeitig einzusetzen): 1. die Umdrehungen des Laufrades werden registriert. Dazu ist es notwendig, in die Trommel eine neue Achse einzubauen, die außen pro Umdrehung einen Kontakt schließt (Abb. 29 a); 2. das Betreten des Bodens wird registriert. Hier hat sich bewährt, in die Plastikwanne des Käfigs einen zweiten Boden in Form einer Wippe einzubauen (53,5 cm x 26,5 cm x 3 cm). In der Mitte befindet sich die Aufhängung, links und rechts ist der Boden an zwei Federn befestigt (Abb. 30), die so austariert sind, daß sie beim Laufen der Tiere (Gewicht ca. 140 bis 160 g) nachgeben und jeweils einer der beiden an der Bodenunterseite montierten Kontakte geschlossen wird. Die Federn müssen gesichert werden, so daß die Tiere sie nicht beschädigen. Achtet man darauf, daß die als Streu benutzten Sägespäne die Kontakte nicht zusetzen — 1 Mal pro 4 Tage reinigen — arbeiten die Böden weitgehend störungsfrei. Die Schlafhäuschen werden bei dieser Registriermethode an der Käfigwand mit Schrauben befestigt, so daß der Boden frei bleibt. Futter wird in der Mitte über der Achse in einer Petrischale und Wasser in einem Trinknapf (oder Trinkflasche) geboten.

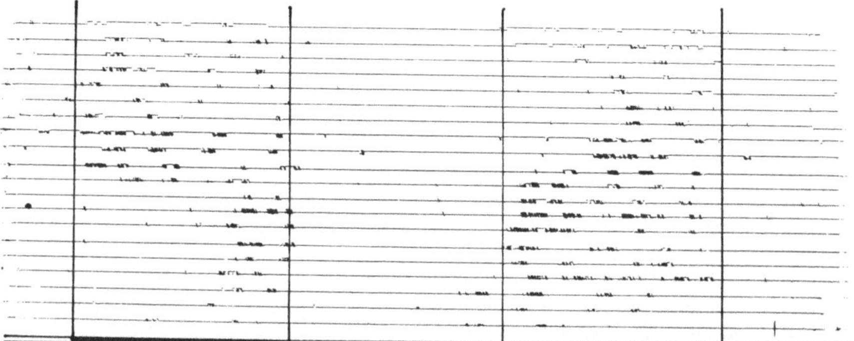

Abb. 30
Versuchsapparatur zur Registrierung der Hamster – Aktivität – Querschnitt.
In der Käfigwanne ist ein Zweitboden wippenartig montiert. A = Achse, F = verstellbare Feder; K = Kontakt; S = Blechschutz der Federn.

V e r s u c h s d u r c h f ü h r u n g. Nach Vorbereitung des Versuchs wird z.B. wie folgt verfahren: 1. Aktivitätsmessung 7 bis 14 Tage lang: 12 h hell/12 h dunkel. Die Aktivität liegt eindeutig im Dunkelbereich.

2. Aktivitätsmessung 7 bis 14 Tage lang: 12 h dunkel/12 h hell. Die Tiere stellen sich um, die Aktivität liegt nach 1 bis 2 Tagen wieder in der Dunkelperiode.

3. Aktivitätsmessung bei Dauerdunkel. Die Aktivitätsverteilung ist annähernd gleich der im vorangegangenen Versuch, was auf eine endogene, circadiane Rhythmik schließen läßt.

4. Man kann auch andere Hell-Dunkel-Phasen untersuchen, z.B. von einer Periodenlänge von 12 Stunden d.h. 6 h hell/6 h dunkel, und so den Einfluß der exogenen Zeitgeber besonders schön demonstrieren (Abb. 31).

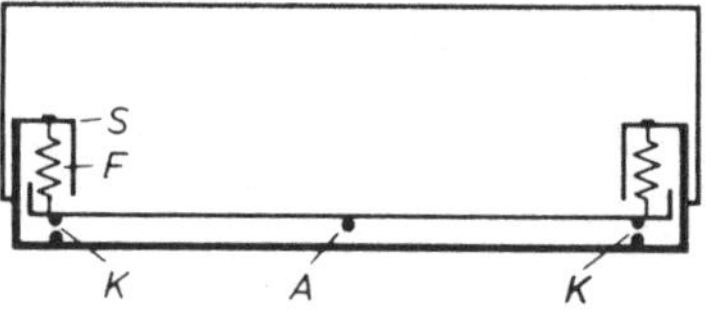

Abb. 31
Aktivitätsverteilung beim Goldhamster bei einem künstlichen Hell-Dunkel-Wechsel von 6h/6h.
Jede waagerechte Linie mit Ausschlägen = Aktivität an einem Tag; senkrechte Linien markieren die Grenzen der Hell-Dunkel-Phasen.

A n m e r k u n g e n. 1. Fütterungen und Reinigen der Käfige sollten nach Möglichkeit während der Aktivitätsphase der Tiere bei schwachem Licht vorgenommen werden. Besser ist es den Boden gegen einen zweiten, vorbereiteten auszuwechseln.

2. Längere Untersuchungszeiten, z.B. 14 anstatt 7 Tage sind besonders bei drastischen Veränderungen der Außenfaktoren vorzuziehen, da sie einer Stabilisierung der sich neu einstellenden Circadianthythmik dienlich sind.

3. Besonders nach künstlichen, kurzen Tag-Nacht-Rhythmen, z.B. 6 h hell/6 h dunkel (vgl. Abb. 31), erfordert die Resynchronisation, z.B. auf einen 12 h/12 h Rhythmus, mehrere Wochen. Während dieser Zeit ist die Gesamtaktivität je Periode geringer als bei voller Synchronisation; ein Phänomen, was auch bei anderen Tieren, z.B. Vögeln, beobachtet wurde [10]. ■

4.2.4.3 Angeborenes Erkennen, Schlüsselreiz und Schlüsselreizkombination

Da instinktives Verhalten nicht erlernt wird, muß es Faktoren geben, die eine umweltbezogene Aktivierung am richtigen Ort bzw. Objekt sicherstellen — ein angeborenes Erkennen. Wie zahlreiche Untersuchungen bestätigen, umfaßt das angeborene Erkennen eine ganze Palette von Reizen und Reizkombinationen, die je nach Tierart (vgl. Abschn. 4.2.3) und Verhaltenssituation verschieden sind.

Zum Beispiel erkennen Katzen und Kleinkinder u.a. ohne vorangegangene Erfahrung optische Klippen [27], [296]; oder Schildkröten und Kleinkinder u.a. reagieren mit einer Schutzreaktion — Abwenden des Kopfes, wenn ein auf eine Leinwand projizierter Schatten konzentrisch größer wird, als ob sie wissen würden, daß diese Reizkonstellation unter Normalbedingungen Gefahr bedeutet [77], [118]; oder die meisten Wirbeltiere sowie der Mensch beachten angeborenermaßen mit besonderer Aufmerksamkeit ein waagerecht angeordnetes Augenpaar.

Handelt es sich bei solchen Reizen oder Reizkombinationen um Faktoren, die unmittelbar ein Verhalten auslösen, spricht die Verhaltenskunde von *Schlüsselreizen*, da sie gewissermaßen wie ein Schlüssel *das vom Inneren Antrieb aktivierte Verhaltensprogramm freisetzen* (vgl. Abschn. 4.2.4.5 u. 4.2.4.6). In der Regel sind Schlüsselreize so einfach, daß sie eben eine ausreichend sichere Kennzeichnung der adäquaten Situation garantieren (Prinzip der sparsamsten Mittel; vgl. Abschn. 2).

Schlüsselreize gibt es in allen Sinnesgebieten; zum Beispiel: Gesichtssinn: Kampfauslösend wirkt beim brünstigen Stichlingsmännchen der rote Bauch des Rivalen. Ebenso wirken beim Rotkehlchenmännchen die roten Brustfedern kampfauslösend. Mücken jagende Libellen reagieren auf die typische Flugweise der Beutetiere. Ähnlich flatternde Papierschnitzel entsprechender Größe werden gejagt, während still sitzende Mücken unbeachtet bleiben. *Gehörsinn:* Glucken eilen ihrem Küken auf dessen Angstruf zu Hilfe. Ein unter einer Glasglocke gefangenes Küken, dessen Angstgebaren man sehen kann, dessen Rufe aber nicht hörbar sind, lösen bei der Glucke keinerlei Reaktion aus, hingegen ein mit einem Lautsprecher versehener, ausgestopfter Iltis, der den Kontaktruf ausstößt, wird betreut. *Tastsinn:* Spinnen reagieren auf leichte Erschütterungen des Netzes mit Beutefang; oder Ameisenlöwen schleudern Sand nach der Ameise, wenn die von ihr losgetretenen Sandkörner ihn am Grunde des Trichters erreicht haben. *Geruchssinn:* der männliche Seidenspinner reagiert auf Sexuallockstoffe des Weibchens. *Temperatursinn:* Stechmücken, blutsaugende Wanzen und Milben reagieren u.a. auf die von Warmblütern ausgestrahlte Wärme.

Untersucht man die auslösende Reizsituation einzelner angeborener Verhaltensweisen genauer, stellt man fest, daß oft mehrere Schlüsselreize zusammenwirken, wodurch die biologisch adäquate Situation, auf die das auszulösende Verhalten abgestimmt ist, besser gekennzeichnet wird und Fehlauslösungen sicherer verhindert werden. Z.B. wird das Sperren etwa 10 Tage alter Drosselnestlinge durch folgende Schlüsselreize ausgelöst. Das auslösende Objekt muß sich *bewegen*, größer als 3 mm im Durchmesser sein und *oberhalb des Nestrandes erscheinen*, wobei eine leichte *Erschütterung* des Nestes die Reizsituation vervollständigt. Insgesamt haben wir also eine höchst spezielle Reizsituation, die im Normalfall beim Erscheinen des Muttertieres gegeben ist, und die bei den Jungtieren eine spezifische, angeborene Reaktion, das Sperren, auslöst.

Weiterhin zeigte es sich, daß die Gesamtwirkung einer auslösenden Situation nicht davon abhängt, welcher der Schlüsselreize besonders stark oder schwach darin vertreten ist oder gar fehlt, sondern davon, wieviel an Reizwerten insgesamt vorhanden ist. D.h. beim Zusammenwirken mehrerer Schlüsselreize summiert sich ihre Wirkung: *Reizsummenregel* [274]. Drosselnestlinge beispielsweise sperren allein bei Erschütterungen des Nestes oder beim Erscheinen eines Schattens, aber optimal ist die Reaktion ausgeprägt, wenn die Reizkombination vollständig vorliegt. Der Brunstflug des Eumenesmännchens (einh. Schmetterling) wird außer von der Bewegung mindestens von zwei weiteren Schlüsselreizen mitbestimmt: vom Abhebungsgrad des Weibchens vom Untergrund (dunkle Farbe) und von der Entfernung. Man kann daher eine weiße Attrappe genauso wirksam machen wie eine schwarze, wenn man sie dafür dem Tier wesentlich näher anbietet.

Daneben konnte der Nachweis erbracht werden, daß die in der Natur verwirklichten Schlüsselreize nicht immer die bestmögliche Wirkung haben. In vielen Fällen sind *„übernormale Attrappen"* wesentlich wirksamer als normale. Bietet man z.B. einer brütenden Gans eine übergroße Ei-Attrappe an, versucht sie bevorzugt, diese ins Nest zu rollen und zu bebrüten.

Dieser letztgenannte, überraschende Sachverhalt wird verständlich, wenn wir diese Verhaltensmechanismen im Spiegel der Evolution sehen. Jeder Schlüsselreiz und das dazugehörige angeborene Erkennen ist einer ständigen Selektionsprüfung ausgesetzt. Was im Falle der Eigröße und der Reaktion der Gans noch relativ einfach erscheint (das angeborene Erkennen könnte unter dem Selektionsdruck — je größer das Ei, desto kräftiger die Jungtiere — entwickelt worden sein; die Eigröße hingegen wird durch anatomisch physiologische Faktoren bestimmt), wird besonders kompliziert bei Reizkombinationen und dem dazugehörigen angeborenen Erkennen, die sich in der Beute-Feind-Beziehung, bei Symbionten und am häufigsten bei sozialen Verhaltensweisen entwickelt haben. Dabei stellt man fest, daß die Merkmale im Laufe der Phylogenie der Signalfunktion, die sie ausüben, angepaßt werden, wodurch ihre Wirkung optimiert wird. In solchen Fällen sprechen wir von *Auslösern* [297]. Da Auslöser um so besser erkannt werden, je stärker sie sich von der Umwelt unterscheiden, besteht nicht selten innerhalb eines Reizsender und -Empfängerpaares der Selektionsdruck in Richtung der Entwicklung von möglichst „auffallenden" Auslösern. Diese werden jedoch mit der Zunahme der Auffälligkeit eine Gefahr in Bezug auf Freßfeinde, so daß sich ein entgegengesetzter Selektionsdruck einstellt. Irgendwo zwischen den beiden Extremen ist meist das realisierte Entwicklungsergebnis zu finden; z.B. das Abendpfauenauge hat auf den Hinterflügeln auffallende Augenflecken, die aber normalerweise von den Vorderflügeln (Tarnfarbe) verdeckt werden. Bei Berührung werden die Flügel plötzlich entfaltet und der Feind wirksam mit der Augenattrappe beeindruckt.

Im letzten Beispiel sind neben den oben skizzierten Bedingungen der Vorteil des Überraschungseffektes, der die Wirksamkeit des Auslösers erhöht, und der Vorteil der durch die Tarnung beim Freßfeind verhinderten Gewöhnung an das Muster weitere Faktoren, die das Entwicklungsergebnis mitbestimmt haben dürften.

Um das Bild zu vervollständigen, darf nicht vergessen werden, daß die Wirkung von Merkmalen ebenfalls durch Anpassung des angeborenen Erkennens optimiert werden kann, was das Geschehen noch weiter kompliziert. Besonders Beutetiere, für die es vorteilhaft ist, ihre Feinde zu erkennen, liefern für das letztgenannte zahlreiche Beispiele: So können z.B. einige Gastropoden räuberische Seesterne an ihren spezifischen Sekreten erkennen und rechtzeitig fliehen [37].

▲ *Versuch 36.* Attrappenversuch mit dem Dreistacheligen Stichling
          (Gasterosteus aculeatus)

Besonders gut geeignet für die Analyse verschiedener Phänomene instinktiven Verhaltens sind Stichlinge in der Fortpflanzungszeit.

Die Fortpflanzungsinstinkte werden beim Stichling im Frühjahr durch die allmählich zunehmende Tageslänge, die die Produktion von Geschlechtshormomen anregt, aktiviert. Der veränderte Hormonspiegel bewirkt, daß die Tiere aus den Überwinterungsgebieten (tiefere Gewässer) in flache Süßgewässer einwandern. Unterstützt durch den allmählichen Temperaturanstieg (von 8° bis 10 °C auf 18 °C), sowie das Vorhandensein von geeigneten Biotopen, ändert das Männchen die Färbung (roter Bauch) und bildet so eines der ersten Signale aus, die das Verhalten von Männchen und Weibchen im Fortpflanzungszyklus entscheidend beeinflussen [296].

Revierverhalten: Mit der Ausprägung der Färbung (roter Bauch) werden die Männchen zunehmend aggressiver, sondern sich von den anderen Tieren ab und halten sich letzten Endes in einem Revier allein auf, aus dem andere Tiere (Männchen und Weibchen) vertrieben werden.

Nestbauverhalten: Ist das Revier gesichert, beginnt das Männchen mit dem Nestbau. Als erstes wird eine flache Grube ausgeräumt, die mit Algen und Wasserpflanzenbüscheln angefüllt wird. Nun schwimmt das Tier über dem lockeren Nisthaufen vor und zurück und sondert ein klebriges Nierensekret ab, das das Nistmaterial zusammenkittet. Ist das getan, wird ein Tunnel durch das Nest gestoßen, und das Männchen bildet das „Hochzeitskleid" aus, bei dem zum leuchtend roten Bauch ein bläulichweißer Rücken hinzukommt. Es wirkt besonders anziehend auf laichreife Weibchen, die ihrerseits mit dem durch die Eier kräftig geschwollenen Bauch für das Männchen ein wirksames Auslösesignal, die Legekante (Kante zwischen prall gefülltem Bauch und Schwanz), ausgebildet haben.

Balzverhalten und Paarung: Das nun folgende Balzverhalten und die Paarung stellen ein Musterbeispiel für eine Reaktionskette dar (vgl. Abschn. 4.2.4.5). Erregt durch das Erscheinen des Weibchens, beginnt das Männchen auf-und-ab zu schwimmen und löst mit diesem „Zickzacktanz" beim Weibchen ein typisches Verhalten aus. Das laichreife Weibchen stellt sich mit dem Kopf nach oben und weist so dem Männchen die Legekante. Dieses „Kopfhochsignal" des Weibchens aktiviert die nächste Reaktion des Männchens, das nun zum Nest hinschwimmt und mit der Kopfpartie in den Eingang stößt. Das Weibchen folgt daraufhin zum Nest und versucht, selbst in dieses hineinzuschwimmen. Ist dies geschehen, schwimmt das Männchen über das Weibchen und stupst dessen Schwanzbasis mit der Schnauze (Schnauzentremolo). Dieses Verhalten des Männchens ist der Auslöser für die folgende Eiablage des Weibchens. Sind die Eier abgelegt, wird das Weibchen vom Männchen vertrieben und die Eier besamt (Verhaltensdiagramm 3).

Verhaltensdiagramm 3: (nach N. T i n b e r g e n).
Balzverhalten des Stichlings.

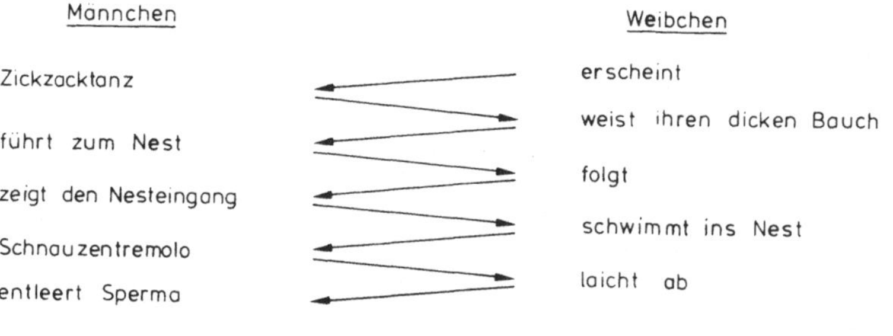

Brutpflege des Männchens: Nachdem sich das Männchen mit mehreren Weibchen gepaart hat (2 bis 3), beginnt es, in das Nest Wasser zu fächeln, um auf diese Weise den Eiern genügend Sauerstoff zuzuführen. Etwa nach einer Woche schlüpfen die Jungtiere, die von dem mittlerweilen wieder mit der Schutzfärbung versehenen Männchen geführt werden. Verläßt ein Tier zu weit die Geschwisterschar, wird es nicht selten vom Vater mit dem Maul geschnappt und zurückgebracht [296].

Während der Revierabgrenzung, dem Nestbau und der Balz lassen sich eine ganze Reihe Untersuchungen durchführen, die unter anderem auch Aufschluß über die Schlüsselreize, die das Verhalten steuern, geben, von denen hier nur die einfachsten aufgeführt werden. *Reaktion des Reviermännchens auf Rivalenattrappen:* Werden einem Männchen, das ein Revier abgegrenzt hat, längliche Attrappen geboten, deren Unterseite rot gefärbt ist, kann man Revierverteidigung auslösen. Die Stärke und Häufigkeit der bei den Tieren ausgelösten Reaktionen hängt außer von der Beschaffenheit der Attrape (groß, klein, Färbung, mit oder ohne Augenflecke), vom Ort, an dem die Attrappe angeboten wird (Reviergrenze, -mitte), der Bewegungsweise der Attrappe und vom Inneren Antrieb der Tiere (stehen sie am Anfang der Revierabgrenzung oder haben sie bereits das Nest gebaut) ab. Ein einfaches Beispiel mag das verdeutlichen: Eine längliche, weißrot gefärbte Attrappe (annähernd gleich lang wie das getestete Tier) wirkt viel stärker angriffsauslösend, wenn man sie in „Kopf-nach-unten-Stellung" (= Drohstellung) bietet, als in waagerechter Stellung (vgl. Abschn. 4.2.4.3), oder Attrappen mit Augenfleck werden mehr beachtet als solche ohne Augenfleck.

Reaktion des Reviermännchens auf Weibchenattrappen: Ähnlich wie bei den Rivalenattrappen fallen die Versuche mit Weibchenattrappen aus. Auch hier ist die auslösende Wirkung, diesmal für den Zickzacktanz, von inneren und äußeren Faktoren abhängig, wobei hinsichtlich der Attrappe, die Kopfaufstellung und eine deutlich ausgeprägte Legekante die stärkste Auslösewirkung ausüben.

Solche und ähnliche Versuche, die verschieden abgewandelt werden können, führen alle zu dem Ergebnis, daß die in der Natur verwendeten Schlüsselreize häufig sehr einfach sind. So lassen sich bei optimaler Antriebsausprägung Revierverteidigung allein durch Rotfärbung der Attrappenunterseite und Zickzacktanz allein durch die Paarungsbereitschaftsstellung der Weibchenattrappen (Kopf schräg nach oben) auslösen, bzw. man kann das Schnauzentremolo des Männchens bei der Balz der Tiere mit einem Glasstab imitieren (vgl. Versuch 44).

In den vorliegenden Versuchen soll primär die Beschaffenheit der Schlüsselreize untersucht werden, d.h. die Wirkung von verschieden gefärbten und geformten Männchenattrappen auf ihre kampfauslösende Wirkung miteinander verglichen werden. Daneben ist festzustellen, welchen Einfluß die Legekante auf die Wirksamkeit von Weibchenattrappen hat.

B e n ö t i g t e   T i e r e ,   M a t e r i a l i e n   u n d   V e r s u c h s d u r c h f ü h r u n g.
Beschaffung der Tiere: Die Stichlinge, die bei uns häufig in Tümpeln, teils auch in Bewässerungsgräben vorkommen, werden im Frühjahr, März bis April (vor dem Anfärben der Tiere), gefangen und einzeln in gut bepflanzten (Elodea canadensis) Aquarien (60 bis 80 ℓ) untergebracht. Weibchen können zu 2 bis 3 zusammen in einem Becken gehalten werden. Man kann für den Nestbau neben Pflanzenresten und grünen Fadenalgen auch einige Perlonfäden (Filterwatte) hinzugeben. Als Bodengrund benutzt man am besten feinen Quarzsand. Die Wassertemperatur sollte nicht über 20 °C ansteigen. Die Scheiben werden dreiseitig, z.B. mit Klebefolie, abgedeckt oder angestrichen, so daß eine Spiegelung (die Männchen bekämpfen ihr Spiegelbild) nicht möglich ist. Gefüttert wird mit Daphnien, Mückenlarven, Tubifex und handelsüblichem Trockenfutter.

Die *Attrappen* werden, ähnlich wie in der Abb. 32 gezeigt, aus etwa 3 bis 4 mm dickem Plexiglas ausgesägt (Laubsäge), spindelförmig gefeilt und mit einem Stahldraht (ϕ 1 mm) versehen, so daß man mit ihnen gut hantieren kann. Das Anstreichen gelingt am besten mit handelsüblichen Bastlerfarben, z.B. Enamel der Fa. Humbrol, England.

Versuchsdurchführung: Sowohl vor dem Revierbesetzen und dem Nestbau als auch danach werden die Attrappen einzeln in das Revier der Männchen gebracht und getestet. Dabei ist die Färbung, die Form und die Stellung der Attrappe von Bedeutung. Das beobachtete Verhalten wird protokolliert: z.B. Rivalenattrappen — Verfolgung, Anzahl der Maulstöße oder Kopf-nach-unten-Bewegungen des Männchens; Weibchenattrappe — Dauer des Zickzacktanzes, wie oft schwimmt das Männchen zum Nest? Nach den Attrappenversuchen empfiehlt es sich, jeweils 1 bis 2 legereife Weibchen hinzuzugeben und das Verhalten zu beobachten (vgl. Versuch 44).

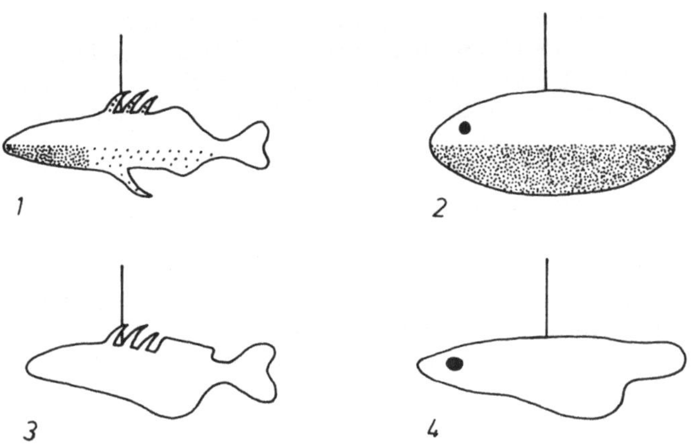

Abb. 32
Beispiele für Stichlingsattrappen, ca. 2/3 natürlicher Größe.
Attrappe 1 = Männchen mit natürlicher Färbung;
Attrappe 2 = schematische Attrappe, oben weiß, unten rot;
Attrappe 3 = natürliche Weibchen-Attrappe;
Attrappe 4 = Schema-Attrappe Weibchen mit Legekante, Färbung = hellgrau, oliv-grün.

A n m e r k u n g e n. 1. Tiere, die erst nach der Ausprägung des Hochzeitskleides gefangen werden, sind für die Attrappenversuche nur bedingt geeignet. Meist gelingt eine Umgewöhnung nicht, und es wird kein Nest gebaut.
2. Durchlüftung bzw. besser eine Umwälzpumpe sind vorteilhaft.
3. Die Becken dürfen nicht kleiner sein und die Tierzahl pro Becken nicht größer als 1♂ plus 3♀. ■

▲ *Versuch 37.* Angeborenes auslösendes Augenschema beim Wellensittich
(Melopsittacus undulatus).

Das angeborene auslösende Schema eines waagerecht angeordneten Augenpaares ist in der Natur weit verbreitet. Angefangen beim Menschen bis zu den Fischen löst es Aufmerksamkeit (es könnten Augen eines Räubers sein) oder Fluchtreaktion aus, was verständlich macht, daß im Tierreich das Augenmuster sehr häufig bei Schutzfärbungen (Mimikry) eingesetzt wird. Dabei werden in der Regel Augen imitiert oder vorhandene Augen durch Färbung vergrößert und so diese universell wirksame Reizkombination in den Dienst der Lebens- und Arterhaltung gestellt. Um die Vielfalt der Möglichkeiten anzudeuten, einige Beispiele: Cichlasoma mecki und Hemichromis bimaculatus *drohen* mit Augenflecken, die auf den Kiemendeckeln ausgebildet sind [297]. Chaetodon capistratus, ein Korallenfisch, hat am Schwanzende einen großen Augenfleck ausgebildet, der hier das Kopfende vortäuscht. Um die Wirkung dieser Täuschung zu verstärken, sind die richtigen Augen in einem schwarzen Kopfband versteckt, und das Tier bewegt sich stets langsam rückwärts. Schnappt nun ein Raubfisch nach dem vermeintlichen Kopf, schießt der Korallenfisch davon, und der Räuber findet am Schwanz keinen Halt [295]. Der Schmetterling Calligo eurylachus imitiert auf der Rückseite der Hinterflügel besonders eindrucksvoll Wirbeltieraugen. Das Tier sitzt im Gestrüpp mit dem Kopf nach unten und gefalteten Flügeln, die bei Berührung plötzlich aufgeschlagen werden. Das plötzliche Erscheinen eines Augenpaares ist als Schutz sehr wirkungsvoll. Viele Tiere, besonders Vögel, „erschrecken" heftig beim Anblick eines Augenpaares, das sie unerwartet aus großer Nähe „anstarrt".

B e n ö t i g t e   T i e r   u n d   M a t e r i a l i e n. Benötigt werden 2 bis 4 *handzahme* Wellensittiche, die in handelsüblichen Vogelkäfigen einzeln gehalten werden. Die Käfige sind gegeneinander mit Styroporplatten abzugrenzen.

Der Wellensittich ist ein Schwarmtier, dessen Wildform (klein, grünschwarz oder graufarbig) in Australien lebt. Die Tiere sind gesellig und können auf den Menschen geprägt werden. Sie balzen ihn dann an (Auf- und -abnicken des Kopfes, Hin-und-hertrippeln auf der Sitzstange) und lehnen Artgenossen als „Balzkumpan" bei Sicht zum Menschen ab [75].

Die Attrappen werden aus weißen Zelluloidkugeln (Tischtennisbälle) hergestellt. Frontal werden mit Hilfe von Draht und Klebstoff (Uhu endfest 2000) jeweils zwei schwarze oder andersfarbige Knöpfe so befestigt, daß ein Augenpaar vorgetäuscht wird (Abb. 33). Daneben verwenden wir Kontrollattrappen ohne Augen. Hinten wird die Attrappe aufgebohrt und ein 20 cm langes Rundholz (ϕ 5 mm) eingeklebt, so daß man mit der Attrappe gut hantieren kann.

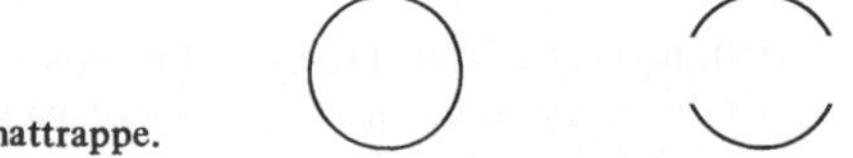

Abb. 33
Beispiel einer Normalattrappe und Augenattrappe.

V e r s u c h s d u r c h f ü h r u n g. Die Attrappen werden einzeln durch die offene Käfigtür an die Versuchsvögel herangeführt und das Verhalten beobachtet: bei Kontrollattrappen — Kontaktlaute, leises Zilpen, eventuell Schnäbeln; bei Augenattrappen — lautes Gezeter, häufig Flucht, Flügelschlagen etc.

A n m e r k u n g. Sind die Tiere nicht handzahm (z.B. Auslösen der Fluchtreaktion beim Einführen der Kontrollattrappe in den Käfig) müssen sie an die Versuchssituation gewöhnt werden, was die Versuchsdurchführung erschwert.
2. Beim „Abwehrgeschrei" beginnen in der Regel die anderen Tiere auch zu „schimpfen" — Stimmungsübertragung. ■

△ **Versuche** *Auslöseschemata beim Menschen.* K. L o r e n z hat als einer der ersten darauf hingewiesen, daß die Merkmalsarmut zahlreicher auslösender Situationen beim Menschen sowie das Ansprechen auf einfache Attrappen darauf hindeutet, daß auch hier angeborenes, durch Schlüsselreize auslösbares Verhalten vorliegt. Natürlich werden beim Menschen die Auslöseschemata in vielen Fällen durch Erfahrung eingeengt, bzw. modifiziert sein; ein Phänomen, das auch bei höher entwickelten Tieren vorliegt (vgl. Abschn. 5.3.2.2).

Beispiele für Schlüsselreize beim Menschen: 1. Bestimmte Tastempfindungen lösen eine Abwehrreaktion aus: einem Krabbeln auf dem Handrücken folgt eine Bewegung, die etwa als Fortschleudern von Insekten gedeutet werden kann. 2. Scharfe, knirschende Geräusche, wie sie beim Beißen eines harten Gegenstandes oder beim Gleiten eines Messers auf dem Teller entstehen können, lösen Zahnschutzreaktionen aus. Die Wangen werden zwischen die Zähne gezogen und mit der Zunge Reinigungsbewegungen durchgeführt. 3. Eine andere Schlüsselreizkombination ist das Kindchenschema, das den Pflegetrieb des Menschen weckt und nach Lorenz folgende Merkmale aufweist: ein verhältnismäßig großer Kopf, ein im Verhältnis zum Gesichtsschädel überwiegender, mit gewölbter Stirn vorspringender Hirnschädel, große und entsprechend den vorgenannten Proportionen, bis unter die Mitte des Gesichtsschädels liegende Augen, verhältnismäßig dicke und dickpfotige Gliedmaßen, allgemein rundliche Körperform, eine weich elastische Oberflächenbeschaffenheit und runde, vorspringende „Pausbacken".

Die Merkmale dieses Schemas, das Pflegeinstinkte aktiviert, bleibt im gewissen Grade bei der erwachsenen Frau erhalten und wird oft durch kosmetische Kunstgriffe verstärkt; etwa die von Natur aus zierlichen Gesichtsproportionen, z.B. Nase und Kinn, weniger stark ausgeprägt als beim Mann, werden durch Bemalen des Mundes ergänzt, die Augen mit Schminke vergrößert und oft der Ober- und Hinterkopf in Richtung Kindchenschema durch Toupieren vergrößert.
Die Industrie nutzt die Wirkung dieser Auslöseschemata in der Reklame, indem sie die Merkmale in übernormaler Form, z.B. bei Disney Figuren, gestaltet und dadurch den Absatz fördert. Ähnliche Merkmale des Kindchenschemas besitzen viele Schoßhündchen, etwa Pekinesen, Möpse, die oft zur Neutralisation des Antriebes ungestillter Pflegeinstinkte gehalten werden [76].

4. Auch in der Beziehung der Geschlechter sind beim Menschen Schlüsselreize vorhanden, die oft durch die Mode in ihrer Ausprägung verstärkt werden; z.B. die Schulter-Hüft-Relation des Mannes, die sowohl auf den ägyptischen Fresken unterstrichen wird als auch bei der modernen männlichen Jugend, z.B. mit Hilfe von Jeans-Kombinationen. Bei der Frau üben ähnliche Signalfunktionen die weibliche Brust, eine schlanke Taille und rundliche Hüften aus, ebenfalls Merkmale, die häufig durch die Mode besonders unterstrichen werden; man denke an die tief dekolletierten und mit umfangreichen Röcken versehenen Kleider des Rokoko, oder an in neuerer Zeit benutzte Brusteinlagen aus Schaumgummi. 5. Das Mimikverstehen dürfte ebenfalls in vielen Fällen angeboren sein, da Menschen auf einfachste Mimik-Attrappen reagieren (Abb. 34) und die Ausdrucksbewegungen in allen untersuchten Kulturkreisen ähnlich ausgeprägt und verstanden werden [77].

Abb. 34
Einfache Attrappen der menschlichen Mimik.

Die Wirksamkeit von Attrappen läßt sich besonders gut an der Pupillenreaktion messen. Objekte, die spontan das Interesse des Menschen aktivieren, lassen sich an einer Pupillenerweiterung erkennen. R. G. C o s s [50] hat mit dieser Methode die Wirkung von Augendarstellungen untersucht und festgestellt, daß ein horizontal angeordnetes

Augenpaar beim Menschen am wirksamsten ist (bereits Babies schauen bevorzugt Attrappen an, bei denen die Augen waagerecht angeordnet sind [82]), was oft in Reklamen, bei der Gestaltung von Symbolen etc. genutzt wird. Ein Musterbeispiel stellt das Reklamewort „OMO" dar, bei dem das Augenschema mit einem gezähnten Muster, das ebenfalls spontan beachtet wird, kombiniert ist. 6. Nach Lorenz sind wahrscheinlich auch auslösende Reizsituationen, die ein ethisches Werturteil zum Ausdruck bringen, angeborenermaßen vorgezeichnet. Zu allen Zeiten und fast in allen Kulturen finden wir ähnliche Situationsklischees: Freundestreue, Mannesmut, Heimatliebe, Gattenliebe, Elternliebe usw. Der Sinn des wahrscheinlich angeborenen Ansprechens auf diese Schemata liegt darin, daß man selbst in extremen Situationen im Sinne der Arterhaltung das Zweckmäßige tut. Die Gefahr, daß diese Reaktionen von Demagogen ausgenutzt werden können [113], liegt auf der Hand. 7. Auch im Rhythmus der Sprache und bei Melodien läßt sich zeigen, daß zumindest angeborene Lerndispositionen vorliegen, da wir klischeehaft auf diese ansprechen. Wir erkennen etwa am Tonfall zärtliche und heftige Redeweisen. Ein anderes Beispiel ist die weltweit einheitliche Musikform der Wiegenlieder. Ihre langen Perioden, die in geringem Tonumfang und in kleinen Intervallen auf- und absteigen, machen den Atem der Zuhörenden gleichmäßig und glatt, beruhigen Puls und nivellieren Erregung. Demgegenüber steht die weitverbreitete Trommelmusik nicht zuletzt im Dienste des Imponierens; man denke an die Kriegstrommeln [76]. Besonders das letzte Beispiel ist interessant, da Imponieren durch Trommeln auf die Brust (Gorilla) oder auf Baumstämme (Schimpanse) bei den Primaten, etwa bei der Festlegung der Rangordnung oder Revierabgrenzung, regelmäßig eingesetzt wird. So berichtet L a w i c k - G o o d a l l [178], daß einer der beobachteten Schimpansen durch Einsatz von leeren Benzinkanistern, die er polternd durch die Gegend rollte, zum Anführer der Gruppe aufstieg.

▲ *Versuch 38.* Experimentelle Untersuchung des Kindchenschemas beim Menschen

Der Begriff Kindchenschema wurde von K. L o r e n z [189] als ein angeborenes auslösendes Schema des Menschen eingeführt.

Der Terminus Auslöseschema wurde durch den von N. T i n b e r g e n formulierten AAM (vgl. Abschn. 4.2.4.8) weitgehend abgelöst. Beide Termini sind annähernd synonym zu verstehen.

Die Schlüsselreize des Kleinkindes (vgl. S. 92) lösen beim Menschen den Pflegetrieb, und positiv gefühlsbetonte Äußerungen aus, wie: niedlich, herzhaft, süß etc., was von H ü c k s t e d t [137] zur experimentellen Überprüfung der Wirkung von Kindchenmerkmalen auf den Menschen genutzt wurde. Sie zeichnete eine Reihe Schemata von Kinderköpfen in Profilansicht (Abb. 35), von denen paarweise jeweils eine Attrappe normale Dimensionen aufwies, bei der anderen hingegen der Hirnschädel überbetont wurde (= eine Attrappe, in der ein Faktor übernormal vergrößert ist). Die Attrappen wurden nun sowohl weiblichen wie männlichen Versuchspersonen (Vp) zur Wahl vorgelegt mit der Frage: zu welcher der beiden Abbildungen paßt ihrem Gefühl nach das Adjektiv süß, lieb oder niedlich am besten? Bei allem Vorbehalt, ob die Frage tatsäch-

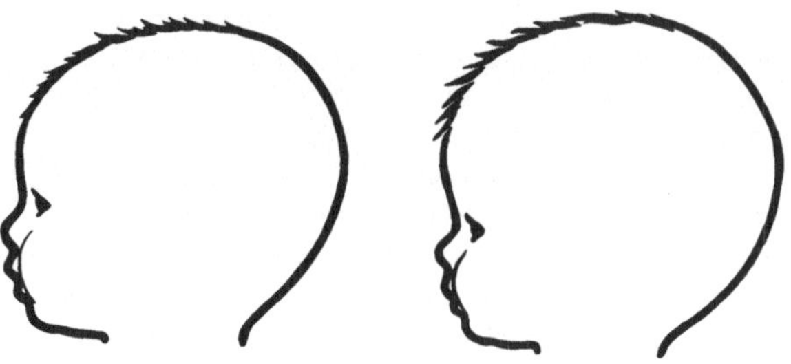

Abb. 35 (nach B. H ü c k s t e d t).
Die von uns benutzten Kindchenschemata.
links normale, rechts übernormale Attrappe.

lich spezifisch die Erlebnisqualität der Versuchspersonen erfaßt — die Frage könnte im Sinne eines ästhetischen Urteils (kitschig etc.) gedeutet werden — zeigten die Ergebnisse, daß die übernormalen Attrappen sowohl von Mädchen wie von Jungen statistisch signifikant bevorzugt gewählt wurden. Dabei ergaben sich altersspezifische Unterschiede im Verhalten: die Mädchen bevorzugten die übernormalen Attrappen bereits in einem Alter von 10 bis 13 Jahren, die Jungen erst mit 18 bis 21 Jahren, was sowohl auf Erziehungsfaktoren wie auf Reifungsprozesse hindeuten kann [137].

Wiederholt von uns durchgeführte Untersuchungen mit den Kindchenschemata von Hückstedt an erwachsenen Vp erbrachten im wesentlichen ähnliche Ergebnisse [198], [280]. Dabei wurde aber gefragt: welche der beiden Kindchenprofilzeichnungen gefällt Ihnen besser? Die Unsicherheit, daß die Frage im ästhetischen Sinne verstanden werden könnte, wurde dabei vernachlässigt. Welche Gefühlsregung auch immer beim Menschen aktiviert wird, er wird sie mehr oder weniger stark kulturell reflektieren, ein Umstand, der kaum zu umgehen ist. Es wurde deshalb die Frage möglichst kurz formuliert, um, soweit möglich, eine spontane Antwort zu bekommen. Gelegentlich konnte beobachtet werden, daß einzelne Vp aus Mißtrauen, sie könnten etwas Persönliches preisgeben, nicht unbefangen wählten. Um diesen Unsicherheitsfaktor zu verringern, wurde der Stichprobenumfang grundsätzlich auf 100 Personen pro Geschlecht erhöht und die Ergebnisse statistisch ausgewertet.

B e n ö t i g t e M a t e r i a l i e n u n d V e r s u c h s d u r c h f ü h r u n g. Die benötigten Attrappen (vgl. Abb. 35) werden am besten fotografiert und auf Kartonbögen (10 cm × 10 cm, 3 mm dick) aufgeklebt und mit Klarsichtfolie überzogen. Dabei sollten die Größenrelationen der Zeichnungen beibehalten werden und der größere Kopf die Tafel soweit ausfüllen, daß am oberen und unteren Rand ca. 1 cm bis zur Zeichnung frei bleiben.

Anschließend werden die Zeichnungen einzelnen Versuchspersonen mit der Frage: welcher der beiden Babyköpfe gefällt Ihnen besser? vorgelegt und die Ergebnisse ausgewertet. Dabei muß die Lage der Attrappen zueinander (Attrappe 1 links oder rechts von Attrappe 2) von Vp zu Vp wechseln, um eine z.B. Seitenbevorzugung (es könnte ja sein, daß alle Menschen rechts vor links wählen) auszuschließen (vgl. S. 143).

Statistische Prüfung der Ergebnisse Da im Versuch eine Alternativwahl vorliegt, kann davon ausgegangen werden, daß, wenn der Zufall allein (= keine Beeinflussung der Wahl durch biologische Faktoren, z.B. Reaktion auf übernormale Attrappen; vgl. Abschn. 4.2.4.3) die Wahl bestimmt, die Wahrscheinlichkeit, mit der von unendlich vielen Personen eine der Attrappen gewählt wird, bei P = 50 % liegt. In der Praxis können nur Stichproben untersucht werden, z.B. in unserem Fall (s. unten) 100 Personen pro Geschlecht, in denen die Verteilung der Wahl zufällig um einen mehr oder weniger großen Betrag von der Grundwahrscheinlichkeit der Wahlverteilung p = 0,5 abweichen wird. (In der Statistik werden die prozentualen Angaben in Bezug 1 = 100 % gestellt). Diese Abweichungen lassen sich hinsichtlich ihrer Größe und Häufigkeit, mit der sie bei Stichproben auftreten können, statistisch bestimmen. Dabei sind die Abweichungen in kleinen Stichproben in der Regel größer als in großen Stichproben, und große Abweichungen treten, allgemein gesehen, seltener auf als kleine Abweichungen. Setzt man beides in Bezug zueinander, sind prozentuale Wahrscheinlichkeiten ermittelt worden, die charakterisieren, mit welcher Häufigkeit in definierten, großen „n"-Stichproben (n = Anzahl der Versuchspersonen) ein hinsichtlich der Größe der Abweichung (von der Grundwahrscheinlichkeit der Verteilung p = 0,5) charakterisiertes Ergebnis auftreten kann. Sind die ermittelten Abweichungen von p = 0,5 so groß, daß die statistische Häufigkeit ihres Auftretens bei vergleichbar großen Stichproben kleiner als 5 % oder 1 % ist, wird angenommen, daß die Ergebnisse mit 95%iger bzw. 99%iger Wahrscheinlichkeit nicht vom statistischen Zufall bestimmt sind, d.h. andere Ursachen haben. Wir sprechen deshalb von einer Sicherheitswahrscheinlichkeit, Irrtumswahrscheinlichkeit oder Signifikanzgrenze und symbolisieren sie mit $\alpha = 0,05$ (= 5 %) oder $\alpha = 0,01$ (= 1 %).

Zur statistischen Charakterisierung einer Zweifachwahl verwendet man die binomische Stichprobenverteilung, die ab einer bestimmten Stichprobengröße n, wenn $n \cdot p (1 - p) > 9$, n = mindestens 36 Vp in guter Näherung und bei $n \cdot p (1 - p) > 4$, n = mindestens 16 Vp in brauchbarer Näherung, durch eine Normalverteilung mit der Standardvariablen Z approximiert werden kann [260].

$$z = \frac{k - n \cdot p}{\sqrt{n \cdot p (1 - p)}}$$

n = Umfang der Stichprobe = Anzahl der Versuchspersonen (Vp)
k = Anzahl der Wahlen einer der Attrappen
p = Grundwahrscheinlichkeit 0,5 (= 50 %).

Der gewonnene Wert z erlaubt eine Aussage über die „Irrtumswahrscheinlichkeit". Ist z größer als $z_{kritisch}$, das in statistischen Tabellen (z.B. [59]) eingesehen werden kann (für $\alpha = 0,05$ oder $\alpha = 0,01$ sind $z_{krit} = 1,65$ bzw. $= 2.33$), liegt hier eine signifikante Bevorzugung der Alternative vor. D.h., mit einer 99%igen bzw. 95%igen Wahrscheinlichkeit ist ein zufälliges Zustandekommen des Ergebnisses auszuschließen.

B e i s p i e l: Ein 1972 in Aachen durchgeführter Test ergab folgende Ergebnisse:
von 100 weiblichen Personen wählten 72 die Attrappe A und 28 die Attrappe B,
von 100 männlichen Personen wählten 55 die Attrappe A und 45 die Attrappe B.

Die Bevorzugung der Attrappe A bei erwachsenen Frauen:

$$z = \frac{72 - 100 \cdot 0,5}{\sqrt{100 \cdot 0,5 (1 - 0,5)}} = 4,4 > z_{krit\,\alpha = 0,01}$$

ist signifikant, d.h. mit 99%iger Wahrscheinlichkeit nicht vom Zufall abhängig.

Die Bevorzugung der Attrappe A von Männern ist hingegen $z = 0,2 <$ als $z_{krit\,\alpha\,=\,0,05}$ also nicht signifikant, d.h. eine Zufallsabhängigkeit des Ergebnisses ist nicht auszuschließen.

Bei einer statistischen Sicherheit von 99 % entsprechend $\alpha = 0,01$ hat es sich eingebürgert, von hoch oder sicher signifikant = ss zu sprechen, während die statistische Sicherheit von 95 % entsprechend $\alpha = 0,05$ mit nur signifikant = s gekennzeichnet wird.

Man kann die Ergebnisse auch direkt mit Hilfe statistischer Tafeln auswerten, wie z.B. auf Seite 143 für eine Zweifachwahl durchgeführt.

A n m e r k u n g e n. 1. Wie zahlreiche Attrappen-Untersuchungen gezeigt haben, läßt sich der Einfluß ästhetischer Faktoren nicht ganz ausschließen. Attrappentafeln, in denen Zeichnung und Format in einer näher zur Zeit nicht faßbaren Disharmonie stehen, haben höchstwahrscheinlich einen Einfluß auf die Wahl, etwa derart, daß ein zu klein gewählter Rand bei der supranormalen Attrappe die Vorstellung „Wasserkopf" im Vergleich zu kleineren und deshalb „besser" in den Rahmen passenden Normalattrappen induziert. Diese Faktoren, die letztlich auf räumliches Vorstellungsvermögen, ästhetisches Empfinden etc. zurückzuführen sein dürften, beeinflussen anscheinend bei Männern stärker die Wahl als bei Frauen (vgl. beispielhaftes Ergebnis).

2. Aus diesen Gründen sollten die Attrappen so sorgfältig wie möglich = symmetrisches Aufkleben, sauberes Beziehen mit Folie usw., vorbereitet werden.

3. Wenn Straßenbefragungen durchgeführt werden, muß eine Erlaubnis des Ordnungsamtes vorliegen. ■

▲ *Versuch 39.* Menschliche Auslösermerkmale beider Geschlechter

B. R e n s c h [239] veröffentlichte eine Versuchsserie, in der eine ganze Reihe von Gesichts- und Staturmerkmalen auf ihren Auslösercharakter geprüft wurden. Die Untersuchung ergab, daß in den meisten Fällen jugendliche Merkmale bevorzugt wurden — ein „Idealtyp", der relativ selten vorkommt — was eventuell einen Hinweis auf angeborene auslösende Mechanismen liefert, da die Urteile nicht allein durch Erfahrung bestimmt sein können. Für den vorliegenden Versuch wurde ein Teil der von Rensch benutzten Gesichts- und Silhouetten-Attrappen gewählt (Abb. 36 und Abb. 37).

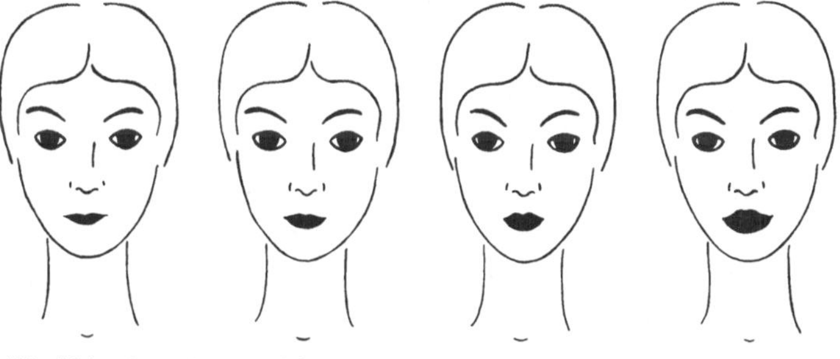

Abb. 36 (nach B. R e n s c h).
Die Gesichtsschemata von Frauen mit variierender Lippenzeichnung.
Von links nach rechts = G1, G2, G3, G4.

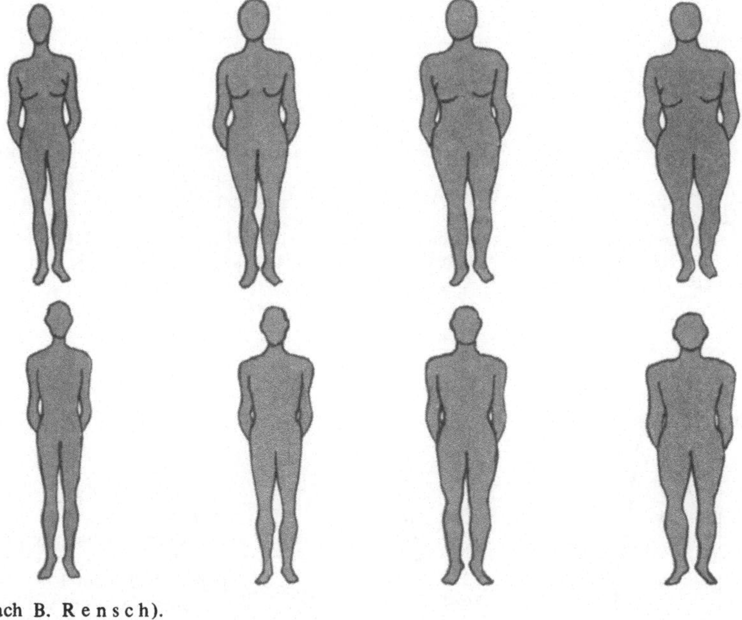

Abb. 37 (nach B. R e n s c h).
Die im Versuch verwendeten Silhouettenattrappen.
Von links nach rechts: weibliche Silhouetten X1, X2, X3, X4 und männliche Silhouetten Y1, Y2 Y3, Y4.

B e n ö t i g t e M a t e r i a l i e n u n d V e r s u c h s d u r c h f ü h r u n g. Die *Gesichtsattrappen* (bei denen im Unterschied zu der Untersuchung von Rensch eine Extremattrappe ausgelassen wurde) werden wie im Versuch 38, fotografiert und auf Tafeln (10 cm × 16 cm) geklebt. Dabei sollte oben und unten ein Abstand von 5 mm vom Bildrand bis zur Zeichnung eingehalten werden. Die *Silhouettenattrappen* werden ähnlich hergestellt und auf Karton (17 cm × 8,5 cm) geklebt, dabei werden oben und unten 3 mm frei gelassen. Wichtig ist, daß die Figuren und Gesichter absolut symmetrisch aufgetragen und die „Testtafeln" in der Verarbeitung (bekleben mit Klarsichtfolie etc.) sauber und absolut gleich gestaltet werden (vgl. Anmerkung zum Versuch 38).

Anschließend wird jeweils eine der Bildserien (Gesichter, weibliche oder männliche Silhouetten) in wechselnder Anordnung (am besten wie Spielkarten mischen) den Versuchspersonen vorgelegt mit der Frage: welches der Gesichter oder Silhouetten gefällt Ihnen am besten? und die Ergebnisse graphisch ausgewertet (Abb. 38 und Abb. 39).

A n m e r k u n g e n. Die bevorzugte Wahl der Gesichtsattrappen G2, G3 sowie der Silhouttenattrappen X1, X2 und Y2, Y3 entspricht weitgehend den mit ähnlichen Versuchen erzielten Ergebnissen von B. Rensch und von K. H. Berck [17], was die Vermutung, daß angeborene Komponenten die Wahl mitbestimmen, unterstützt.

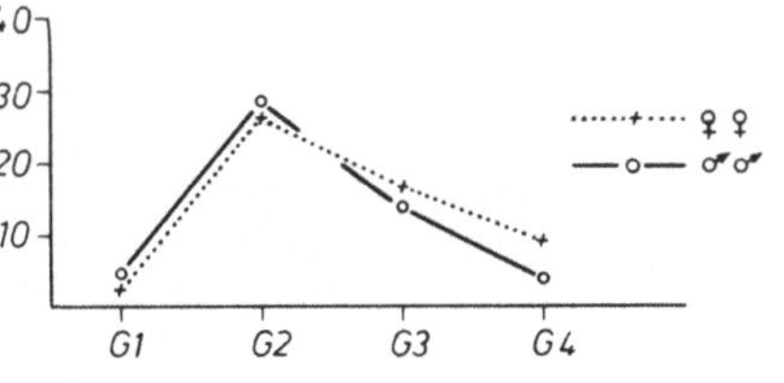

Abb. 38
Versuchsergebnisse der Befragung von 54 Frauen
und 51 Männern. Ordinate: absoluteVotenanzahl.
Abszisse: Gesichtsattrappen G1, G2, G3, G4.

Besonders die Übereinstimmung mit
den Ergebnissen von B. Rensch (er
führte die Befragung in den 60er Jahren mit Studenten durch; im vorliegenden Fall wurde eine Straßenbefragung
durchgeführt) deuten daraufhin, daß
sowohl Mode wie soziale Faktoren bei
der Wahl eine untergeordnete Rolle
spielen dürften.

2. Bei Straßenbefragung, siehe Anmerkung zum Versuch 38. ■ □

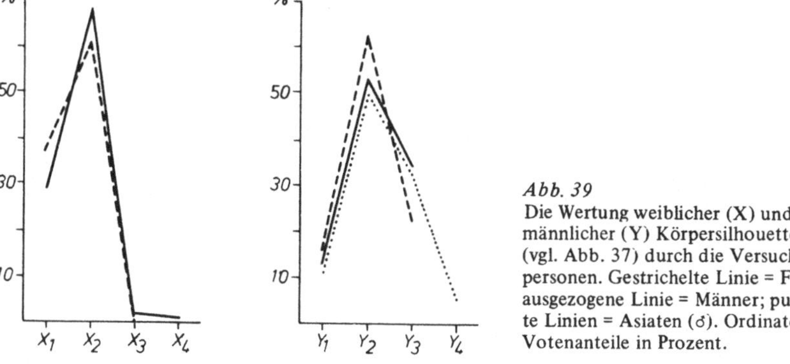

Abb. 39
Die Wertung weiblicher (X) und
männlicher (Y) Körpersilhouetten
(vgl. Abb. 37) durch die Versuchspersonen. Gestrichelte Linie = Frauen;
ausgezogene Linie = Männer; punktier-
te Linien = Asiaten (♂). Ordinate:
Votenanteile in Prozent.

4.2.4.4 Doppelte Quantifizierung instinktiven Verhaltens

Innere und äußere Bedin-
gungen ergänzen sich zur Gesamtmotivation instinktiven Verhaltens, was mit *doppel-
ter Quantifizierung des Verhaltens* bezeichnet wird. Es lassen sich folgende Gesetzmäßigkeiten der doppelten Quantifizierung nachweisen:

1. Innerer Antrieb und auslösende Reizsituation summieren sich in ihrer Wirkung und
lösen instinktives Verhalten aus. Dabei läßt sich eine reziproke Wechselbeziehung feststellen: je größer der Innere Antrieb (vgl. Abschn. 4.2.4.1), desto kleiner kann der
auslösende Reizwert sein und umgekehrt: je kleiner der Innere Antrieb, desto größer
muß die auslösende Reizmenge sein (vgl. Abschn. 4.2.4.3 u. Abb. 40).

2. Der Innere Antrieb kann sich soweit aufstauen, daß auch beim Fehlen auslösender
Reize das dazugehörige Verhalten am Ersatzobjekt oder im Leerlauf aktiviert wird.

3. Beim Fehlen des Inneren Antriebes jedoch kann Verhalten *allein durch die auslösenden Reize nicht aktiviert werden.*

Die Fluchtreaktion, die anscheinend allein von Schlüsselreizen ausgelöst wird, täuscht
hier eine Ausnahme vor. Genaue Beobachtungen lehren jedoch, daß Organismen von
Zeit zu Zeit aufmerksam ihre Umwelt beobachten – sichern, d.h. eine Fluchtbereit-
schaft = Innerer Antrieb ständig vorliegt. Bei manchen Arten, z.B. Ratten, kommt
Flucht regelmäßig im Leerlauf vor. Die Tiere graben sich Schlupfwinkel, in die sie
von Zeit zu Zeit spontan fliehen [75], [117].

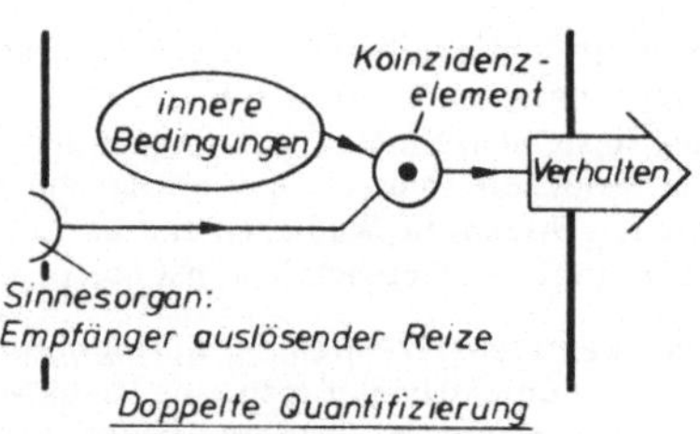

Abb. 40 (nach B. H a s s e n s t e i n).
Idealisiertes Funktionsschaltbild der doppelten Quantifizierung.
Koinzidenzelement = Funktionsglied mit 2 Eingängen und einem Ausgang, das nur beim Eintreffen von Signalen aus beiden Eingangskanälen selbst Signale aussendet. Übrige Symbole wie in Abb. 17.

△ **Versuche** *Doppelte Quantifizierung des Beutefang- und Balzverhaltens bei Salticus*
Ein besonders gut geeignetes Versuchstier zur Untersuchung der doppelten Quantifizierung des Verhaltens ist unsere Springspinne, Salticus scenicus, und zwar aus mehreren Gründen:
1. Die Tiere sind leicht zu beschaffen und können das ganze Jahr über, ohne viel Mühe, in Gefangenschaft gehalten werden. 2. Man benötigt für die Versuche nur wenige Hilfsmittel, die leicht herzustellen sind: Plastikpetrischalen (ϕ 10 cm) oder Versuchsapparatur, Aquarellpinsel, Stoppuhr und Attrappen. 3. Das Verhalten von Salticus ist bestens untersucht [64], [65], [96], [97], [98], [99], [121], [223], [224], [226] und so charakteristisch ausgeprägt, daß man mit einfachsten Methoden quantitative Versuchsergebnisse erhalten kann.

Biologie der Versuchstiere   Salticus scenicus C1. ist in Mitteleuropa weit verbreitet. Die erwachsenen Weibchen (Körperlänge 5 bis 7 mm) und Männchen (Körperlänge 3,5 bis 6,5 mm), die durch die typische Abdomenfärbung (schwarz-weiß gestreift) leicht erkennbar sind (Abb. 41), werden häufig an sonnenbeschienenen Häuserwänden bzw. Felsen von Mai bis Ende September angetroffen.

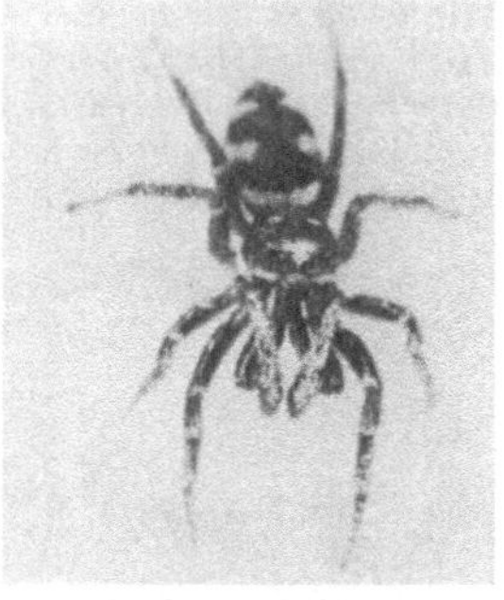

Abb. 41 (Fotografie von P. H ö r c h e n s)
Weibchen und Männchen von Salticus scenicus, ca. 2fach vergrößert.
Beachte die boxerhandschuhartig geformten Pedipalpen des Männchens (rechts).

Die Jungtiere schlüpfen im Hochsommer (Juli, August) in den Eikokons, wo sie noch einige Wochen verbleiben. Nachdem der Dottervorrat aufgebraucht ist, verlassen die Tiere den Kokon und leben einzeln. Im Spätherbst bauen die herangewachsenen Spinnen ein geschlossenes Gespinst, in dem sie überwintern und das sie erst im nächsten Jahr, Ende April—Anfang Mai, verlassen. Danach verbringen sie die meiste Zeit in Wohngespinsten, die in Fugen, Löchern etc. versteckt sind, verlassen diese aber an sonnigen Tagen zwischen 10 und 16 Uhr, um Insekten zu jagen bzw. nach einem Geschlechtspartner zu suchen. Im Mai sind die Männchen geschlechtsreif und etwas später, im Juni, die Weibchen. In dieser Zeit erfolgt die Paarung. Kurze Zeit danach sterben die Männchen, während die Weibchen erst im Lauf des Hochsommers (bis einschließlich September) ihre Eier in einem Gespinst ablegen, dann aber gleichfalls sterben.

Das Beutefangverhalten der Springspinnen: Beim Beutefangverhalten von Salticus scenicus unterscheidet man eine Reihe von Reaktionen, die unabhängig voneinander ausgelöst werden können und unabhängig voneinander ablaufen. Das sind: *Zuwenden, Heranlaufen, Schleichen und Sprung.* Die Auslösbarkeit der Einzelreaktion ist abhängig von der Richtung und Entfernung, in der die Beute gesichtet wird [65].

Wird eine Beute erspäht (bis zu 10 cm Entfernung), erfolgt die Wendung zum wahrgenommenen Objekt und ein mehr oder weniger schnelles Heranlaufen. In einem Abstand von 3 bis 4 cm geht das Heranlaufen in ein vorsichtiges Schleichen über, mit dem die Spinne, eng an den Boden geschmiegt, sich bis auf eine Distanz von ca. 1 cm der Beute nähert. Nun wird eine charakteristische Sprungstellung eingenommen, ein Sicherheitsfaden an der Unterlage festgeklebt, und nach kurzem Zögern die Beute mit einem gezielten Sprung erjagt.

Das Balzverhalten der Springspinnen: Das Balzverhalten der Salticus scenicus-Männchen beginnt, ähnlich wie das Beutefangverhalten, mit einer ruckartigen *Zuwendung* zum erspähten Weibchen und folgendem *Heranlaufen.* In einem Abstand von 5 bis 3 cm vom Weibchen hält das Männchen inne und *winkt* mehrfach mit dem erhobenen ersten Beinpaar, wobei die übrigen Beine den Cephalothorax schräg aufwärts stemmen. Das Winken des Männchens hemmt das Beutefangverhalten des Weibchens. Es folgt der *Liebestanz* (Abb. 42 u. Diagramm 4), bei dem das Männchen mit schräg nach vorn gespreizten Vorderbeinen *im Zickzack* vor dem Weibchen hin und her läuft und dabei dem Weibchen immer näher kommt. Ist das Weibchen paarungsbereit, bleibt es nach anfänglichem Ausweichen vor dem Partner regungslos sitzen. Schließlich besteigt das Männchen das Weibchen von vorn her und betrommelt dessen Abdomen mit den Vorderbeinen. Das Weibchen reagiert auf diesen Auslöser mit einer Drehung des Abdomens, so daß die ventral gelegene Geschlechtsöffnung seitwärts oder gar nach oben zu liegen kommt, wonach das Männchen den Embolus seines Tasters in den Samentaschengang des Weibchens einführt und das Sperma austreten läßt.

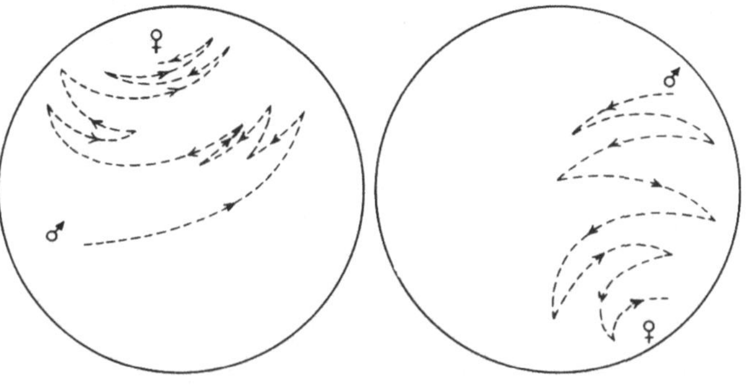

Abb. 42 (nach V. B e r n h a r d t).
Beispiel eines Zickzacktanzes bei Salticus, beobachtet in einer Petrischale (ϕ 10 cm).

Verhaltensdiagramm 4: (nach O. D r e e s).
Beutefang- (A) und Balzverhalten (B) von Salticus.

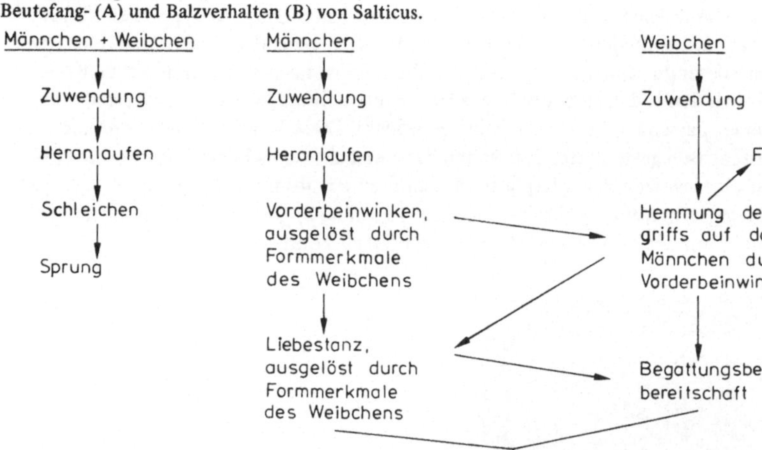

Vor der Balz erfolgt die Tasterfüllung, die die Voraussetzung zur Aktivierung der Paarungsinstinkte beim Männchen ist. Dabei fertigen die Tiere aus Spinnfäden ein breites Band an, auf das sie den Samen abgeben, der anschließend in den Embolus des Tasters aufgenommen wird.

B e s c h a f f u n g u n d H a l t u n g d e r V e r s u c h s t i e r e. Die Vt lassen sich in der Regel von Anfang Mai bis Ende September an sonnigen Tagen leicht fangen und einzeln (Kannibalismus), am besten z.B. in Pillenröhrchen mit einigen Luftlöchern im Deckel, ins Labor transportieren. Hier werden sie einzeln in Haltedosen, z.B. Kühlschrankdosen (6 cm x 6 cm x 10 cm) oder Plastikpetrischalen (ϕ 10 cm) untergebracht.

Die Haltung ist einfach: die Tiere bekommen zweimal wöchentlich 3 bis 4 lebende Drosophilae (s. S. 188) und täglich 2 bis 3 Tropfen Wasser, das auf einem Stückchen Filterpapier im „Käfig" aufgetragen wird. Einmal in 2 Wochen werden die Tiere in saubere „Käfige" umgesetzt.

Soweit feststellbar [18], [280] beeinträchtigt eine lange Käfighaltung das Verhalten nicht. Selbst Männchen konnten gelegentlich bis zum nächsten Frühjahr am Leben gehalten werden. Weiterhin schlüpften im Labor wiederholt Jungtiere. Die Jungspinnen nehmen von Anfang an Drosophilae an, obwohl sie kleiner sind als die Beutetiere.

B e n ö t i g t e M a t e r i a l i e n: Für die Versuche 40 und 41 wird neben einer Reihe von Attrappen eine Versuchsarena (Bezugsnachweis Institut für Zoologie der RWTH Aachen) benötigt. Diese besteht aus einem 4 mm starken Plexiglasrahmen (4 cm hoch, 25 cm lang, 13 cm breit), der die Seitenwände der Versuchsarena bildet. Im Abstand von 5 cm von den kürzeren Außenwänden werden innen zwei zusätzliche Plexiglasscheiben eingepaßt, wodurch die Versuchsarena auf 13,4 cm x 12,2 cm eingeengt wird (Abb. 43). Unmittelbar hinter diesen Zwischenwänden werden 2 Schlitze (12 x 1,5 mm) eingesägt, so daß hinter der Wand ein 1 cm breiter Papierstreifen, auf dem die flächigen Attrappen aufgezeichnet sind, leicht hin-und hergeführt werden kann. Diese Attrappenstreifen werden mit einer „Kartonfeder" (vgl. Abb. 43) an die Arenenwand gedrückt, damit sie beim Bewegen an dieser gut anliegen. Der gesamte Rahmen ist nach außen hin mit weißem d-c-fix beklebt, damit die Tiere durch das Hantieren nicht abgelenkt werden, und von oben mit einer passenden Plexiglasscheibe abgedeckt. Diese Versuchsarena wird auf einen Versuchstisch gestellt, der den Boden des Versuchsraums bildet. Der *Versuchstisch* besteht aus einer weißen Plexiglasplatte (40 cm × 25 cm, 4 mm dick), die am Rande mittels dreier festgeschraubter Rohre (= Füße) ca. 15 cm hoch gestellt wird, um unter dem Tisch bequem mit der Hand einen Magneten führen zu können.

Abb. 43
Die Versuchsarena für Salticus.
Weitere Erklärungen siehe Text zu den Versuchen 40 und 41.

A n m e r k u n g. Zur Not lassen sich die im folgenden beschriebenen Versuche in abgewandelter Form auch in Plastikpetrischalen durchführen. Dann reicht es, eine weiße Glasplatte auf zwei Bücherstapel so aufzustellen, daß man von unten gut mit einem Magneten manipulieren kann, und die Petrischalen dann als Versuchsarena zu benutzen.

▲ *Versuch 40.* Attrappenversuch zum Beutefang- und Balzverhalten von Salticus

Beutefang- und Balzverhalten von Salticus ist gemäß der doppelten Quantifizierung außer vom Inneren Antrieb von äußeren Reizen, Schlüsselreizen, abhängig, was sich sehr schön mit Attrappenversuchen nachweisen läßt. Da die Tiere ein ausgesprochen gut entwickeltes Sehvermögen haben (2 Hauptaugen und 6 Nebenaugen; die äußerste Sehweite beträgt ca. 30 bis 40 cm; schärfstes Sehen im Bereich von ca. 4 cm [134]; sie können orange und blau als Farben erkennen [140]), ist es möglich, mit Hilfe von verschieden gestalteten Attrappen die Wirkung von Außenreizen auf das Verhalten zu testen.

Beutefangverhalten. B e n ö t i g t e   T i e r e   u n d   M a t e r i a l i e n. Für den Versuch werden ca. 20 bis 30 Salticiden benötigt. Da das Verhalten der Tiere individuell stark variiert (vgl. Versuch 47), werden sie einem *Aktivitätstest* nach Gardner [98] unterzogen. Dazu werden die Salticiden einzeln in Petrischalen (ϕ 10 cm) gebracht und 3 bis 9 (die Zahl muß bei allen Tieren zum Vergleich übereinstimmen) lebende Drosophilae hinzugegeben. Die Tiere, die innerhalb von 10 min eine Drosophila fangen und diese innerhalb der nächsten 30 min aussaugen [18], sind für den Versuch geeignet. Tiere, die das nicht schaffen, sind in der Regel kurz vor einer Häutung oder geschwächt und für den Versuch ungeeignet. Man sollte nach Möglichkeit eine Versuchsgruppe aus 20 Tieren zusammenstellen und einige, ca. 5 Tiere, in Reserve halten, falls ein Versuchstier ausfällt.

Attrappen: Die Wirkung von Attrappen ist abhängig von der Größe (Optimal ϕ 3 bis 5 mm), dem Abhebungsgrad (am besten schwarz gegen weiß), der Gliederung (stärker gegliederte Attrappen werden mehr beachtet als ungegliederte; räumliche mehr als flächige), der Bewegungsweise (bewegte Attrappen werden mehr beachtet als unbewegte) und der Entfernung zum Versuchstier (vgl. Abschn. 4.2.4.3).

Herstellung von flächigen Beuteattrappen: In Anlehnung an die Arbeiten von D r e e s [65] und H e i l [121] hat Bernhardt [18] 14 flächige Attrappen getestet, von denen 5 besonders gut für diese Versuche geeignet sind: Attrappen Nr. 1 bis 5 (vgl. Abb. 44). Die Attrappen werden größengleich (wie in Abb. 44) mit Tusche in die Mitte von einem Bristolstreifen (= weißer Karton; 0,8 mm dick; 33 cm lang, 1 cm breit) gezeichnet — jeweils 1 Attrappe auf 1 Streifen. Man sollte die Streifen beidseitig mit Selbstklebefolie versehen, so daß sie nach jedem Versuch mit einem feuchten Tuch gereinigt werden können.

Abb. 44
Flächige Beutefangattrappen, natürliche Größe.
Von links nach rechts = Attrappe Nr. 1 bis 5.

V e r s u c h s d u r c h f ü h r u n g .   Die Vt werden nach *5 Hungertagen* einzeln in die Arena eingebracht, die zu testende Attrappe in die Schlitzführung gelegt, ruckartig hin und herbewegt (etwa die Bewegung einer Fliege imitierend) und das Verhalten der Vt protokolliert. Das *Umsetzen der Tiere in die Versuchsarena* erfolgt am besten mit Hilfe eines Aquarellpinsels. Die Tiere werden vorsichtig mit dem Pinsel aus der Haltebox in die Arena gestoßen, in die sie dann meist hineinspringen. Laufen die Tiere zur anderen als zur Attrappenseite der Versuchsapparatur, kann man sie mit dem Pinsel vorsichtig umlenken. Sobald sie auf die Attrappe mit *Zuwenden* reagieren, beginnt der Versuch.

Q u a n t i f i z i e r u n g   d e r   E r g e b n i s s e . Wie die Ermüdungsversuche zeigen (vgl. Versuch 47), kann das Verhalten einzelner Tiere verschieden augeprägt sein und die Zeit bis zur Ermüdung sehr lang werden. Um die Versuchszeit zu verkürzen, haben sich bei uns folgende Methoden der Quantifizierung bewährt:

1. Es werden generell Gruppen von 10 oder 20 Tieren getestet und die Ergebnisse zusammengefaßt.

2. Nach der ersten Zuwendung zur Attrappe wird innerhalb der folgenden 3 min die Anzahl der Zuwendungen, die Anzahl des Heranlaufens, die Anzahl des Heranschleichens und die Anzahl der Sprünge tabellarisch notiert (vgl. Versuch 47). Nach 3 min wird der Versuch abgebrochen. Reagiert ein Tier innerhalb von 3 min nicht, scheidet es aus.

3. Zum quantitativen Vergleich eignet sich die Summe der einzelnen Teilhandlungen pro Tier und Gruppe und getestete Attrappe, oder die Mittelwerte = Summe der Teilhandlungen dividiert durch Anzahl der reagierenden Tiere (verglichen wird entweder das Heranlaufen, oder das Schleichen, oder das Springen).

Man kann auch mit der Anzahl der reagierenden Tiere pro Gruppe arbeiten. Dann bleibt das Zuwenden, das kaum ermüdbar ist, unberücksichtigt. Die Ergebnisse sind hier nicht so exakt, aber brauchbar.

Bei diesem Verfahren ist es notwendig, entweder für jede Attrappe eine 20er-Gruppe parat zu haben, oder nach entsprechender Vorbereitung mit einer Gruppe alle Attrappen in Abständen von 7 Tagen (= 2 Tage füttern und 5 Tage hungern) nacheinander zu testen. Es ist auch möglich, die Gruppen ohne vorausgegangene Hungertage zum Testen der einzelnen Attrappen (pro Tag 1 Attrappe) heranzuziehen; allerdings sind dann die Ergebnisse nicht immer so deutlich, weil der Innere Antrieb nicht standardisiert ist.

Daneben bietet sich ein abgekürzter Versuch an: wir testen zuerst die Attrappe Nr. 1 und unmittelbar danach (im Anschluß, mit der gleichen Gruppe) die Optimal-Attrappe Nr. 5 und vergleichen die Ergebnisse. Die Abschwächung des Inneren Antriebes (vgl. Abschn. 4.2.4.6) durch Test 1 bleibt dabei unberücksichtigt. Es ist aber dabei wichtig: Attrappe Nr. 1 vor Nr. 5 testen!

Räumliche Attrappen: Neben flächigen Attrappen kann man den Versuch mit räumlichen Attrappen durchführen. Hier sind folgende Vorteile erwähnenswert:
1. Die Versuche lassen sich auch in Petrischalen durchführen.
2. Man kann die Attrappen mit einem Magneten an die Tiere heranführen und muß die Spinnen nicht mit dem Pinsel zur Attrappe hinlenken.
3. Besonders die Optimalattrappe Nr. 10 ist von allen getesteten Attrappen — inclusive der flächigen — die beste und gut geeignet für den Versuch 41.

Herstellung der räumlichen Beuteattrappen und Versuchsdurchführung: Als Attrappen dienen: Nr. 6 — Eisenschraubenmutter (ϕ 5 mm, 1,5 mm dick, bruniert), Nr. 7 — gestutzte, geschwärzte (Tusche) Anglerfliegen-Attrappe (ϕ 5 mm, 3 mm dick), Nr. 8 — ein auf ein Stückchen Rasierklinge (2 × 3mm; mit der Schere schneiden) geklebtes Stückchen geschwärztes Holundermark (ϕ 2 mm), Nr. 9 — eine auf ein Stückchen Rasierklinge (siehe 8) geklebte tote Drosophila, Nr. 10 — eine brunierte Stahlkugel (ϕ 1 mm).

Die Attrappen werden in die Arena oder Petrischalen eingebracht und von der Unterseite mit einem kleinen Ferritmagneten (2 cm × 1 cm × 0,5 cm; Elektrobedarf oder Haushaltsbedarf — Türschnäpper oder ähnliches) bewegt. Die an der Versuchstischunterseite schleifende Magnetfläche sollte mit einem Stückchen Stoff beklebt werden, um Kratzgeräusche zu vermeiden. Die Quantifizierung erfolgt wie bereits beschrieben.

A n m e r k u n g. 1. Die Versuche gelingen nur in der Aktivitätsphase der Tiere (zwischen 10 bis 16 Uhr; vgl. Versuch 33).

Abb. 45 (nach V. B e r n h a r d t)..
Versuchsergebnisse mit räumlichen
Attrappen.
Von links nach rechts = Attrappe Nr. 6
bis 10. Vergleiche Text
Ordinate: Anzahl der reagierenden Tiere/
Gruppe (Gruppengröße = 20 Tiere).

2. Sowohl die Bewegung der flächigen wie räumlichen Attrappen muß geübt werden. Am besten ist es, ein leichtes Zittern (hin und her) auf der Stelle mit kurzen, mittelschnellen Bewegungen in einer Richtung, z.B. 1 cm weiter zur Seite, dann wieder leichtes Zittern usw. zu wechseln. Beachtet man dabei die Reaktion der Tiere, wird man sehr schnell herausfinden, welches die Optimalbewegung ist.

3. Die in der Abb. 45 angeführten Ergebnisse sind im wesentlichen durch folgende Eigenschaften der Attrappen bedingt: Attrappe Nr. 6: gut beweglich, aber zu groß. Attrappe Nr. 7: gut beweglich und gegliedert, aber zu groß. Attrappe Nr. 8: die Bewegung der Attrappe ist schlecht kontrollierbar und die Attrappengröße durch die Maße der Stahlunterlage beeinflußt. Attrappe Nr. 9: Die Drosophila bietet eine optimale Schlüsselreizkombination (Räumlichkeit, Gliederung). Attrappe Nr. 10: *optimale Bewegung* möglich.

4. Anschwärzen von Eisen- und Stahlattrappen gelingt am besten mit Brunierpaste (Waffenbedarf) — Achtung, giftig! — kann aber auch mit Tusche oder Spirituslack vorgenommen werden.

5. Stahlkugeln (ϕ 1 mm) können beim Kugellagerhandel bestellt werden. Wenn nicht vorhanden, lassen sich solche Kugeln aus alten Kugelschreiberminen gewinnen: (abbrechen der Spitze) mit einer Stecknadel herausstoßen, reinigen und anschwärzen.

Balzverhalten Das Balzverhalten läßt sich am einfachsten mit flächigen Attrappen und nur an männlichen Tieren, die den Zickzacktanz zeigen, testen.

B e n ö t i g t e   T i e r e   u n d   M a t e r i a l i e n. Benötigt werden ca. 10 Männchen pro Gruppe und 5 „Ersatztiere", die den Aktivitätstest bestanden haben. Die Tiere werden am Tage „Null" jeweils mit einem Weibchen zusammengesetzt, danach 6 bis 10 Tage isoliert vom Weibchen gehalten (aber füttern) und ein Tag vor dem Test nochmal gefüttert (vgl. Versuch 50).

Die *Balzattrappen* Nr. 11 bis Nr. 15 (Abb. 46) werden ähnlich hergestellt wie die flächigen Beutefangattrappen.

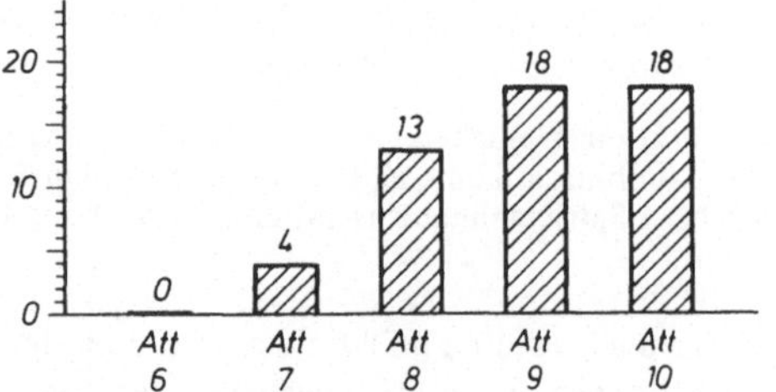

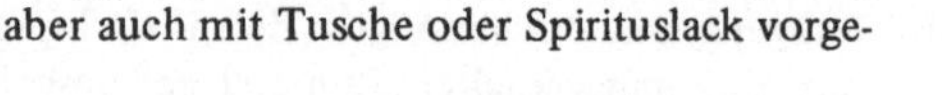

Abb. 46
Flächige Balzattrappen, natürliche Größe.
Von links nach rechts = Attrappe Nr. 11 bis 15, geordnet nach zunehmender Wirksamkeit.

Die Auslösung der Balz ist abhängig von der Bewegung (= nach Zuwendung der Männchen die Attrappe still halten), der Größe (3 bis 5 mm) und dem Habitus der Attrappe (dicke, kurze, winklige Beine und Schwarz-Weiß-Färbung). Daneben scheinen Seiten- oder Frontalansicht der Weibchen entscheidend zu sein.

Bemerkt ein Weibchen ein Männchen, dreht es sich frontal zu ihm hin, wodurch die Reizkombination eine andere als bei Seitenansicht wird. Hach H. H o m a n n [134] wird der Salticidenhabitus auf eine Entfernung bis zu 8 cm erkannt → Winken des Männchens.

V e r s u c h s d u r c h f ü h r u n g. Wie bei den Beutefangattrappen werden auch die Balzattrappen in den Führungsschlitz der Apparatur gebracht und die einzelnen Männchen 5 min lang getestet. Da sich die paarungsbereiten Weibchen absolut passiv verhalten, darf die Attrappe nur bis zur Auslösung der Zuwendung bewegt werden. Danach wird beobachtet.

Q u a n t i f i z i e r u n g. Gezählt werden Zuwendung, Winken mit den Vorderbeinen und Zickzacktanz. Zur Quantifizierung eignen sich Anzahl der Winkbewegungen, Anzahl der Zickzacktänze und Dauer der Zickzacktänze (Stoppuhr). Weniger gut geeignet, aber zur Not brauchbar, Anzahl der Tiere pro Gruppe, die mit Winken und/oder Zickzacktanz reagieren.

A n m e r k u n g e n. 1. Vergleiche Anmerkungen zum Beutefangverhalten.
2. Die besten Ergebnisse erzielt man nach ca. 6 bis 10 Tagen Isolierung vom Weibchen.
3. Der Attrappenvergleich ist angesichts der beschränkten Anzahl der Versuchstiere (Männchen sind seltener zu fangen und stehen nur im Mai bis Juni in freier Wildbahn zur Verfügung) und der benötigten Zeit ähnlich problematisch wie der Attrappenversuch zum Beutefangverhalten. Es bietet sich deshalb folgender Test an, bei dem der Innere Antrieb unberücksichtigt bleibt: Test der Attrappe Nr. 11, danach Test mit der Optimalattrappe Nr. 15, danach Zusetzen eines Weibchens und Vergleich der Testergebnisse. ∎

▲ *Versuch 41:* Innerer Antrieb für das Beutefang- und Balzverhalten bei Salticiden

Neben den äußeren (vgl. Versuch 40) lassen sich mit Salticiden auch sehr gut die inneren Umstimmungsprozesse, die Verhalten aktivieren, untersuchen.

Beutefangverhalten V e r s u c h s d u r c h f ü h r u n g. Ähnlich wie bei den Attrappenversuchen wird eine nicht gefütterte 20er-Gruppe am besten täglich mit der Attrappe Nr. 10 getestet und die Ergebnisse in Bezug zur Hungerdauer gesetzt.

A n m e r k u n g e n. 1. Es ist vorteilhaft, die Tiere nicht länger als 6 Tage hungern zu lassen. Während dieser Zeit muß unbedingt Wasser geboten werden.
2. Die Ergebnisse von kleineren als 20er Gruppen sind wegen der starken individuellen Verhaltensschwankungen nicht so exakt (vgl. Versuch 47).
3. Die Anzahl der reagierenden Tiere in der Gruppe, bzw. die Anzahl der Teilhandlungen nimmt in der Regel mit zunehmender Hungerdauer kontinuierlich zu. Der Innere Antrieb lädt sich auf.

4. Nach P r e c h t u. F r e y t a g [227] und auch nach den Versuchen von B e r n -
h a r d t [18] zu urteilen, wird die Nivellierung des Inneren Antriebs durch das Beutefangverhalten im Test innerhalb eines Tages kompensiert, so daß die täglichen Versuche das Ansteigen der Reaktionsfähigkeit kaum beeinflussen (vgl. Abschn. 4.2.4).

Balzverhalten V e r s u c h s d u r c h f ü h r u n g. Ebenso wie beim Beutefangverhalten läßt sich auch beim Balzverhalten ein Antriebsstau nachweisen. Die Versuche
werden am besten mit der Balzattrappe Nr. 15 durchgeführt. Nach dem Zusammensetzen der Männchen mit Weibchen für einen Tag (Nivellierung des Inneren Antriebs),
werden die Männchen isoliert und ihr Balzverhalten jeden zweiten Tag, 10 Tage lang,
getestet (Abb. 47). Während dieser Zeit werden die Tiere normal gefüttert. Zur *Quantifizierung* eignet sich am besten die Balzzeit in Sekunden (Stoppuhr), daneben kann
aber auch die Anzahl des Winkens, der ausgelösten Zickzacktänze oder der reagierenden
Tiere pro Gruppe herangezogen werden.

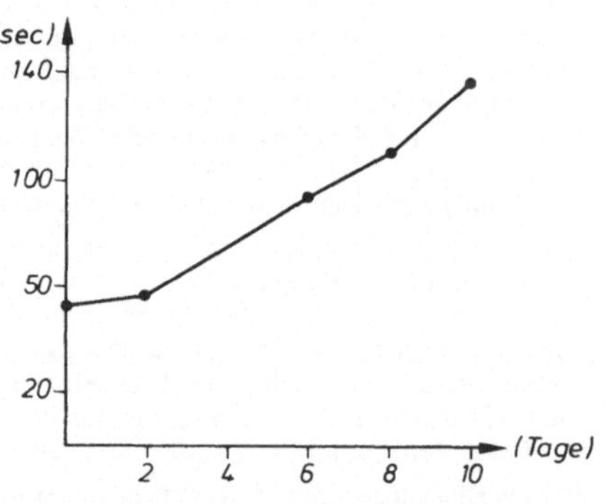

Abb. 47 (nach V. B e r n h a r d t).
Zunahme der Balzzeit in Abhängigkeit von
der Dauer der Isolation. Ordinate = Balzzeit
in sec; Abszisse = Dauer der Isolation in Tage.
Versuch mit der Attrappe Nr. 10.

A b s c h l i e ß e n d e B e m e r k u n g z u d e n V e r s u c h e n 40 u n d 41.
Die hier vorgeschlagenen Versuche lassen sich auch in anderer Kombination durchführen, z.B. Reaktion der Tiere auf Attrappe Nr. 1 (Beutefangattrappe) am ersten Hungertag und dann zum Vergleich am 6. Hungertag; oder falls keine Versuchsapparatur vorhanden, Balztest in Petrischalen wie folgt:

1. Erster Tag = „Null"-Tag: Tiere werden zusammengesetzt (♂ + ♀).
2. Zweiter Tag = erster Test-Tag: Tiere werden erneut zusammengesetzt: pro Petrischale ein Pärchen; und das Verhalten quantifiziert. Beobachtungszeit: 5 min; danach trennen.
3. Nach 10 Tagen Isolation wird der Verusch wiederholt und die Ergebnisse werden
verglichen.

Was immer unternommen wird, mit ein wenig Vorsicht beim Umgang mit den Tieren
(nicht mit den Fingern greifen — Quetschgefahr), während des Versuchs keine Erschütterungen etc., die Versuche gelingen nach unserer Erfahrung fast immer.
Beutefang- und Balzverhalten wurden bislang bei Salticiden im Leerlauf nicht beobachtet. ■ □

4.2.4.5 Instinkthandlung, Instinktkette Parallel mit der Erforschung der doppelten Quantifizierung instinktiven Verhaltens war man bemüht, bei der Analyse des Gesamtverhaltens die nächst komplexere, zusammengesetzte Verhaltenseinheit zu finden, die sich auf die elementaren Verhaltenskomponenten zurückführen läßt. Hier gelang es die *Instinkthandlung* gegen andere Verhaltensweisen abzugrenzen: *eine Instinkthandlung ist eine angeborene Verhaltensweise, die bei Zusammentreffen von innerer Bereitschaft und auslösendem Reiz ausgelöst wird und (einmal ausgelöst) ohne Einsicht bis zum Ende abläuft. Sie besteht aus einer Taxis-Komponente und einer Erbkoordination,* die Lorenz auch Instinktbewegung nannte [75].

Die Geschlossenheit dieser Verhaltenseinheit (sie läuft, einmal ausgelöst, bis zum Ende ab) und die einfache Zusammensetzung aus Taxis und Erbkoordination lassen sich an zwei Beispielen: dem Beutefangverhalten des Frosches und der Eirollbewegung der Gans, besonders gut demonstrieren.

Das Beutefangverhalten des Frosches besteht aus zwei hintereinander geschalteten Phasen: 1. der Taxiskomponente (Orientierungsbewegung) − das Tier dreht sich zur gesichteten Beute hin- und 2. der Erbkoordination. Die Zunge wird ausgeworfen und die Beute gefangen. In Attrappenversuchen (vgl. Versuch 42) läßt sich sehr einfach zeigen, daß der Zungenwurf, einmal ausgelöst, auch ohne Sicht zur Beute (die vorher schnell entfernt wird) erfolgt. Das Verhalten läßt sich nur aktivieren bei Beutefangstimmung, wenn die Tiere auf Nahrungssuche sind. Weiterhin wird das Verhalten von einem Schluckreflex vervollständigt. Durch das Einschlagen der Zunge gelangt die Beute in den hinteren Rachenraum und löst den Schluckreflex aus (vgl. Versuch 16).

Bei der Eirollbewegung der Gans, die nur in Brutstimmung (Innerer Antrieb) ausgelöst werden kann, sind Taxis und Erbkoordination simultan miteinander verwoben. Die Gans rollt ein aus dem Nest gefallenes Ei mit der Unterseite des Schnabels, rückwärts gehend, zum Nest hin, wobei der Berührungsreiz durch das Ei die Orientierung der Bewegung steuert. Das Rollen des Eies wird in Richtung Nest korrigiert. Nimmt man der Gans während der Eirollbewegung das Ei weg, absolviert sie das Verhalten bis zum Ende, aber es fehlt dann die Taxiskomponente.

Obwohl verhaltensbiologisch exakt definiert und einfach im Aufbau, konnte die Instinkthandlung nicht zwischen den elementaren Verhaltenskomponenten und der von W. Craig bereits 1918 beschriebenen Verhaltenseinheit, dem instinktiven Verhalten (vgl. Abschn. 4.2.4.6), vermitteln. Sie läßt sich in vielen Fällen mit der Endhandlung im Sinne von Craig homologisieren, ist aber kaum geeignet für die Analyse des Appetenzverhaltens, das neben Erbkoordinationen und Taxien auch erlernte Verhaltenselemente beinhaltet und äußerst flexibel ist (vgl. Abschn. 4.2.4.6 und 5.3.2.4).

In einigen Fällen, z.B. beim Balzverhalten von Salticiden (vgl. Versuch 40) oder Stichlingen (vgl. Versuch 44) bzw. Kröten [75], ließ sich eine nächst höhere Verhaltenseinheit abgrenzen, die aus einer Reihe von Instinkthandlungen zusammengesetzt ist: die *Instinktkette oder Reaktionskette. Eine Instinktkette ist eine Folge von Instinkthandlungen, von denen die vorausgehende die nächstfolgende auslöst.* Sie erfolgt meist beim Paarungsverhalten in einem Wechselspiel zwischen Weibchen und Männchen. Die Handlung des einen Partners löst die nächstfolgende beim anderen Partner aus. Wird die Reaktionskette an einer Stelle unterbrochen, fällt die nächstfolgende Instinkthandlung aus, und die Tiere müssen praktisch von vorn beginnen (vgl. Versuch 44).

▲ *Versuch 42.* Beutefangverhalten der Erdkröte

Für den Versuch ist neben der Kröte auch der Wasserfrosch und der Grasfrosch geeignet, die von der Fa. R. Stein, 8882 Lauingen-Donau bezogen werden können. Am besten geeignet ist die Kröte, die leicht in Terrarien gehalten werden kann [151].

Biologie der Versuchstiere Die Erdkröte (Bufo bufo L.) kommt in ganz Europa vor und hält sich als nachtaktives Tier am Tage bevorzugt an feuchten, schattigen Orten auf, etwa in Erdhöhlen, unter Steinen, im Wurzelwerk alter Bäume, bisweilen auch verirrt in Kellern etc...

Die *Lebensweise* ist vorwiegend nächtlich. Bei feuchter Witterung können die Kröten aber auch tagsüber angetroffen werden. Nach Verlassen des Winterquartiers (unter Laub, in Höhlen oder Kellern) ziehen sie, oft in großer Zahl, zum Laichgewässer (gut ausgeprägte Orientierung - Wanderinstinkte). Während dieser Zeit (März, April), in der sie keine Nahrung aufnehmen, erfolgt die Paarung. Der Laich, 3 bis 5 m lange, gallertartige Doppelschnüre, in denen bis zu 6800 Eier enthalten sein können, wird an Wasserpflanzen befestigt. (Die entwickelten Jungtiere verlassen, etwa 1 cm groß, nach ca. 3 Monaten das Wasser.) Nach der Fortpflanzungszeit kehren die Tiere an Land zurück und verbleiben dort bis zum nächsten Frühjahr (vgl. [93]).

Nach dem *Beute—Appetenzverhalten* (vgl. Abschn. 4.2.4.6) werden die Kröten zu den Jägern gezählt [72], [75]. (Daneben unterscheidet man bei Froschlurchen auch den Verhaltenstyp „Wartetier", das so lange wartet, bis die Beute in die Nähe kommt.) Sie nehmen nur lebende Nahrung auf, die sie bei nächtlichen Streifzügen in ihrem *Jagdrevier* antreffen, und kehren danach in der Regel zum selben Schlupfwinkel zurück. Die Aktivität des Nahrungserwerbinstinktes ist außer vom Versorgungszustand hauptsächlich von Temperatur und Luftfeuchtigkeit abhängig. Unterhalb von 7 °C bzw. bei einer relativen Luftfeuchtigkeit unter 60% verlassen die Tiere nicht ihre Schlupfwinkel (wichtig für die Terrarienpflege).

Das *angeborene Beuteschema* der Erdkröte wird im wesentlichen durch visuelle Reize bestimmt. Die große Mannigfaltigkeit der Beuteobjekte, zu denen sowohl ein 15 cm langer Regenwurm wie eine kleine Mücke zählen kann, sowie die große Variabilität wirksamer Attrappen [72] machen deutlich, daß der AAM (vgl. Abschn. 4.2.4.8) ziemlich unselektiv auf Bewegung anspricht. Alles, was sich bewegt und eine bestimmte Größe nicht überschreitet, wird je nach der Aktivierung der Jagdinstinkte als Beute betrachtet und geschnappt. Nach dem Zuschnappen entscheiden geschmackliche und taktile Reize, ob die Beute angenommen wird. Geruch und Gehör scheinen beim Beuteerwerb von untergeordneter Bedeutung zu sein.

Das *Beutefangverhalten:* Hat eine Kröte eine Beute erspäht, versucht sie, diese zu fixieren und selbst eine geeignete Ausgangsposition für das Zuschnappen einzunehmen. Der Vorgang wird von Änderungen der Atemfrequenz, des Herzschlages, der Lymphherztätigkeit und des Muskeltonus (vgl. [129]) begleitet, was auf eine Intensivierung des Antriebes hindeutet und am besten mit einer gesteigerten Erregung umschrieben wird. Äußerlich wird diese gesteigerte Erregung durch ein schnelles Zucken der mittleren Zehen am Hinterbein angezeigt. Der Fangvorgang kann, je nach Verhalten des Beutetieres, verschieden ausgeprägt sein: a) läuft das Beutetier weg, werden bei der Kröte orientierende Taxien zentralnervös mit Erbkoordinationen der Fortbewegung zu einer plastischen Gesamthandlung der Jagd verknüpft: b) bleibt die Beute in Reichweite der Kröte, erfolgt eine *Instinkthandlung,*die, da sie in zwei Phasen zerfällt: die richtende Taxis und das Zuschnappen, die Erbkoordination; besonders gut die Lorenz'sche Definition veranschaulicht.

Als erstes wendet sich die Kröte am Ort so dem Beutetier zu, daß der gezielte Zungenschlag möglich wird. Diese Taxis kann von Fall zu Fall durch eine weitere korrigierende Bewegung ergänzt werden. Ist das geschehen und die Beute immer noch sichtbar, löst die Bewegung, etwa von Fühlern oder Beinen, des Beutetieres die *Schnappreaktion* aus. Hierbei klappt die Kröte ihre Zunge heraus und schleudert sie mit einer wohlgezielten Bewegung nach der Beute. Kleine Tiere werden allein durch die Zungenbewegungen, *„Zungenschnappen"*, ins Maul befördert, große Beutetiere durch Zugreifen mit den Kiefern, *„Greifschnappen"*, erjagt. Beim Verschlingen stark beweglicher Beutetiere hilft die Kröte mit Wisch- und Stopfbewegungen der Vorderbeine nach. Beim folgenden Schlucken werden die Augen geschlossen, der Bulbus nach innen zurückgezogen und, wenn das Beutetier sich im Darmtrakt der Kröte etwa noch bewegt, oft wechselnde Positionen eingenommen. Dabei ist interessant, daß die Bewegung des Zungenschlages, einmal ausgelöst, stereotyp bis zum Ende abläuft. Der Grad der Aktivierung des Nahrungserwerbinstinktes wird, wie bereits erwähnt, wesentlich vom Versorgungszustand und den Außenweltfaktoren mitbestimmt. Lediglich während der Paarungszeit ist er vollständig gehemmt.

Benötigte Materialien und Versuchsdurchführung. Die Kröten werden am besten in einem Terrarium (z.B. 100 cm x 40 cm x 45 cm) untergebracht, in dem neben einem feuchten Sand-Torf-Gemisch (3 : 1) als Bodengrund auch ein Schlupfwinkel, z.B. halbierter Blumentopf, und eine flache Schale mit Wasser hineingestellt werden. Das Terrarium muß regelmäßig feucht gehalten werden (Wasser + Zerstäuber). Die Fütterung erfolgt mittels lebender Mehlwürmer, Fliegenmaden = „Anglerwürmer" (vgl. Versuch 3), Regenwürmer, aber auch Grillen (vgl. Versuch 7) und anderen Insekten. Ist kein Lebendfutter vorhanden, müssen die Tiere mit Fleischstückchen gestopft werden (vgl. Versuch 16).

Der Versuch kann im Terrarium selbst, besser in einer Versuchsarena durchgeführt werden. Dazu wird etwa ein gleichgroßes Terrarium von außen weiß beklebt oder angestrichen, damit die Beute oder die Beuteattrappen gut sichtbar sind, und von oben, z.B. mit einer Neonröhre oder Tischlampe gleichmäßig ausgeleuchtet. Hier verbleiben die Versuchstiere zur Gewöhnung 1 bis 3 Tage (feucht halten!). Danach werden kleine schwarze Papierstückchen etc. oder direkt Insekten an einem weißen Nähfaden angebunden und ins Gesichtsfeld der Kröte gebracht. Bewegt man die Beute oder Attrappe leicht, kann Beutefangverhalten in der Regel wiederholt ausgelöst und beobachtet werden.

Anmerkungen. 1. Bestellt man die Tiere im Winter, müssen sie ca. 4 bis 5 Wochen auf den Versuch vorbereitet werden, da das Beutefangverhalten in freier Natur erst nach der Paarung aktiviert wird. Hierfür ist es notwendig, die Tiere allmählich an Zimmertemperatur zu gewöhnen und regelmäßig zweimal pro Woche zu stopfen (ca. 3 erbsengroße Fleischstückchen).

2. Man sollte nicht mehr als 2 Tiere pro Terrarium halten und dieses öfter reinigen, da die Hautsekrete bei nachlässiger Pflege bei den Tieren zum Wundwerden der Haut führen [151]. ■

▲ *Versuch 43.* Instinkthandlung des Säuglings

Der Mensch ist bei seiner Geburt ein reines Automatie- und Reflexwesen, dessen Verhalten hauptsächlich vom Pallidum und Hirnstamm bestimmt wird. Schlucken, Erbrechen, Atmen, Schlafen, Schreien, Lächeln, spontane Pendelbewegungen des Kopfes, Pumpsaugen, Athetosen, Kreuzgangkoordination usw. sind angeborene Verhaltensweisen, die neben dem angeborenen Erkennen eines waagerechten Augenpaares (Augenschema; vgl. Abschn. 4.2.4.3) das Verhalten der ersten 2 bis 3 Monate mitbesimmen. Während dieser Zeit reift das Corpus striatium, und die Verbindungsbahnen zum Cortex werden myelinisiert, so daß allmählich eine Willkürmotorik, z.B. gezieltes Gucken und weitere Lernvorgänge, z.B. Fixierung auf die Pflegeperson, möglich werden. In diesem vielfältigen Programm angeborenen Verhaltens [77] läßt sich ein Verhaltenskomplex abgrenzen, der einer Instinkthandlung = Taxis + Erbkoordination, entspricht:

Zeigt ein Säugling kurz nach der Geburt nur eine spontane Pendelbewegung des Kopfes, die als Suchautomatie nach der Brust gedeutet werden kann, ist dieses Verhalten nach wenigen Tagen soweit herangereift, daß eine thigmotaktische Orientierung nachgewiesen werden kann. Berührt man z.B. mit dem Schnuller die Gesichtspartie links oder rechts vom Mund des Kindes, wendet es geziert den Kopf zum taktilen Reiz hin und nimmt den Schnuller in den Mund. Nun wird die Erbkoordination des Pumpsaugens ausgelöst und Nahrung aufgenommen, die auch im Leerlauf (= nur mit einem Schnuller) erfolgt und bis zur Antriebsnivellierung (vgl. Abschn. 4.2.4.6) absolviert wird.

Dieser Versuch, der verständlicherweise nur im Familienkreis durchgeführt werden kann, ist recht ausführlich in dem wissenschaftlichen Film C 653 des Göttinger Instituts gezeigt und damit jeder Zeit in einem Praktikum verfügbar. ■

▲ *Versuch 44.* Instinktkette des Balzverhaltens beim Stichling

Ein besonders schönes Beispiel für eine Instinktkette, die sich im Praktikum gut demonstrieren läßt, ist das Balzverhalten des Stichlings. Die Vorbereitungen und die benötigten Materialien entsprechen dem Versuch 36. Haben die Männchen ein Nest gebaut und das Hochzeitskleid ausgeprägt, werden laichreife Weibchen hinzugesetzt (pro Männchen 1 Weibchen) und beobachtet. Ist die Balz soweit fortgeschritten, daß das Weibchen ins Nest hineingeschwommen ist, wird das Männchen mit einem Glasstab daran gehindert, den Rücken des Weibchens mit einem Schnauzentremolo zu betrommeln. Die Eiablage bleibt aus; das Weibchen verläßt nach einiger Zeit das Nest. In einem zweiten Versuch wird nach dem Verjagen des Männchens der Rücken des Weibchens (aus dem Nest herausschauendes hintere Ende des Weibchens) vorsichtig, rhythmisch mit dem Glasstab beklopft, wodurch nun die Eiablage ausgelöst wird. Im folgenden ist das Männchen durch das Fehlen dieser Teilhandlung in seinem Verhaltensablauf gestört, und es wird gelegentlich den Laich fressen. In einem letzten Versuch wird die Balz und Eiablage ohne Störung beobachtet und die Unterschiede im Verhalten zu den beiden vorangegangenen Versuchen herausgestellt.

A n m e r k u n g. Für den Fall, daß die Tiere nicht zur Verfügung stehen, gibt es einen geeigneten Farbfilm (E 721; IWF Göttingen), der diesen Versuch zeigt. ■

4.2.4.6 Appetenz und Endhandlung Bereits 1918 hatte W. C r a i g instinktives Verhalten in zwei Phasen aufgeteilt, das *Appetenzverhalten* und die daran anschließende *Endhandlung. Unter Appetenzverhalten* versteht die Verhaltensbiologie eine variable Verhaltensphase, die sowohl aus Taxien und Erbkoordinationen wie *erlernten Verhaltenselementen* bestehen kann (vgl. Abschn. 5.3), *die aber eindeutig vom angeborenen Antriebsmechanismus, dem Inneren Antrieb* (vgl. Abschn. 4.2.4.1), *aktiviert wird und durch ihn allein motiviert ist.* Da es in seiner Ausprägung proportional zur Größe des Inneren Antriebs ist, wird Appetenzverhalten häufig als Maß für den Inneren Antrieb verwendet, und der Terminus Appetenz als Synonym für Bereitschaft, Innerer Antrieb etc., herangezogen.

Das Appetenzverhalten selbst besteht aus zwei Phasen: Phase 1. Eine erhöhte Aktivität des Tieres, z.B. Mobilität, Aufmerksamkeit etc., wodurch die Wahrscheinlichkeit, daß ein zum Inneren Antrieb passender, auslösender Reiz gefunden wird, vergrößert wird. Wird der auslösende Reiz *gesichtet*, schließt sich die *Phase 2* an: Eine gezielte Annäherung. Der Schlüsselreiz selbst löst dann die Endhandlung, z.B. Beuteverzehr, Kopulation usw. aus.

Während besonders das Appetenzverhalten variabel und durch Lernen modifiziert sein kann: ein „hungriger" Fuchs schleicht z.B. gezielt zum Hühnerstall; ist die Endhandlung eher stereotyp (vgl. Instinkthandlung). Bei höher entwickelten Tieren kann auch die Endhandlung erfahrungsbedingt modifiziert werden (vgl. Abschn. 5.3.2.1).

Diese Verhaltenseinheiten lassen sich auch z.B. auf das Beutefangverhalten der Kröte übertragen. Appetenz — eine hungrige Kröte verläßt ihren Schlupfwinkel auf der Suche nach Nahrung. Wird Nahrung gesichtet, erfolgt ein Hinwenden zu ihr (Taxiskomponente), und die Endhandlung des Nahrungsverzehrs (Erbkoordination) wird ausgelöst (vgl. Abschn. 4.2.4.5).

Craig entdeckte weiterhin, daß die Endhandlung den Inneren Antrieb nivelliert (verzehrt) und nannte sie deswegen consummatory action. Damit war eine der wichtigsten Erkenntnisse der Verhaltensbiologie gewonnen. Angeborenes Verhalten wird vom Inneren Antrieb aktiviert; dabei kann der Zeitpunkt des Auslösens von äußeren Bedingungen, z.B. Schlüsselreizen, beeinflußt werden, so daß es zur richtigen Zeit und

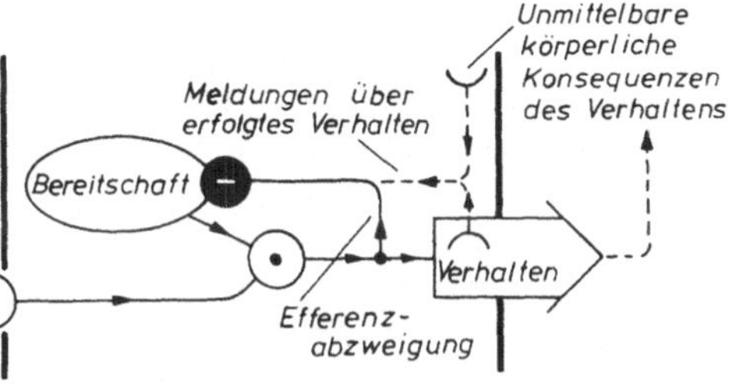

Abb. 48 (nach B. H a s s e n s t e i n).
Verminderung einer Bereitschaft (= Innerer Antrieb) durch Rückmeldung über die Endhandlung. Die Rückmeldung kann durch eine Art Efferenzkopie (vgl. Versuch 3 und 4) bzw. durch Propiorezeptoren und Rezeptoren, die den Ablauf und das Ergebnis der Endhandlung registrieren (= gestrichelte Linie) erfolgen. Verwendete Symbole vgl. Abb. 17 und 40.

am richtigen Objekt erfolgt; aber es erfolgt allein angetrieben vom Inneren Antrieb und wird allein deswegen beendet, weil die Endhandlung den Inneren Antrieb nivelliert, und nicht etwa weil z.B. das Ei im Nest ist (Eirollbewegung der Gans) oder weil durch die Kopula die Fortpflanzung gesichert ist oder weil durch Nahrungsaufnahme der Magen gefüllt wird (Abb. 48).

Es ist bislang nicht sicher, ob diese Nivellierung durch Efferenzkopien der die Endhandlung steuernden Erregung erfolgt und/oder durch Propiorezeptoren und Rezeptoren, die die Endhandlung rückmelden (vgl. Abb. 48).

Weiterhin ist hier zu bemerken, daß die Nivellierung des Inneren Antriebs nicht bei allen Verhaltensweisen absolut sein wird. In vielen Fällen genügt es, wenn der Innere Antrieb durch das Verhalten so weit verringert wird, daß die gleiche Reizsituation nicht ausreicht, das Verhalten erneut auszulösen (vgl. z.B. Versuch 40;41 und Abschn. 4.2.4.7).

Mit diesem Konzept wurde die Regelbasis angeborenen Verhaltens verständlich. Dazu ein Beispiel: P a w l o w [117] führte Versuche mit Hunden durch, die operativ so vorbereitet waren, daß es möglich war, die vom Hund aufgenommene Nahrung mittels einer Fistel abzuleiten, ohne daß sie in den Magen gelangte, bzw. den Magen künstlich mit Nahrung zu füllen, ohne daß der Hund fressen mußte. Dabei stellte sich heraus, daß der Hund ungeachtet der Magenfüllung, leer oder voll, jeweils nur solange fraß, wie es notwendig gewesen wäre, um den Magen zu füllen, d.h. die Endhandlung, die Freßbewegungen, Schlucken etc. nivellieren den Inneren Antrieb.

Die biologische Bedeutung dieser Verhaltensrückmeldung bei Nahrungsaufnahme, wie H a s s e n s t e i n [116] hervorhebt, beruht darin, daß eine Regulation allein über einen Ausgleich des Stoffwechseldefizits zu spät erfolgen würde. Die Nahrungsverdauung und -resorption dauern etwa eine halbe Stunde. So ist die Rückmeldung der Endhandlung eine Vorwegmeldung, die die Bereitschaft „rechtzeitig" beendet, deren Wirkung aber schneller absinkt und deshalb durch eine Normalisierung des Stoffwechsels „bestätigt" werden muß.

Entsprechend fressen Hunde im Versuch mit künstlich leer gehaltenem Magen häufiger als Hunde mit künstlich gefülltem Magen.

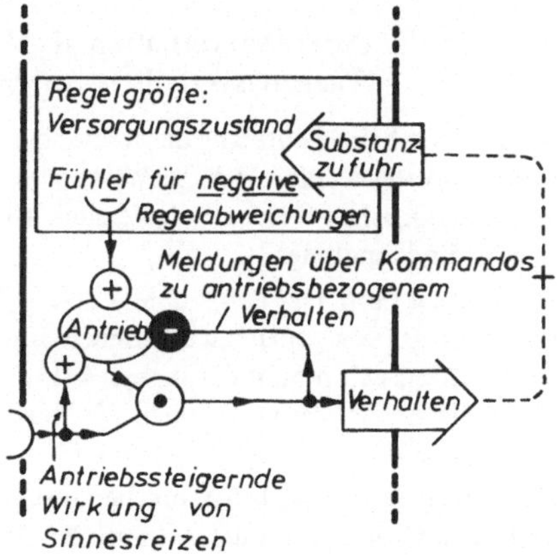

Abb. 49 (nach B. H a s s e n s t e i n).
Vereinfachtes Funktionsschaltbild der Verhaltenssteuerung bei der Nahrungsaufnahme. Verwendete Symbole vgl. Abb. 17, 24 und 40.

Diese Antriebssteuerung der Nahrungsaufnahme, die im Regelkreisschema (Abb. 49) erfaßt ist, ist wahrscheinlich ein prinzipieller verhaltenskybernetischer Wirkungsmechanismus. Nur so ist zu erklären, daß Säuglinge neben einer bestimmten Nahrungsmenge pro Mahlzeit 20 min lang saugen müssen und andernfalls „protestieren", bzw. daß in Notzeiten des sprichwörtliche Nagen am Hungertuch den Hunger lindert.

Bei Unkenntnis dieser Zusammenhänge kann es sehr schnell passieren, daß ein Säugling bei einem zu großen Saugloch im Sauger überfüttert, bzw. bei zu kleinem, unterernährt wird.

▲ *Versuch 45.* Appetenzverhalten als Maß für den Inneren Antrieb des Beutefangverhaltens bei der Kröte.

Auch das Beutefangverhalten der Kröte kann in Appetenzverhalten und Endhandlung aufgeteilt werden. Im Experiment bietet es sich an, das Verfolgen der Beute und die Drehung zur Beute oder Attrappe als Maß für die Appetenz zu werten, das Verschlingen der Beute als Endhandlung.

Benötigte Tiere und Materialien — Versuchsdurchführung. Der Versuch wird ähnlich durchgeführt wie Versuch 42, allerdings mit zwei Terrarien, bzw. Versuchsarenen, in denen jeweils 2 Kröten untergebracht sind. Ist die Vorbereitung, wie im Versuch 42 beschrieben, abgeschlossen, lassen wir das eine Krötenpaar 1 Woche lang hungern, während das andere täglich ausgiebig gefüttert wird. Der Versuch wird nun mit einer Attrappe derart durchgeführt, daß man bei beiden Gruppen 15 min oder 30 min lang versucht, die Folgereaktion und die Zuwendung zur Beuteattrappe so oft wie möglich auszulösen. Die Anzahl der Zuwendungen, bzw. der Folgereaktionen geteilt durch die Anzahl der reagierenden Tiere pro Zeit (15 oder 30 min) ist ein gutes Maß für die *Appetenz = Innerer Antrieb.* In der Regel fallen die Werte bei den nichtgefütterten Tieren wesentlich höher aus als bei den gefütterten. ■

▲ *Versuch 46.* Appetenzverhalten als Maß für den Inneren Antrieb beim Paarungsverhalten von Salticiden

Ähnlich wie beim Beutefang der Kröte, kann auch das Paarungsverhalten der Salticiden dahin gewertet werden, daß das Winken der Männchen und der Zickzacktanz als Appetenz angesprochen werden (vgl. Versuch 40;41 und Abschn. 4.2.4.6) und die Kopulation als Endhandlung.

Benötigte Tiere und Materialien — Versuchsdurchführung. Der Versuch wird ähnlich durchgeführt wie Versuch 40. Mit zunehmender Isolationszeit nimmt der Innere Antrieb für das Paarungsverhalten zu und entsprechend die Anzahl der auslösbaren Winkbewegungen, bzw. die Dauer der Balz.

Anmerkungen. Man kann den Versuch wie folgt erweitern: man arbeitet mit zwei Gruppen zu jeweils 5 Männchen, die 10 Tage lang isoliert gehalten werden. Danach wird Gruppe I mit der Attrappe Nr. 15 (Abb. 46) 1 h lang pro Tier getestet; Gruppe II jeweils pro Tier mit einem Weibchen für 1 h zusammengesetzt. Die Tiere der Gruppe II, die kopulieren, werden am nächsten Tag nochmal mit der Attrappe Nr. 15 getestet und mit den Tieren der Gruppe I, die ebenfalls nochmal getestet werden, verglichen. Die Ergebnisse demonstrieren gut den Sachverhalt, die Endhandlung (Kopulation) nivelliert den Inneren Antrieb.

Der Versuch gelingt am besten mit frisch gefangenen Tieren in der Zeit Ende Mai, Anfang Juni; Witterung, Tageslänge dürften unter anderem hier eine Rolle spielen. ■

4.2.4.7 Ermüdung instinktiven Verhaltens   Instinktives Verhalten wird nicht nur aktiviert (vgl. Abschn. 4.2.4.1; 4.2.4.3 und 4.2.4.4), sondern über Regelmechanismen auch wieder inaktiviert (vgl. Abschn. 4.2.4.6). Dabei beobachtet man häufig (je nach Art und Funktion der Verhaltensweisen verschieden stark ausgeprägt), daß instinktives Verhalten, wenn es in kurzen Intervallen wiederholt ausgelöst wird, *allmählich immer schwerer aktivierbar wird* — daß es ermüdet. Die Bezeichnung „ermüdet" ist insofern ungünstig, weil sie verschiedene verhaltensphysiologische Phänomene, die hier wirksam werden, umschreibt, zum andern, weil sie gelegentlich mit motorischer Ermüdung verwechselt wird, mit der sie nicht identisch ist.

Wird eine instinktive Verhaltensweise schwerer auslösbar, so kann dies: 1. durch eine Verringerung des Inneren Antriebs verursacht sein, derzufolge, entsprechend der doppelten Quantifizierung, zur erneuten Auslösung des Verhaltens ein stärkerer Reiz benötigt wird.

Der Innere Antrieb kann z.B. nach der Nivellierung durch das vorangegangene Verhalten nur teilweise regeneriert sein.

2. Die erschwerte Auslösbarkeit instinktiven Verhaltens kann die Folge einer spezifischen Ermüdung im reizperzipierenden System sein, die *unabhängig vom Inneren Antrieb* zu einer Erhöhung der Reizschwelle für auslösende Reize führt.

Im Unterschied zur Gewöhnung, die reizspezifisch ist (vgl. Abschn. 5.3.1), ist die Ermüdung im afferenten System dadurch gekennzeichnet, daß sie nur durch stärkere Reize überwunden werden kann.

Diese Ermüdung im engeren Sinne ist verhaltensbiologisch nur schwer nachweisbar und häufig besonders bei niederen Organismen von einer Gewöhnung nicht zu trennen. Sie wird deshalb von vielen Autoren auch synonym mit Gewöhnung benutzt.

Zum Beispiel: Bietet man einem Truthahn zwei verschieden starke Reize, die Kollern auslösen, alternierend, wird der schwächere Reiz nach kurzer Zeit nicht mehr beantwortet [265], obwohl er in ähnlicher Situation, nach Gewöhnung, durchaus Kollern auslösen kann (vgl. S. 129).

Im einfachen verhaltensbiologischen Versuch lassen sich die Verringerung des Inneren Antriebs und eine eventuelle Ermüdung im afferenten System nicht trennen. Es werden deshalb zwei Versuche angeführt, die Ermüdung im Sinne einer Verringerung der Reaktionsbereitschaft im allgemeinen demonstrieren.

▲ *Versuch 47.* Ermüdung des Beutefangverhaltens bei Salticus scenicus

Der Versuch wird ähnlich durchgeführt wie der Attrappenversuch Nr. 40. Man verwendet Tiere, die 5 Tage lang gehungert haben, und die Stahlkugelattrappe Nr. 10. Die Quantifizierung erfolgt in abgewandelter Form; und zwar versucht man, so lange Beutefangverhalten auszulösen, bis innerhalb von 3 min kein Beutesprung mehr ausgelöst werden kann. Zeit und Anzahl der Beutefangteilhandlungen werden notiert. Danach werden pro Tier 10 Drosophilae (am besten die Mutante vestigial – stummelflügelig) hinzugegeben und beobachtet. In den meisten Fällen wird innerhalb kürzester Zeit die optimale Schlüsselreizkombination (= lebende Dorsophilae) erneut Sprung auslösen. Der Versuch verdeutlicht, daß nach einer gewissen Zeit die zur Auslösung benötigte „Reizmenge" (vgl. Abschn. 4.2.4.3) erhöht werden muß, ohne daß die Ursachen (Nivellierung des Inneren Antriebes und/oder Ermüdung im afferenten System) spezifiziert werden können.

A n m e r k u n g e n . In vielen Fällen werden 3 min Zeit als Limit für die Praxis zu lang sein. Man kann dann mit gutem Erfolg (Tabelle S. 117) die Zeit, z.B. auf 1 min verkürzen. Die Problematik ist insofern komplex, weil die lebenden Beutetiere in der anschließenden Kontrolle sich nicht immer in eine so optimale Entfernung zur Spinne bringen lassen wie die Attrappe. Es wurde deshalb in dem der Tabelle zugrunde liegenden Versuch eine längere Beobachtungszeit = 10 min gewählt; die die Frage aufwirft, inwieweit innerhalb dieser Zeit das System regeneriert (vgl. Versuch 41). Trotzdem reagieren 9 von 20 Tieren innerhalb von 1 min erneut mit Beutesprung, was die veränderte Relation – benötigte Reizmenge zur Auslösung des Verhaltens; Innerer Antrieb – gut demonstriert.

Eine motorische Ermüdung kann wie im Versuch 49, Anmerkung 3, angeführt, ausgeschlossen werden. ■

▲ *Versuch 48.* Ermüdung der Fluchtreaktion bei der Mückenlarve, Culex
         pipiens

Die Larven unserer Stechmücke, Culex, leben in Tümpeln, Pfützen und Regentonnen und sind von Ende März bis zum Herbst, verfügbar (fangen mit dem Käscher). Sie ernähren sich vom Detritus (Pflanzenreste etc.) und benötigen Luft zum Atmen, die über eine Atemröhre an der Wasseroberfläche aufgenommen wird. Dies führt dazu, daß die Tiere in Ruhestellung, mit der Atemröhre zur Wasseroberfläche hin und dem Kopf abwärts gerichtet, unmittelbar unter der Wasseroberfläche verweilen.Bei „Gefahr", Erschütterung, Schatten usw. schwimmen sie mit einer charakteristischen Bewegung abwärts, um in der Regel nach 0,5 bis 2 min wieder an die Wasseroberfläche zum Luftholen zurückzukehren. Die durch Schattenfall ausgelöste Fluchtreaktion nutzen wir zum folgenden Ermüdungsversuch.

B e n ö t i g t e   T i e r e ,   M a t e r i a l i e n   u n d   V e r s u c h s d u r c h -
f ü h r u n g. Die gefangenen Mückenlarven werden in einem Vollglasaquarium (z.B.

Tabelle: (nach V. B e r n h a r d t).
Protokoll eines Ermüdungsversuchs mit Salticiden.
Hl = Heranlaufen; Schl = Schleichen; Sprg = Sprung; Zw = Zuwendung

Protokoll : Ermüdungsversuch

1. Datum : 9.9.1975
   Witterung : warm, bedeckt – sonnig
   Raumtemperatur : 24,5 °C

3. Datum : 14.9.1975
   Witterung : kühl, windig, bedeckt
   Raumtemperatur : 21,5 °C

2. Datum : 10.9.1975
   Witterung : warm, bedeckt
   Raumtemperatur : 23 °C

4. Datum : 19.9.1975
   Witterung : warm, sonnig
   Raumtemperatur : 25 °C

Versuchstiere : Salticus scenicus, w.
Hungerdauer : 5 Tage
Attrappen : 1. Stahlkugel (ϕ 1 mm) 2. lebende Drosophilae
Beleuchtung : 40 W Schirmlampe

Datum	Tier-Nr.	Attrappe					Drosophilae				
		Zw.	Hl.	Schl.	Sprg.	Dauer (min)	Zw.	Hl.	Schl.	Sprg.	Dauer
9.9.75	18	138	1	137	137	35.30	14	4	12	12	1.30
10.9.75	26	57	1	54	54	12.47	2	2	1	1	0.33
	27	39	2	29	29	10.28	3	3	2	1	1.28
	29	31	1	28	28	11.42	5	1	2	2	10-
	33	11	1	2	2	3.29	4	–	2	2	10-
	36	15	1	13	13	6.31	5	1	1	1	2.42
	39	39	5	26	26	13.23	3	1	2	2	0.22
14.9.75	13	31	1	16	16	6.32	1	–	1	1	0.04
	18	103	2	83	83	16.49	11	2	6	6	4.47
	22	23	1	6	6	3.35	9	–	2	2	10-
	56	94	2	84	84	12.57	6	1	5	5	1.03
	76	14	1	6	6	3.41	4	2	3	3	0.37
	95	17	1	7	7	4.22	2	–	2	2	0.03
	103	37	3	24	24	5.51	9	3	6	6	3.10
	113	33	6	19	19	4.57	6	4	4	4	1.26
19.9.75	70	27	3	14	14	6.17	1	1	1	1	0.09
	72	25	2	17	17	4.21	2	1	1	1	0.32
	73	21	3	15	15	4.17	1	1	1	1	0.09
	84	15	2	8	8	4.03	23	20	23	23	3.48
	87	19	2	14	14	3.31	1	1	1	1	0.03

20 cm x 5 cm x 25 cm) oder Glas untergebracht, am besten in einem verdunkelten Raum, und von oben zentral mit einer Tischlampe (60 Watt) beleuchtet. Wenn die Tiere sich an der Oberfläche gesammelt haben, führen wir zwischen Lampe und Aquarium ein Styroporstück (50 cm x 15 cm x 1cm oder 50 cm x 15 cm x 2 cm durch

(Schatten) und wedeln hin und her, etwa 1 mal pro 1 bis 2 sec, 5 min lang. Bereits nach knapp 1 min hört das Abwärtsschwimmen der Tiere auf. Sie kehren zur Oberfläche zurück und verbleiben dort, obwohl man weiter wedelt. Nach 5 min wird eine 0,5 min Pause eingelegt und danach wieder 5 min lang gewedelt. Die Abwärtsbewegung wird, zeitlich gesehen, kürzer. Es folgt eine 1minütige Pause + 5 min wedeln, eine 2minütige Pause + 5 min wedeln usw. mit Pausen von 3, 4, 5 und 6 Minuten. Die Abwärtsbewegungen werden immer kürzer, was beweist, daß die Ermüdung während der Pausen nicht regeneriert. Obwohl die Pausen länger werden, schwimmen die Tiere kürzere Zeitlang nach unten (Abb. 50 und Abb. 51).

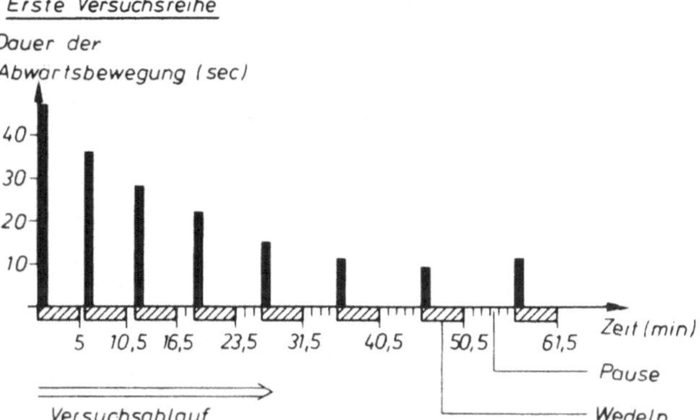

Abb. 50
Wird zwischen die Lampe und das Versuchsgefäß eine Styroporplatte geführt, löst der Schatten bei den Mückenlarven eine Fluchtreaktion aus.

Abb. 51 (nach M. S t ü e k e n).
Ergebnis eines Versuchs mit Mückenlarven. Die Dauer der Abwärtsbewegung wird kürzer.

A n m e r k u n g. 1. Die Ermüdung ist bereits innerhalb der ersten 5 min nachgewiesen; die Tiere kehren an die Oberfläche zurück und reagieren nicht mehr auf den Schatten. Berührt man die Wasseroberfläche, tauchen sie unter, so daß eine motorische Ermüdung ausgeschlossen werden kann.

2. Es ist günstig, mit einem Spiegel an der Rückseite des Beobachtungsgefäßes zu arbeiten, was die Beurteilung der Abwärtsbewegung erleichtert. ■

4.2.4.8 Instinkt, Angeborener auslösender Mechanismus Genaue Untersuchungen des instinktiven Verhaltens haben gezeigt, daß besonders komplexe Verhaltensweisen, z.B. im Zusammenhang mit der Nahrungsaufnahme – Jagdverhalten bei Salticiden, Katzen, Wölfen u.a. – die formal eine Einheit bilden (Appetenzverhalten und Endhandlung), sich derart zerlegen lassen, daß die einzelnen Teilkomponenten des Verhaltens verschieden schnell „ermüden", als hätten sie einen eigenen Antrieb.

Zum Beispiel: Das Beutefangverhalten von Wölfen besteht aus der Appetenz: erhöhte Aktivität = Durchstreifen des Jagdreviers; der gezielten Annäherung und der Endhandlung (Beuteverzehr). Nach der Craig'schen Definition wäre zu erwarten, daß ein Wolf, der genügend lange frißt, den Inneren Antrieb auch für das Durchstreifen des Reviers nivelliert. Wie man sich in jedem Zoo, in dem die Futternäpfe voll sind und die Wölfe trotzdem ca. 3 h täglich stereotyp umherlaufen (= Revier durchstreifen), überzeugen kann, trifft das nicht zu. In vielen Fällen läßt sich zeigen, daß Verhaltenskomponenten, die Teile komplexer instinktiver Verhaltensweisen sind, gewissermaßen einen autonomen Antrieb haben, der nur von dem entsprechenden „Teilverhalten" selbst nivelliert werden kann.

Diese, phylogenetisch gesehen, durchaus sinnvolle Verhaltensprogrammierung – im Falle des Wolfs ist sie seiner Jagdkondition dienlich – motivierte die Verhaltensforscher, bessere experimentelle Methoden zu suchen, die eine exaktere Beschreibung des Verhaltens ermöglichen könnten.

Mit den elektrischen Zwischenhirnreizungen von H e s s an Katzen [126] und von v. H o l s t an Hühnern [133] wurde eine neue Einsicht in die neurophysiologischen Prozesse gewonnen. Je nach Ort und Art der Hinreizung war es möglich, verschiedene Teilhandlungen einzelner instinktiver Verhaltensweisen zu aktivieren.

Um die Tragweite der Versuche zu verdeutlichen, sei hier ergänzt, daß die Neuroethologie mittels gezielter Hirnreizung nicht nur ganze Verhaltenskomplexe, z.B. Nahrungssuche + Nahrungsaufnahme, sondern kleinste Verhaltenskomponenten, bei Hühnern z.B. nur die Appetenz (Suchen nach Körnern), oder nur die Pickbewegungen, nur das Heben eines Beins etc., aktivieren kann. Die Tiere verhalten sich dabei, als ob sie die dazugehörigen, auslösenden Reize wahrnehmen würden.

Diese Befunde veranlaßten N. Tinbergen, den Instinktbegriff neu zu formulieren: *ein Instinkt ist ein (angeborener,* Zusatz des Autors) *hierarchisch organisierter, nervöser Mechanismus, der auf bestimmte Impulse, sowohl innere wie äußere, anspricht und diese mit wohlkoordinierten lebens- und arterhaltenden Bewegungen beantwortet.* Alles, was durch diesen Mechanismus an Verhalten erzeugt wird, nannte Tinbergen *Instinkttätigkeiten.*

Entsprechend postulierte er für den Schlüsselreiz bzw. die Schlüsselreizkombination einen neurosensorischen Mechanismus, der selektiv auf diese Reize anspricht und nannte ihn: *Angeborenen auslösenden Mechanismus, kurz: AAM. Ein AAM ist ein neurosensorischer Mechanismus, der die Reaktionen zur Auslösung durch Schlüsselreize freigibt* [297]. Am einfachsten könnte man von einem Reizfilter sprechen, der nur bestimmte Reizkombinationen zur Auslösung des Verhaltens durchläßt.

Besonders gut untersucht ist z.B. die visuelle Informationsaufnahme des Frosches. Der Frosch besitzt in der Retina vier Ganglienzelltypen, die selektiv auf bestimmte Reizmuster ansprechen. Typ 1 spricht nur auf dunkle Flächen im Gesichtsfeld an. Typ 2 (Bewegungsanzeiger) wird bei Bewegung von mittelgroßen Objekten aktiviert; Typ 3 (Insektenanzeiger) nur bei Bewegung kleiner Objekte. Typ 4 (Konturenanzeiger) reagiert nur auf scharflinige Umrisse. Dementsprechend ist die Information, die von der Retina das Hirn erreicht, weitgehend ein Ergebnis der retinalen Verrechnung. Bereits hier wird die Entscheidung Feind oder Beute, festgelegt und die Information zu Integrationszentren im Hirn geleitet, wo sie in eine Antwortreaktion umgesetzt wird (vgl. dazu [37], [296]). Entsprechend dem relativ einfachen Informationsgehalt der nervösen Verarbeitung visueller Reize ist das angeborene Beuteschema einfach und geht in punkto Größe nach oben fließend in ein Feindschema über.

Die Entwicklung von Zeichen erkennenden Computern hat übrigens das Verständnis solcher Schaltungen wesentlich erleichtet [79], [87], [270].

Während die Neurophysiologie die Abgrenzung des AAM generell bestätigen konnte und in einigen Fällen sogar recht gute Analysen einzelner AAM erarbeitet hat, erwies sich der Instinktbegriff ohne den Zusatz „angeborener" Mechanismus als zu ungenau definiert. Man hat festgestellt, daß bei Hirnreizungen nicht nur angeborenes Verhalten, sondern auch erlerntes aktiviert werden kann [110].

Ein wichtiges Charakteristikum der Instinkte ist ihre hierarchische Organisation. Instinktive Verhaltensprogramme (angeborene Verhaltensprogramme) bestehen aus über- und untergeordneten Instinkten (Abb. 52), von denen die untergeordneten nur bei Aktivierung der übergeordneten (Innerer Antrieb) selbst ausgelöst werden können. Auf jeder Ebene dieser hierarchischen Organisation gibt es spezielle AAM, die jeweils die entsprechenden Verhaltensweisen kontrollieren, z.B. muß beim Stichling der Fortpflanzungsinstinkt aktiviert sein, bevor Kampf- und Nestbauverhalten ausgelöst werden kann. Kampfverhalten wird vom AAM für den rotgefärbten Rivalen kontrolliert, während das Nestbauverhalten etwa durch das Vorhandensein von Pflanzen usw. über den dazugehörigen AAM gezielt angesteuert wird.

Verhaltensprogramm bedeutet, ähnlich wie Instinkt, das ZNS-Substrat, das infolge seiner spezifischen, arttypischen Organisation angeborenes Verhalten steuert. Werden z.B. Hirnanlagen von einer Tierart auf eine andere transplantiert (Versuche an Anuren), wird auch das dazugehörige bzw. das von diesen Hirnpartien bestimmte Verhalten übertragen [5].

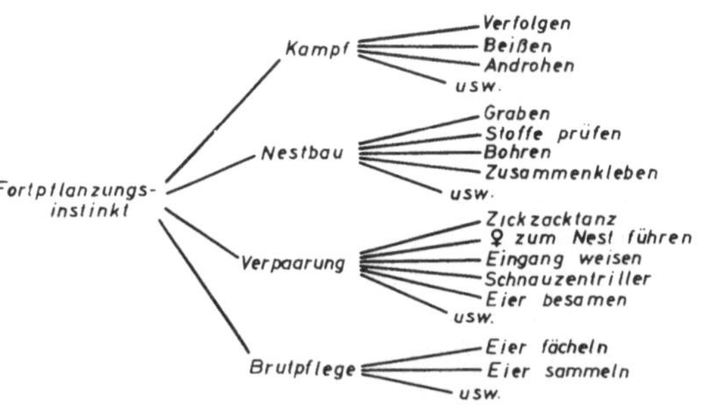

Abb. 52 (nach N. T i n b e r g e n).
Hierarchische Ordnung des Verhaltens beim Stichling.

Instinkte gleicher hierarchischer Ordnung können sich gegenseitig hemmen, so daß nur der stärker aktivierte (= Innerer Antrieb und Schlüsselreiz) realisiert wird. So wird garantiert, daß ein Organismus stets nur ein einziges Verhalten zeigt und nicht ein Verhaltens-Chaos aktiviert wird. Lediglich die Atembewegungen [116] laufen als Ausnahme in der Regel parallel neben anderen Verhaltensweisen ab.

In Fällen, in denen zwei Verhaltensprogramme gleicher hierarchischer Ordnung gleich stark aktiviert sind — in Konfliktsituationen also — resultiert die *Übersprungshandlung, die keinem der miteinander „konkurrierenden" Antriebe zugeordnet werden kann.*

Die Übersprungshandlung kann entweder mit einem „Überspringen" der „Antriebs-Energie" auf einen anderen Funktionskreis erklärt werden (Übersprungshypothese), oder damit, daß bei gegenseitiger Hemmung zweier Programme ein drittes, weniger aktiviertes, zum Tragen kommt (Enthemmungshypothese).

Daneben gibt es Sonderfälle: Bei gleichstarker Aktivierung der Verhaltensweisen A und B ist es möglich, daß diese in schneller Folge nacheinander absolviert werden: z.B. Auf- und Abnicken des Kopfes; oder daß sie überlagert werden: z.B. simultanes Wenden und Senken des Kopfes bei gleichzeitiger, elektrischer Reizung der entsprechenden Hirnzentren.

Ist ein Instinkt allein nicht ausreichend aktiviert, erfolgen nur *Intentionsbewegungen,* z.B.: ein Vogel, bei dem die Fluchtschwelle allmählich erniedrigt wird (der „Angst" hat), fliegt nicht sofort weg, sondern setzt öfter zum Fliegen an. Ist ein Verhalten aktiviert und wird es während des Ablaufs durch Außenreize gehemmt, beobachten wir gelegentlich eine *Umorientierung,* z.B.: Menschen, die aggressiv werden, schlagen häufig mit der Faust auf den Tisch, ohne den Widersacher direkt anzugreifen.

Die oben angeführte Problematik läßt sich in vielen Punkten direkt nicht allein mit Beobachtungsanalysen angehen. So wird der Attrappenversuch Auskunft über die Selektivität des AAM geben (vgl. Versuch 40 u. 41), die elektrophysiologische und cytomorphologische Analyse seine Organisation aufklären. Zur Demonstration von Instinkten eignen sich gut folgende Filme D 845 bis D 849 IWF, Göttingen. Übersprungshandlungen wurden in den Versuchen 7 und 9 bereits besprochen. Im folgenden werden deshalb nur zwei Versuche mit Salticiden angeführt, die die komplexe Organisation und die gegenseitige Hemmung von Verhaltensweisen demonstrieren sollen.

▲ *Versuch 49.* Verschieden schnelle Ermüdbarkeit der Teilkomponenten des Beutefangverhaltens bei Salticiden

Der Versuch wird ähnlich wie Versuch 40 durchgeführt; wir benötigen aber nur 3 bis 5 Salticiden, die nicht unbedingt durch vorausgegangenes Hungern vorbereitet sein müssen. Das Beutefangverhalten der Tiere wird einzeln mit der räumlichen Attrappe Nr. 10 solange ausgelöst, bis kein Heranlaufen mehr erfolgt. Dabei ist es wichtig, die Zeiten zu notieren, in denen Heranlaufen, Schleichen und Sprung ausgelöst werden. Nach einer gewissen Zeit (häufig erst nach über einer Stunde) läßt sich dann nur noch Zuwenden auslösen. Wenn der Versuch soweit fortgeschritten ist, vergleichen wir die Zeiten des letzten Sprungs mit denen des Heranschleichens und des Heranlaufens. Dabei stellt man fest: am schnellsten ermüdet der Sprung, es folgt Schleichen und Heranlaufen. Die Zuwendung ist nicht ermüdbar.

A n m e r k u n g e n. 1. Häufig ermüden Heranschleichen und Sprung gleichzeitig.
2. Daß die Zuwendung nicht ermüdet, ist sinnvoll, da sie sicherstellt, daß die Tiere
stets aufmerksam den Biotop beobachten. Würde auch diese Verhaltenskomponente
schnell ermüden, wäre die Gefahr, selbst gefressen zu werden, erheblich größer.
3. Man kann in einem Zusatzversuch nachweisen, daß keine motorische Ermüdung vorliegt.
Dazu nutzen wir die positive Phototaxis der Tiere aus. Die ermüdeten Salticiden werden in eine 1 m lange Plexiglasröhre gebracht (ϕ 1 bis 1,5 cm), an deren Enden Taschen-
lampenbirnen je eine wechselweise ein- und ausgeschaltet werden. Ist der Versuchsraum halb verdunkelt, laufen die Tiere oft sehr lange Zeit hin und her, jeweils zum
Licht. ■

▲ *Versuch 50.* Gegenseitige Hemmung von Verhaltensweisen

Untersucht werden in diesem Versuch Balz- und Beutefangverhalten (Methode wie im
Versuch 40). Es ist vorteilhaft, 3 bis 5 Männchen zu testen, die bereits 6 Tage lang vom
Weibchen isoliert sind. Nun wird 10 Tage lang das Verhalten der Tiere in Bezug zur
Balzattrappe Nr. 15, jeweils täglich 5 min getestet (vgl. Versuch 41). Während dieser
10 Tage werden die Tiere nicht gefüttert. Mit zunehmender Hungerdauer wird mit der
Attrappe Nr. 15 immer häufiger Beutefangverhalten ausgelöst. Weiterhin treten beide
Verhaltensweisen nie gleichzeitig, sondern am Anfang der Versuchsreihe nur hinterein-
ander auf.

A n m e r k u n g. Der Versuch bereitet insofern Schwierigkeiten, als die Führung
einer Beuteattrappe und einer Balzattrappe verschieden ist (vgl. Versuch 40). Hier muß
also ein Mittelweg eingeschlagen werden. Die Quantifizierung erfolgt am besten, indem
man die Zeit des Schleichens und des Sprunges mit der des Zickzacktanzes vergleicht
(Stoppuhr). Alle anderen Daten wie im Versuch 40. ■

5 Erlerntes Verhalten

*Erlerntes Verhalten ist durch individuelle Erfahrung mit der Umwelt modifiziertes Ver-
halten, das in der Regel im Dienste einer verbesserten Anpassung an wechselnde Umweltverhältnisse steht.* Es setzt voraus, daß der Organismus die Fähigkeit besitzt, „Erfahrungen" über eine morphologisch biochemische Modifikation des Körpers (in der
Regel des ZNS), die eine Funktionsänderung zur Folge hat, über kürzere oder längere
Zeit zu speichern → *Gedächtnis.*
Vergleicht man die in aufsteigender Stammesreihe auftretenden Lernformen, sind höch-
ste Lernleistungen mit der Modifikation der Einzeller (in Folge von Umwelteinflüssen)
in einer lückenlosen Folge abgestufter Komplexität verknüpft. Lernen bei vielzelligen
Organismen läßt sich auf die *kooperative Leistung* vieler (in Folge von „Außenfaktoren",
z.B. Erregungsübertragung von den Nachbarzellen) *verschieden modifizierter Nervenzellen zurückführen* (vgl. Abschn. 5.1).

Dies erlaubt einige Rückschlüsse auf die Evolution der individuellen Lernfähigkeit. Sehr wahrscheinlich war Leben von Beginn an mit Selektionsfaktoren konfrontiert, die, stark simplifiziert, in zwei Kategorien zusammengefaßt werden können: konstante und veränderliche. Deshalb ist anzunehmen, daß Verhalten von Anfang an nicht starr, sondern in gewissen Grenzen (je nach Selektion) modifizierbar sein mußte. Die Plastizität des Verhaltens ist aber ein Selektionsvorteil von weitreichender Bedeutung für die Phylogenie. Der Selektionsvorteil besteht darin, daß es den Individuen einer Art möglich ist, einer schnell eintretenden Umweltveränderung mit einer individuellen Anpassung (verschiedenen Ausmaßes, je nach Organisationshöhe) zu begegnen. Damit wird der Selektionsdruck solcher Veränderungen gemindert. Gleichzeitig wird damit bei langfristigen Veränderung die Ausgangsbasis für die folgende genetische Anpassung verbessert.

Im Zuge der Höherentwicklung führten nun solche Faktoren wie Heterotrophie, Erhöhung der Mobilität und die Landeroberung, sowie ein allmähliches Anwachsen der Individuendichte dazu, daß die veränderlichen Selektionsfaktoren ständig zunahmen. Da nur die Arten überleben konnten, deren Individuen den von Generation zu Generation zunehmenden veränderlichen Selektionsfaktoren widerstehen konnten, förderte diese allmähliche Veränderung der Umwelt in einigen Stammbaumzweigen genetische Varianten mit einer entsprechend höheren Verhaltensplastizität.

Die Wechselwirkung: Plastischeres Verhalten erhöhte die Anzahl veränderlicher Selektionsfaktoren für die Art (und umgekehrt: diese Veränderung begünstigte Varianten mit entsprechend plastischerem Verhalten), führte dazu, daß in einigen Stammesreihen die *Anagenese* (Höherentwicklung) allmählich beschleunigt wurde. Dabei spielte die *zwischen- und innerartliche Konkurrenz* zunehmend eine immer größere Rolle, die bewirkte, daß in der Wechselwirkung: optimiertes Lernverhalten − Selektionsfaktoren, der Konkurrent allmählich zum entscheidenden (die Entwicklung bestimmenden) Faktor wurde. Das optimierte Lernverhalten des einen Organismus erhöhte den Selektionsdruck auf den anderen und umgekehrt, was letztlich die Ursache zur Entwicklung höchster Lernformen gewesen sein dürfte.

Es ist in diesem Zusammenhang interessant, menschliche Lernleistungen zu streifen. Warum leistet das menschliche Hirn heute wesentlich mehr als ihm die klassisch biologische Selektion abverlangte? Dieser Sachverhalt läßt sich am besten mit einem Beispiel aus der Computertechnik erklären: Fast jeder zweckgebunden entwickelte Computer (= angepaßt an die wirtschaftlichen Erfordernisse) bietet Möglichkeiten der Informationsverarbeitung, die nicht eingeplant waren. Einmal entdeckt, sind sie häufig Ausgangspunkt einer Weiterentwicklung, in der sie dann für bestimmte Aufgaben optimiert werden. Offenbar *ist es eine prinzipielle Eigenschaft informationsverarbeitender Maschinen* (analog dazu Hirne), die unter der Selektion zu höchsten Leistung bei möglichst geringem Materialaufwand (vgl. Prinzip der Ökonomisierung; S 20) entstehen, daß *sie auch andere Informationskombinationen und Rechnungsarten durchführen können als vorgesehen.* Der entscheidende evolutive Schritt ist ihre zufällige Entdeckung, und die Voraussetzung zur ihrer Weiterentwicklung ist die Eignung dieser Funktionen zur Verbesserung eigener Überlebenschancen.

Hinzu kommt ein zweites Phänomen, daß nun die Leistung einer informationsverarbeitenden Maschine durch Einsatz von Algorithmen und Begriffen höherer Abstraktionsstufe verbessert werden kann. Dabei ist entscheidend, daß das „Mehr" an Information in den dabei verwendeten Symbolen, d.h. Begriffen höherer Abstraktionsstufe (was gleichbedeutend mit allgemeingültigeren − mehr Information enthaltenden Begriffen ist; vgl. Abschn. 5.3.2.7) liegt.

Daß diese Entwicklung höchstwahrscheinlich der Entwicklung menschlichen Denkens entspricht, unterstützt u.a. ein Beispiel aus der Verhaltenskunde: Schimpansen sind durchaus fähig, Dinge zu lernen, die sie in freier Wildbahn nicht brauchen, d.h. ihr

Hirn kann auch *andere* Leistungen vollbringen als zum Überleben notwendig. Die Versuche des Ehepaares Gardner haben z.B. gezeigt, daß Schimpansen die Taubstummensprache erlernen können. Dies bedeutet, daß unter Einsatz kulturell entwickelter abstrakter Symbole und Algorithmen die Leistung der Informationsübermittlung dieser Tiere erheblich gesteigert werden kann.

Die Vorteile individuellen Lernens sind: Es erfolgt im Vergleich zum „genetischen Lernen" schneller, und es kann sich, wie Lorenz sagt, im Gegensatz dazu sowohl am Erfolg wie am Mißerfolg [191] orientieren, wodurch der Erfahrungsumfang wesentlich erweitert wird.

Als Nachteil, der bislang offensichtlich tragbar war, läßt sich anführen:

1. Das Gelernte (es kann auch nachteilig für die Arterhaltung sein) muß erst von der Selektion auf Brauchbarkeit überprüft werden.

Das trifft auch für Lerneffekte zu, die sich über das individuelle Leben hinaus auf die Nachkommen auswirken (vgl. Abschn. 11.2).

2. Die Erfahrungen müssen von jedem Individuum selbst erworben werden.

5. 1 Das Gedächtnis

Um Information zu speichern, bedarf es zweierlei: a) *der Auswahl von Information,* b) *einer der Realität (stellvertretend) zugeordneten materiellen Struktur, deren Veränderung gespeicherte Information bedeutet.*

Ein einfaches Beispiel: Von den vielen Tageseindrücken, die wir erleben, ist einer von besonderer Bedeutung. Um ihn nicht zu vergessen, binden wir einen Knoten ins Taschentuch.

Die definitive Auswahl der Information, die in diesem Beispiel der Mensch fällt (er soll bis auf diesen Punkt den Leser nicht durch eventuelle Spitzfindigkeiten ablenken), treffen die Sinneszellen und -organe, die nur auf spezifische Reize ansprechen (vgl. Abschn. 4.2.3).

Die Speicherung der Information, in unserem Beispiel der Knoten im Taschentusch, kann *in einer Zelle*, physiologisch vereinfacht gesehen, im wesentlichen auf zwei Wegen erreicht werden:

1. Der Stoffwechsel und/oder die cytochemische Konstitution *des Zellinneren* werden infolge von Erregung langfristig verändert und dadurch die Erregbarkeit der Zelle im Vergleich zum Ursprungszustand modifiziert.

2. Die molekulare und/oder cytoarchitektonische Struktur der *Zellperipherie (Membran)* wird langfristig modifiziert mit dem gleichen Ergebnis wie in Punkt 1.

Offensichtlich reichen diese zwei Möglichkeiten zur Informationsspeicherung und -verarbeitung des Umfanges, wie wir ihn von höher entwickelten Organismen kennen, nicht aus. Die einzelnen Zellen, und hier können als Modell durchaus Protozoen dienen, lernen, wenn überhaupt, bekannterweise sehr wenig, und alle bislang bei diesen Organismen erzielten „Lernerfolge" lassen sich, bereits mit Ermüdung, Gewöhnung oder Sensitivierung hinreichend erklären.

Die weit verbreitete Vorstellung, individuelles Gedächtnis größeren Umfangs könnte in der Basensequenz der Nukleinsäuren und/oder der Aminosäuresequenz von Zellproteinen gespeichert werden, erscheint fraglich. Obwohl in jeder Zelle bekanntlich eine Fülle von Information in diesen Strukturen gespeichert ist, sind sie vom Artgedächtnis in Beschlag genommen. Eine gleichzeitige Nutzung dieses Speichers für genetische Information und individuell erworbene Information größeren Maßstabes dürfte zu Störungen führen, und ist deshalb unwahrscheinlich.

Wie einfach nachzuvollziehen, kann man mit nur einem Knoten im Taschentuch 1 bit speichern (Knoten = ja; kein Knoten = nein), mit zwei Knoten ca. 1,6 bit und mit zwei Knoten, in denen die Lagebeziehung der Knoten zueinander definiert ist, gar 2 bit. Mit mehreren Knoten und bei Beachtung ihrer Wechselbeziehung zueinander − die Inkas kannten eine Knotenschrift− läßt sich die Speicherkapazität wesentlich erweitern. Es ist offensichtlich, daß dieser Tatsache in der Höherentwicklung zentralnervöser Systeme (mit größerer Lern- und Speicherkapazität) Rechnung getragen wurde: *Zellzahl und Synapsenzahl, die es erlauben, die assoziativen Wechselbeziehungen der Zellen im ZNS zueinander zu bestimmen, nehmen im Zuge der Höherentwicklung zu.*

In der Computertechnik kann man übrigens eine ähnliche Entwicklung feststellen.

Überlegt man, wo Information im ZNS gespeichert ist, wird man, informationstechnisch gesehen, bei Beachtung des Gesetzes der sparsamsten Mittel auf die Schaltstellen, die Synapsen, verwiesen.

1. Modifikationen der Synapsen (z.B. Veränderungen der Synapsenprojektion (Fläche) oder der Synapsenmembranpermeabilität u.a.) bzw. auch die Neubildung von Synapsen erlauben es, mit geringem „Materialaufwand" − die Synapse macht einen Bruchteil der Zelle aus − und an entscheidender Stelle (Erregungsübertragung), die Wechselbeziehungen der Zellen zueinander zu verändern, d.h. Information zu speichern. Umfangreiche Untersuchungen [31], [175], [238] z.B. zeigen, daß Lernkapazität und -fähigkeit primär abhängig sind von der zur Verfügung stehenden Hirnmasse, die wiederum proportional der Synapsenzahl ist.

Über die Kern-Plasma-Relation ist die Anzahl möglicher Synapsen begrenzt, so daß bei Erweiterung der Speicherkapazität auch die Zellzahl zunehmen wird.

2. Hinzu kommt, daß dauerhafte Modifikationen oder Neubildung von Synapsen Veränderungen an der Zellperipherie sind. Einmal ausgebildet, sind sie, außer von der Erregungsübertragung selbst, von den übrigen Funktionen der Zelle weitgehend unabhängig.

Synapsenneubildung bzw. -fixierung (= hypothetische Annahme von in der Ontogenie „angelegten" Synapsen, die über die Funktion fixiert = „dauerhaft" werden [285]), dürfte besonders in den sensiblen Phasen der Entwicklung (vgl. Abschn. 5.3.2.2) entscheidend sein, allerdings reichen die vorliegenden Ergebnisse als Beweis nicht aus.

3. Weiterhin wird es auf diesem Wege möglich, Information mit Hilfe eines gleichartigen, verschieden graduierten Prozesses zu speichern; z.B. pro Nervenzelltyp immer die über einen gleichen Prozess erfolgende (je nach Aktivierung der Zelle), verschieden starke Modifikation des Synapsenapparates [26]. Damit wäre die Störanfälligkeit der Gedächtnisbildung stark reduziert.

Zum Beispiel: Bei Einsatz nur einer Substanz zur Synapsenmodifikation wäre die Störanfälligkeit in Bezug auf den Syntheseprozeß theoretisch nur halb so groß als wenn zwei verschiedene Substanzen eingesetzt werden.

4. Letzten Endes wäre über dieses System der Zugriff zur Information auf eine einfache und sichere Weise möglich, und zwar über eine erneute Erregung des modifizierten Systems. Dabei würde das „Auffinden" der Information durch die Gegebenheit, daß die Modifizierung des Systems zur Folge hat, daß es in Zukunft nur von einer Erregung, z.B. definierter Stärke aktiviert werden kann, im einfachsten Fall sichergestellt (vgl. S. 162 und Abb. 65). Im ZNS könnte die Möglichkeit des Informationszugriffs durch Einsatz verschiedener Erregungsmuster, die allein spezifische Detektorschaltungen passieren können, optimiert sein.

Diese stark simplifizierten Ausführungen betreffen das Langzeitgedächtnis, von dem bekannt ist, daß es durch Proteinsyntheseblocker, Unterkühlung, in gewissen Grenzen durch Elektroschocks und andere massive physiologische Eingriffe, (einmal ausgebildet) nicht beeinflußt wird.

Soweit heute bekannt, sind dem Langzeitgedächtnis zwei Phasen der Gedächtnisbildung vorgeschaltet, die, summarisch gesehen, den Transferprozeß: Erregung → beeinflußter Stoffwechsel der erregten Zellen (z. B. Veränderungen der Protein- oder Transmittersynthese → veränderte Struktur (Modifikation) erfassen [2], [245], [300], [304], [309], usw. Sie werden als Ultrakurzzeit- und Kurzzeitgedächtnis bezeichnet.

Notgedrungen berücksichtigen die Ausführungen nicht die funktionelle Unterteilung des Gehirns, z.B. das Vorhandensein verschiedener Neurotransmitter in verschiedenen Neuronennetzen und entsprechend abweichende Modifikationsprozesse, die Rolle der Hormone für die neuronale und damit auch die Gedächtnisfunktion, und die Bedeutung der Gliazellen, die in einer engen, funktionellen Verzahnung mit den Nervenzellen stehen (vgl. z.B. [273]).

In neuerer Zeit gelang es der Arbeitsgruppe um G. Ungar, eine Art „Gedächtnismolekül" zu isolieren. Es läßt sich zur Zeit nicht entscheiden, ob diese Substanz ein Synapseninduktor, spezifischer Peptidtransmitter oder ein Hormon darstellt, die z.B. die Funktion bestimmter Neuronennetze (s. oben), bzw. Sinnesorgane in einem begrenzten Bereich beeinflußt und so Verhaltensveränderungen verursacht. Die gelegentlich in Anlehnung an diese Experimente wiederaufgegriffenen Spekulationen, das ZNS könnte individuell erworbene Information größeren Umfangs in der Aminosäure- oder Nucleotidsequenz von Makromolekülen speichern und auch wieder ekphorieren, ist jedoch aus den bereits auf S. 125 angeführten Gründen unwahrscheinlich [61], [203], [301], [311].

Solche und ähnliche Überlegungen, sowie eine Fülle experimenteller Ergebnisse machen wahrscheinlich, daß erlerntes Verhalten durch Synapsenmodifikation und -neubildung fixiert wird. Angeborenes Verhalten hingegen dürfte von angeborenermaßen spezifisch verschalteten Neuronennetzen gesteuert werden. Erste Verhaltenstransplantationen mittels Übertragung von Hirnanlagen sind bereits gelungen [5], [255].

Die oben geschilderten Ausführungen sind größtenteils *hypothetisch*. Sie dürfen nicht darüber hinwegtäuschen, daß unsere Kenntnisse über die Mechanismen der Gedächtnisbildung zur Zeit noch sehr lückenhaft sind.

5.2 Angeborene Lerndisposition

Die „Lernmatrix", das Gehirn und damit die Lernfähigkeit wird ähnlich wie andere Funktionen artspezifisch vererbt. Daraus folgt, *die Art des Lernens, die Lernkapazität und der Bereich, in dem gelernt wird, sind genetisch fixiert* — was der Verhaltensbiologe kurz mit *angeborener Lerndisposition* umschreibt. Gemäß dem Prinzip der Tradierung (vgl. Abschn. 2) läßt sich im Stammbaum eine sukzessive Entwicklung des Lernverhaltens beobachten, in dem Sinne, daß einfache Lernformen *in aufsteigender Stammesreihe* zunehmend durch komplexere, assoziative Prozesse ergänzt bzw. ersetzt werden, so daß die *Lernkapazität, allgemein gesehen, zunimmt und die Verhaltensbereiche, die durch Lernen modifiziert werden können, einen immer größeren Raum einnehmen.*

Die Beschreibung der angeborenen Lerndisposition beim Menschen bereitet oft Schwierigkeiten, da in vielen Bereichen, mit Ausnahme der Endhandlung und der essentiellen Motivation, das Verhalten (individuell) modifiziert werden kann. Es muß dabei bedacht werden, daß der Mensch im foetalen Zustand zur Welt kommt, d.h. die Entwicklung des Gehirns ist nicht abgeschlossen. So wird die Hirnentwicklung beim Menschen besonders in den ersten 2 bis 6 Jahren nicht nur von einer ausreichenden Nahrungszufuhr (Schäden bei Proteinmangel), sondern auch von der Funktion entscheidend mitbestimmt (vgl. S. 135). Dies bedeutet aber nicht, daß der Rahmen der angeborenen Lerndisposition gesprengt wird, *sondern daß er nur mehr oder weniger vollständig ausgeschöpft werden kann.*

Im allgemeinen sind Versuche zu diesem Problemkreis besonders eindrucksvoll, wenn sie zwei nahe verwandte Arten, oder sogar zwei Rassen der gleichen Art erfassen, die unterschiedliche Lernfähigkeiten aufweisen, wie z.B. Labyrinthversuche mit Ratten, die gezeigt haben, daß es Stämme gibt, die besonders gut Horizontallabyrinthe, und andere, die besonders gut Vertikallabyrinthe erlernen [296]); aber gerade diese Versuche sind wegen der teils äußerst schwierigen Tierbeschaffung und des erheblichen Zeitaufwands für ein Praktikum kaum geeignet. Bedenkt man, daß Verhalten die Funktion des Körpers ist, dann ist letztlich jedes artspezifische Lernverhalten, auch dann, wenn es z.B. nur durch die spezifische Leistung der Sinnesorgane auf einen bestimmten Erfahrungsbereich eingeengt ist, ein Beleg für die angeborene Lerndisposition, so daß die Anzahl der zur Demonstration geeigneten Versuche groß ist.

▲ *Versuch 51.*   Vergleich der Lerndisposition bei Fliegen und Bienen

Soweit mir bekannt, ist es bislang nicht gelungen, Fliegen zu dressieren, was einen einfachen Versuchsansatz bietet. Wir versuchen etwa bei der Fliege eine ähnliche Leistung zu erzielen, wie sie die Bienen z.B. im Versuch 34 oder Versuch 59 erbringen. (Bereits eine Überprüfung der Ortsstetigkeit ist hinreichend). Fliegenbeschaffung: s. Versuch 3; Bienenbeschaffung; s. Versuch 59.

A n m e r k u n g e n. Die Unterschiede des Verhaltens bei Fliegen und Bienen sind außer in der Lernfähigkeit auch auf anderen Ebenen zu suchen, von denen die wichtigsten sind:

1. Physiologische Unterschiede der Augen und des ZNS von Fliege und Biene, z.B. Orientierung [310].
2. Die Biene ist im Gegensatz zur Fliege ein soziales Lebewesen und hat eine Reihe angeborener Verhaltensweisen, z.B. Bienensprache, Sammeltrieb, die es dem Experimentator besonders leicht machen, bei ihr Lernleistungen nachzuweisen. ■

▲ *Versuch 52.*   Lerndisposition bei verschiedenen Mäusearten.

In unseren Tierhandlungen kann man gelegentlich neben weißen Mäusen auch die Tanzmaus (Mus musculus wagneri) bekommen. Die Tanzmäuse sind eine Züchtung (Mutation), bei der wahrscheinlich die neuronale Verschaltung des Cerebellums verändert ist [275], so daß die Tiere sich mehr oder weniger häufig im Kreise drehen. Damit ist das Gesamtverhalten, auch das Lernspektrum angeborenermaßen, im Vergleich zu normalen Tieren, verändert, so daß etwa ein Vergleich beider Arten in einem Musterdressurversuch (vgl. Versuch 61) oder in Versuchen wie Nr. 62 und Nr. 69 die angeborene Lerndisposition gut demonstriert.
A n m e r k u n g. Daneben sind auch andere spezifische Unterschiede der Tiere von Bedeutung, z.B. die Sehleistung. ■

▲ *Versuch 53.*   Lerndisposition bei Hühnern und Hunden

Ein weiterer Versuch, der gut geeignet ist, die angeborene Lerndisposition zu demonstrieren, ist Versuch 71. Um die unterschiedliche Lerndisposition zu verdeutlichen, versucht man, die Hühner durch gezieltes Futterstreuen allmählich einmal vor, dann wieder hinter den Zaun zu dirigieren. Danach wird der Versuch, wie im Versuch 71 angegeben, wiederholt. Haben die Tiere den Umweg erlernt? Welche Unterschiede gibt es im Vergleich zum Hund?
A n m e r k u n g e n. 1. siehe Versuch 71.
2. Vögel und Säuger weisen zahlreiche konvergente Merkmale der Höherentwicklung auf, z.B. die Homöothermie oder die Reduktion eines Aortenbogens usw. In Bezug auf die Lernleistungen ist interessant, daß bei Vögeln hauptsächlich Thalamus und Basalganglion, bei Säugern der Cortex, die informationsspeichernden und -verarbeitenden Hirngebiete des Lernens sind. ■

5.3 Lernformen und ihre Motivation

Die Klassifizierung von Lernformen ist wiederholt und unter verschiedenen Gesichtspunkten vorgenommen worden, was zu einer Fülle mehr oder weniger gängiger Begriffe geführt hat, die sich kaum in eine einheitliche Systematik zwingen lassen.

Diese Sachlage ist mitbestimmend für die folgenden Ausführungen, *die nicht versuchen, eine neue Klassifizierung vorzunehmen, sondern die wichtigsten Lernformen, soweit möglich, unter Berücksichtigung verhaltensbiologischer und phylogenetischer Daten und in der Reihenfolge zunehmender Komplexität zu besprechen.*

5.3.1 Gewöhnung

Eine der am weitesten verbreiteten und, formal gesehen, eine der einfachsten Lernformen ist die *Gewöhnung*, von der bereits gesagt wurde, daß sie von der Ermüdung nicht immer eindeutig getrennt werden kann. In der Verhaltensbiologie spricht man von Gewöhnung dann, *wenn ein wiederholt vom Individuum wahrgenommener gleicher Reiz* (Art und Stärke) *zu einem reversiblen Schwund der Reaktion führt.*

Das wichtigste Kriterium der Gewöhnung ist ihre strenge *Zuordnung zur Reizspezifität* [34], [190], die bei Abweichungen, besonders in Richtung geringerer Reizintensität, die Reaktion wieder voll auftreten läßt, d.h., *das übrige Reaktionsspektrum bleibt von der echten Gewöhnung weitgehend unbeeinflußt.*

Zum Beispiel: Werden einem Truthahn mit einem Tongenerator Töne definierter Frequenz, Dauer und Lautstärke geboten, lösen sie anfangs stets Kollern aus. Nach einer gewissen Anzahl von Reizungen gewöhnt sich jedoch das Tier daran, und die Reaktion bleibt aus. Wird nun der gleiche Ton — also gleiche Frequenz und gleiche Tondauer, — wesentlich leiser geboten, tritt die Reaktion wieder auf [265].

Der Selektionsvorteil der Gewöhnung ist eine „Einsparung" motorischer Aktivität [34]. Soweit heute bekannt, läßt sich echte Gewöhnung, die nur mit einer kooperativen Leistung mehrerer Zellen erklärt werden kann (man denke auch an die gezielte Aufmerksamkeit) nur bei höher entwickelten Organismen nachweisen. Je einfacher die nervöse Organisation, desto schwerer sind Gewöhnung und Ermüdung zu trennen (vgl. Abschn. 4.2.4.7).

▲ *Versuch 54.Gewöhnung* bei Hydra

Ein besonders leicht durchzuführender Gewöhnungsversuch ist die Adaptation von Hydra (alle drei heimischen Arten sind geeignet) an eine gleichmäßige Wasserströmung.

B e n ö t i g t e   T i e r e   u n d   M a t e r i a l i e n. Hydren; ein Aquarium, etwa 60 l und eine Umwälzpumpe + Schläuche und Schlauchhalter.

V e r s u c h s d u r c h f ü h r u n g. Die Umwälzpumpe wird, wie in Abb. 53 gezeigt, so mit dem Aquarium verbunden, daß etwa in der Mitte des Bodens eine nicht zu starke Strömung erzeugt werden kann. Danach werden bei abgestellter Pumpe die Hydren ins Aquarium eingebracht. Sie sinken zu Boden und setzen sich dort fest. Spätestens nach einigen Stunden (Versuch eventuell am Vorabend vorbereiten!) haben sich die Tiere gestreckt und die Fangarme ausgebreitet. Nun wird die Pumpe eingeschaltet. Die Tiere kontrahieren sich, sind aber nach ca. 10 min Reizung mit gleichmäßiger Wasserströmung wieder gestreckt. Wird nun die Strömungsrichtung geringfügig verändert oder die Pumpe kurzfristig abgestellt und wieder eingestellt, kontrahieren sie sich erneut.

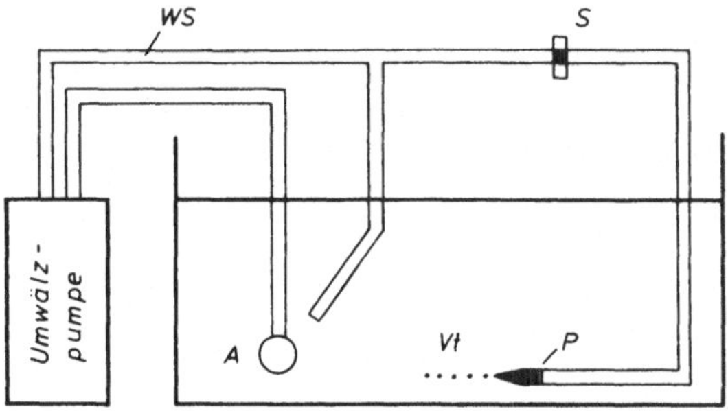

Abb. 53
Versuchsanordnung zum Versuch Gewöhnung bei Hydra
Die Wasserzuführung von der Pumpe ins Aquarium = WS ist aufgezweigt und einer der beiden Schläuche mit einer Pipette = P und Klemmschraube = S versehen. So läßt sich die Strömung beliebig fein dosieren. A = Ansauger; Vt = Versuchstiere. Die Schläuche sind der besseren Übersicht wegen schematisch gezeichnet.

A n m e r k u n g. Der Versuch bietet keinen eindeutigen Gewöhnungsnachweis und kann ebenso eine Ermüdung darstellen, z.B. durch das erneute Anstellen der Pumpe entsteht eine Druckwelle an der Strömungsfront, die sich hinsichtlich der Reizqualität und -intensität von der folgenden, gleichmäßigen Strömung unterscheiden wird. Verminderung der Strömung durch stärkeres Abklemmen der Wasserzufuhr oder totales Abstellen liefern nicht so deutliche oder gar keine positiven Ergebnisse. Die eindeutige Beweisführung ist nicht zuletzt wegen des primitiven Aufbaues — diffuses Nervennetz, keine Synapsen [37], einzelne Nervenzellen durch Anastomosen verbunden und einfache Sinneszellen — erschwert [40], [138], [141]. ■

▲ *Versuch 55.* Gewöhnung beim Kampffisch

Wesentlich besser geeignet für einen Gewöhnungsversuch ist das Kampfverhalten des Kampffisches, Betta splendens.

Biologie der Tiere Die aus Südostasien stammenden Kampffische sind Labyrinthfische und auf atmosphärische Luft, die sie an der Wasseroberfläche holen, angewiesen [284]. Unsere Aquarien-Kampffische sind eine Zuchtform, bei der besonders Flossengröße und Färbung, sowie das Kampfverhalten (in Thailand werden Kampfturniere abgehalten) gesteigert wurden. Die Männchen zeigen ein ausgeprägtes Revierverhalten. Besonders in flachen Aquarien, ca. 20 bis 25 cm Wasserstand, und bei hoher Temperatur, 28 °C, bauen sie Schaumnester, unter die die Weibchen nach einem stimulierenden und die Eiablage auslösenden „Liebesspiel" die Eier ablegen. Die zu Boden fallenden Eier werden durch das ins Wasser abgegebene Sperma befruchtet, vom Männchen mit dem Maul aufgefangen und im Schaumnest deponiert. *Rivalenkämpfe:* Trifft ein Kampffisch-Männchen auf einen Rivalen wird unvermeidlich Kampfverhalten ausgelöst [32], [164], [176], [186], [293]. Die Rücken-, After- und Schwanzflosse werden gespreizt, gleichzeitig die Färbung intensiviert und die Kiemendeckel fast in gradem Winkel vom Körper gestellt. In dieser, man kann sagen, starren Körperhaltung schwimmen die Rivalen mittels schneller Bewegung der Brustflossen aufeinander zu – „Frontalimponieren" – Drohen. Es folgt das „Breitseitsimponieren": Die Tiere stellen sich parallel zueinander, Kopf-an-Kopf oder Kopf-an-Schwanz. Die zum Gegner gelegene Brustflosse ist gespreizt, die von ihm abgewendete in schnellen Schwimmbewegungen. Gleichzeitig werden durch kräftige Bewegungen der Schwanzflosse und des Körpers Druckwellen erzeugt, bzw. der Gegner direkt mit der Flosse traktiert. Dabei schwimmen die Tiere synchron mal vorwärts, mal rückwärts. Nach einiger Zeit (Sekunden bis Minuten) wendet einer der Rivalen den Vorderkörper zum breitseits imponierenden Kontrahenten hin („Seitlich-frontales Imponieren"). Das kann abwechselnd geschehen, da die Tiere in dieser Phase eine Kopf-an-Kopf Stellung vermeiden (ritualisiertes Kämpfen). Ist bis dahin keiner der Rivalen geflohen, folgen Maulstöße, die mehr oder weniger auf das Schwanzende gerichtet sind oder auch Flanke oder Kiemenregion des Gegners erreichen. Dann setzt die Phase der Beschädigung ein, die bei gleichstarken Gegnern in ein mehrminütiges Maulzerren übergehen kann. Häufig sind die Tiere nach einiger Zeit so erschöpft, daß sie zu Boden sinken, um danach erneut den Kampf aufzunehmen. Der unterlegene Gegner versucht letztlich zu fliehen; er legt die Flossen an, die Färbung verblasst, und er nimmt eine Kopf-nach-oben-Stellung ein. Ist das Aquarium zu klein, so daß das unterlegene Tier, einmal am Boden, durch den Rivalen an der Kopf-nach-oben Stellung gehindert wird (Luftholen), ertrinkt es.

B e n ö t i g t e   T i e r e   u n d   M a t e r i a l i e n. Etwa 4 gleichgroße und -gefärbte Kampffisch-Männchen. Zwei gleiche Aquarien, ca. 20 bis 60 l, beheizt – ca. 26 ° bis 28 °C; ein Spiegel, eine Stoppuhr.

V e r s u c h s d u r c h f ü h r u n g. Die beiden Aqaurien werden eng aneinander gestellt und durch einen Karton optisch getrennt. Nun kommt in jedes Becken ein Kampffisch-Männchen. Da die Tiere auch ihr eigenes Spiegelbild bekämpfen, ist es im folgenden möglich, in einer ersten Versuchsphase den Karton gegen einen Spiegel auszuwechseln und das Imponieren, bzw. auch „Boxen" mit der Schnauze gegenüber dem Spiegelbild zu untersuchen. Zur Quantifizierung eignen sich am besten Anzahl und Zeit des Heranschwimmens mit gespreizten Kiemendeckeln und Flossen, oder Dauer des Kiemendeckelspreizens oder Flossenspreizens bezogen auf die Versuchszeit. Wie sehr leicht feststellbar (Stoppuhr), nimmt die Intensität des Verhaltens ab. Die Tiere haben sich nach 20 min bis 3 h an das Spiegelbild „gewöhnt", und entsprechend läßt das Kampfverhalten nach. Entfernt man nun Spiegel und Karton und gibt die Sicht zu einem anderen Männchen frei, tritt es in voller Stärke wieder auf (vgl. Abb. 54).

A n m e r k u n g e n. 1. Zur Messung sind auch andere Komponenten des Kampfverhaltens geeignet, aber sie bedürfen einer längeren Einarbeitungszeit.

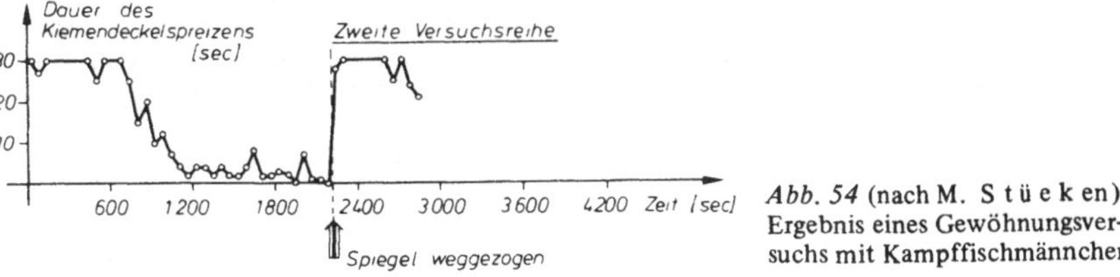

Abb. 54 (nach M. S t ü e k en). Ergebnis eines Gewöhnungsversuchs mit Kampffischmännchen.

2. Die Tiere sind gut für Attrappenversuche geeignet. Attrappen aus farbigem Plastilin etwa mit bunten Kunststofflossen (gut zur Untersuchung der Reizsummenregel).

3. Obwohl hier die experimentellen Anforderungen den Voraussetzungen zum Nachweis einer Gewöhnung sehr nahe kommen, bleibt offen, ob der Unterschied: Spiegelbild — Rivale (das Spiegelbild hat im Unterschied zum Rivalen, im Hinblick auf die streng spiegelbildlich zur eigenen Aktivität zugeordnete Gegenaktivität des Spiegelbilds, die Spezifität einer Reafferenz), nicht doch eine äußerst komplexe Ermüdungserscheinung darstellt. ■

5.3.2 Assoziative Lernformen

Der Gewöhnung als „einfacher" Lernform wird im allgemeinen das *assoziative Lernen,* auch *Lernen im engeren Sinne*, bzw. häufig *echtes Lernen* genannt, gegenübergestellt. Die Abgrenzung ist durch die klassischen Versuche von Pawlow geprägt, die zeigten, daß zwei zunächst voneinander hinsichtlich der Reaktion unabhängige Reize assoziiert werden können (s. Abschn. 5.3.2.3 und Abb. 55).

Projiziert man den Sachverhalt in die neurophysiologische Ebene, handelt es sich um *eine Assoziation zweier informationsleitender Bahnen,* ein Prozeß, der physiologisch noch nicht aufgeklärt ist. Dabei ist es für die folgenden Ausführungen wichtig zu wissen, daß diese Assoziation, die den Lernformen summarisch den Namen gibt, im Einzelfall auf verschiedenen Integrationsebenen des ZNS erfolgt. Es können informationleitende Bahnen und ein Reaktionsprogramm miteinander assoziiert werden, bzw. die Erregung leitenden Nervenzellen in einem komplexen, informationsspeichernden und -verarbeitenden Neuronennetz verknüpft (assoziiert) werden, wofür dann in der Verhaltensbiologie notgedrungen nur das beobachtbare summarische Ergebnis, das Verhalten, zur formalen Charakterisierung herangezogen werden kann (vgl. Abschn. 5.3.2.7).

5.3.2.1 Instinkt-Dressur-Verschränkung

5.3.2.1 Instinkt-Dressur-Verschränkung Eine in den Büchern der Ethologie häufig angeführte Lernform ist die *Instinkt-Dressur-Verschränkung*. Darunter versteht die Ethologie *Lernleistungen, die instinktives Verhalten infolge von Erfahrung (Selbstdressur) modifizieren.* Dieses Lernverhalten wird dutch den optimierten Erfolg instinktiven Verhaltens motiviert und durch ihn verstärkt, z.B. der modifizierte Nackenbiß beim

Iltis oder der effektivste Ansatz des Bisses beim Nüsse-Öffnen durch Eichhörnchen; oder das durch Übung ökonomisierte Landemanöver bei vielen Vögeln.

Da die Instinkt-Dressur-Verschränkung aufs Engste mit angeborenem Verhalten verbunden ist und sich an der Rückmeldung des eigenen Erfolgs orientiert, ist ihr experimenteller Nachweis schwierig.

Zum Beispiel: Das gezielte Picken von Hühnerküken nach Körnern, daß anfangs streut und etwa am 4. Tage sehr zielsicher ist, wird nicht erlernt, sondern ist die Folge eines Reifungsprozesses. Versuche mit Prismen, die das vom Tier gesehene Korn räumlich versetzen, beeinflussen diese Entwicklung nicht. Der sich daraus ergebende Lagefehler wird nicht kompensiert, die Streuung der Pickschläge konzentriert sich allmählich auf einen Punkt, der aber, durch die Wirkung der Prismen versetzt, daneben liegt [75].

Die Abgrenzung der Instinkt-Dressur-Verschränkung gegenüber anderen Lernformen ist ungenau und für eine Systematik des Lernverhaltens wenig geeignet. Andererseits veranschaulicht sie besonders eindrucksvoll einen wichtigen phylogenetischen Aspekt des individuellen Lernens: *Lernen steht im Dienste der Optimierung angeborener, für die Arterhaltung wichtiger Verhaltensweisen.*

Besonders im Hinblick auf das Verhalten des Menschen ist folgender Sachverhalt von Interesse. Individuelles Lernen beinhaltet die potentielle Gefahr, daß es sich gegen die Art richten kann (vgl. S. 124). Phylogenetisch gesehen bedeutet das, daß das Lernspektrum nur solange in der Stammesentwicklung erweitert werden kann (angeborene Lerndisposition), wie die damit immer größer werdende Gefahr eines Fehlverhaltens durch andere Faktoren kompensiert wird, wie z.B. durch Vermehrung oder Voraussicht (vgl. Abschn. 5.3.2.6 und 11.2).

Neuerdings wurde der Vorschlag gemacht [208], mit Instinkt-Dressur-Verschränkung Verhalten zu benennen, in dem angeborene Leistungen durch Dressur in herkömmlichem Sinne, z.B. im Zirkus, ausgebaut werden. Obwohl es wünschenswert ist, daß Begriffe, die aus der Umgangssprache entliehen werden, wissenschaftlich so definiert werden, daß sie dem allgemeinen Wortverständnis nicht widersprechen, ist die vom gleichen Autor für diese Lernform vorgeschlagene Bezeichnung: Instinkt-Lern-Verschränkung, in der Ethologie zur Zeit nicht üblich.

Die Instinkt-Dressur-Verschränkung ist im Versuch äußerst schwierig nachzuweisen und bedarf langer Zeit. Es wird deshalb auf eine Versuchsbeschreibung verzichtet und empfohlen, auf Filmmaterial zurückzugreifen: z.B. FT 653 (FWU München).

5.3.2.2 Prägung Eine weitverbreitete Sonderform des Lernens, die in der Regel in enger Beziehung zum angeborenen Verhaltensprogramm steht, ist die Prägung. Sie läßt sich über einige besondere Charakteristika gut gegen andere Lernformen abgrenzen.

Diese sind [75]:
1. Die Prägung erfolgt in einer besonderen Entwicklungsphase, der *sensiblen Phase*. Die sensible Phase, die je nach Art einige Minuten (z.B. Prägung der Ziegen-Mutter auf ihr

Junges ca. bis zu 5 min nach der Geburt möglich [261], wahrscheinlich Oxitocin = Hypophysenhormon abhängig) bis zu mehreren Monaten (z.B. Bindung des Säuglings an die Betreuungsperson erfolgt zwischen dem 3. bis 8. Monat) andauert, endet auch dann, wenn kein Lernen stattfand.

2. Der *Lerninhalt ist eng umgrenzt;* in vielen Fällen handelt es sich um die Fixierung eines Auslösemechanismus für ein bestimmtes antriebsgesteuertes Verhalten.

3. Die *Prägung ist irreversibel* und *wird nicht vergessen.*

4. Die *Prägung und* die *Zeit der Anwendung* des Geprägten *fallen nicht immer zusammen.*

Wir kennen heute mehrere Formen der Prägung, von denen die bekanntesten sind:

Die Objektprägung. Der Auslösemechanismus für ein bestimmtes Objekt einer Instinkthandlung wird geprägt (vgl. z.B. Versuch 56). Sonderform: sexuelle Prägung.

Auslösemechanismen, die u.a. in der Prägung geformt werden (durch Lernen erworben), nennt man *EAM*, erworbener Auslösemechanismus. Häufig beobachtet man auch, daß ein AAM durch Erfahrung ergänzt wird: *EAAM*. Dieser hat mit Prägung nichts zu tun; z.B. reagieren Hühner angeborenermaßen auf fliegende Objekte mit Flucht. Mit zunehmender Erfahrung erfolgt eine Art Gewöhnung an die häufig beobachteten Flugbilder, und die Reaktion wird später nur noch von der charakteristischen Raubvogelsilhouette ausgelöst, die seltener beobachtet wird [296].

Sexuelle Prägung. Dabei wird das Schema des Sexualpartners geprägt; z.B. müssen Erpel auf die Enten geprägt werden, während die Enten den arteigenen Geschlechtspartner angeborenermaßen erkennen. Ebenso können u.a. Wellensittiche, Graupapageien und Ziegenböcke sexuell geprägt werden [75], [261]. Gelegentlich werden Fehlprägungen auf den Menschen beobachtet.

Motorische Prägung. Buchfinken prägen den Elterngesang (örtlich verschiedene Gesangdialekte) im ersten Lebensjahr, obwohl sie selbst erst im zweiten Jahr (Geschlechtsreife) zu singen beginnen. Ähnlich ist es bei Weißkopfammer, Zebrafink, Nachtigall und anderen [75].

Prägung beim Menschen. Außer der oben erwähnten Prägung auf die Betreuungsperson wird beim Menschen eine Sozialrollenprägung in der ödipalen Phase und eine Art sexueller Prägung in der Partnerbeziehung vermutet [116], [207]. So läßt sich z.B. Fetischismus verhaltensbiologisch in vielen Fällen auf eine Fehlprägung zurückführen.

Motivation. Der Selektionsvorteil der Prägung ist von Fall zu Fall verschieden (vgl. Versuch 56). Lernphysiologisch gesehen ist die sensible Phase ein Phänomen der Individualentwicklung, das nicht nur die Prägung im engeren Sinne charakterisiert, sondern auch andere mit Lernen eng verknüpfte (wenn nicht identische) Entwicklungsprozesse mitbestimmt. Versuche mit Fröschen [282] haben gezeigt, daß, wenn man den Tieren vor der sensiblen Phase das Auge um 180° verdreht (ohne den N. opticus zu beschädigen), die Vertauschung von oben und unten korrigiert wird; wenn der operative Eingriff jedoch nach der sensiblen Phase erfolgt, dies nicht mehr möglich ist und die Tiere oben und unten entsprechend der Augenverdrehung verwechseln. Katzen, die in der sensiblen Phase in waagerecht gestreiften Käfigen aufwachsen, können sich später in senkrecht gestreiften Kontrollkäfigen nicht normal orientieren, und umgekehrt [25]. Werden Hunde während der sensiblen Phase die Augen verbunden, so erblinden sie. Vom Menschen ist bekannt, daß Deprivationen verschiedener Art und Abstufung besonders in der frühen Jugendphase zu irreversiblen Schäden führen können [304].

All diese Beispiele verdeutlichen, daß die „Erfahrung" mit der Umwelt in der sensiblen Phase auch im weiteren Sinne einen entscheidenden Einfluß auf die spätere Funktion des ZNS hat, die sich z.B. bei optischer Deprivation in histologischen Untersuchungen der entsprechenden Projektionsgebiete des Hirns in einer veränderten Cytoarchitektonik niederschlägt und nachweisen läßt [80], (vgl. Abschn. 5.3.2.6).

▲ *Versuch 56.* Prägung bei Enten

Eines der bekanntesten Beispiele einer Prägung ist die Objektprägung bei Enten. Die sensible Phase beginnt mit dem Schlüpfen, erreicht ihren Höhepunkt (beste Prägbarkeit zwischen der 14. bis 16. Stunde) und ist etwa nach 36 h abgeklungen.

Dabei werden die Enten auf das Lebewesen oder (im Versuch) den Gegenstand, der sich bewegt und Laute von sich gibt, geprägt.

Die Prägung auf das Muttertier unterscheidet sich von einer experimentellen Prägung dadurch, daß die Tiere ihre Mutter individuell erkennen. Prägt man hingegen Enten auf den Menschen, folgen sie zunächst allen Menschen — geprägt werden also die wichtigsten, die „auffälligsten" [280], bzw. artspezifischen Merkmale [190].

Die Notwendigkeit einer individuellen Prägung (Selektionsvorteil) ergibt sich aus dem Umstand, daß Enten im Gegensatz etwa zu Erpeln keine auffälligen Merkmale aufweisen, sondern Tarnfärbung tragen und ohne „Lernerfahrung" im Gelände (man versuche etwa eine brütende Ente zu finden) schlecht auszumachen sind.

B e n ö t i g t e   T i e r e   u n d   M a t e r i a l i e n. 20 bis 30 befruchtete Enteneier, bzw. so weit vorgebrütete Eier, daß die Tiere bereits die Schale mit dem Eizahn durchbrochen haben.

Es gilt die Faustregel, man soll schlüpfende Eier nicht wenden, transportieren usw. Achtet man darauf, daß man an einer Brutbatterie die am frühesten schlüpfenden Tiere bekommt (= die stärksten) und geht vorsichtig mit den Eiern um — Temperatur, Luftfeuchtigkeit, gleiche Lage — sind kaum Verluste zu erwarten.

Das Ausbrüten von Enteneiern in einem Laborbrutschrank bereitet oft Schwierigkeiten. Die besten Ergebnisse erzielten wir mit einer „Kunstglucke" der Fa. Jäger (Apparatebau, Stadthallenweg 1, 648 Wächtersbach). Das Gerät aus Kunststoff arbeitet mit Oberhitze, seitlichem Luftzutritt und ist leicht durch Benetzen der Schaumstoffeinlage feucht zu halten. Die Apparatur wird vor dem Brüten mit einer Anzahl roher Kartoffeln (= Anzahl der zum Bebrüten vorgesehenen Eier) auf 37,5 °C eingestellt. Die Eier werden vor der Bebrütung in eine Lösung von 0,5 l Leitungswasser + 4 Eßlöffel gereinigte 24%ige Salzsäure (37 °C) jeweils 1 min eingetaucht und danach unter warmen Leitungswasser mit einer Bürste von der Fettschicht befreit und anschließend in die mit Wasser (durchtränkter Schaumstoff) versehene Kunstglucke gelegt. Vom 4. bis 9. Tag werden die Eier dreimal täglich gewendet, dabei mit Wasser (nassen Händen) benetzt und gleichzeitig die Schaumstoffunterlage neu angefeuchtet; vom 10. bis 23. Tag das gleiche nur noch zweimal täglich und zusätzlich 10 bis 20 min durch Abheben des

Deckels die Apparatur auf Raumtemperatur abkühlen. Vom 23. bis 26. Tag wird nur noch die Feuchtigkeit geprüft und die Eier benetzt.

Wichtig: nach dem 6. bis 7. Bebrütungstag soll man die Eier durchleuchten und die unbefruchteten aus der Apparatur entfernen. Beim Wenden der Eier (jeweils eine Vierteldrehung in waagerechter Lage) darauf achten, daß das spitze Eiende nicht nach oben zu liegen kommt (Mit diesem Verfahren hatten wir einen 80%igen Schlüpferfolg). Etwa zwischen dem 15. und 23. Tag sollten nochmal mittels einer Schwimmprobe im temperierten Wasser, 37 °C, die lebenden Tiere aussortiert werden: die Eier bewegen sich. Am Schlüpftag besonders auf hohe Luftfeuchtigkeit achten.

Eine Versuchsapparatur — am einfachsten ein Styropor-Gang, 0,8 m hoch, 0,8 m breit und 2 bis 5 m lang. Attrappen, z.B. Plastiktiere, ein Ball oder ähnliches, die mit Hilfe einer dünnen Nylonschnur, z.B. Anglerleine, in der Apparatur hin und her bewegt werden können.

Die Schnur am besten unter der Apparatur an den Schmalseiten durchführen (Bedienung durch zwei Personen). Die dadurch gelegentliche Behinderung der Versuchstiere ist bei gezieltem Manipulieren gering.

20 bis 60 Pappkartons (10 cm × 10 cm × 15 cm), in denen die geschlüpften Tiere, optisch isoliert, und am besten in einem ruhigen Raum warm gehalten werden.

V e r s u c h s d u r c h f ü h r u n g. Etwa zwischen der 13. und 17. Stunde nach dem Schlüpfen werden die Tiere einzeln in die Apparatur gesetzt und die Attrappe so bewegt, daß die Tiere gut folgen können. Gleichzeitig spricht man rhythmisch melodisch die Wortfolge: koomm — koomm — koomm usw. Nach 30 bis 60 Minuten wird das Experiment abgeschlossen, und die Tiere z.B. am 2. Tag nach dem Schlüpfen auf ihre Folgereaktion überprüft. Beobachtet wird durch Sehschlitze, so daß die Tiere den Experimentator nicht sehen können.

A n m e r k u n g e n. 1. Es können ähnliche Versuche mit Gänsen oder Hühnern durchgeführt werden.
2. Es ist besser, wenn der Ton mittels eines Tonbands und eines in die Attrappe eingebauten Lautsprechers erfolgt. Die Tiere haben ein ausgeprägtes Richtungshören.
3. Man kann weiterhin den Versuch ausbauen, z.B.: a) Man kann in einer zeitlich gestaffelten Prägung mit verschiedenen Tieren den optimalen Zeitabschnitt der sensiblen Phase ermitteln. Oder: b) die Pärgung mit und ohne Lauterzeugung vornehmen und das Ergebnis vergleichen.

4. Für die Küken ist die Ernährung mit käuflichem Standardfutter und reichlicher Wassergabe zweckmäßig. Nach ein paar Tagen fressen sie gern Weißbrot, kleingeschnittene Taubnessel- oder Löwenzahnblätter (immer mit viel Flüssigkeit), Regenwurmstücke, Teichlinsen usw. Da die Enten unverhältnismäßig viel Schmutz machen und die Pflege viel Zeit erfordert, ist die Haltung nicht einfach. Bevor man die Enten aussetzt, muß man 3 bis 4 Wochen warten, bis die Bürzeldrüse funktioniert. Die Enten schwimmen zwar schon nach ein paar Tagen sehr gern, werden aber schnell durchnäßt. Zu kaltes Wasser kann deshalb auch leicht zum Tode führen. Unter natürlichen Bedingungen werden sie von der Mutter eingefettet.

5. Es gibt einen guten Film: C 987 (IWF Göttingen). ■

5.3.2.3 Bedingte Reaktion – Reflex Die hinsichtlich der beteiligten Verhaltenskomponenten einfachste assoziative Lernform ist der *bedingte Reflex, in dem infolge von Erfahrung ein angeborener Reflex* (s. Abschn. 4.2.2) *mit einem bedingten Reiz (= anfangs neutraler Reiz) assoziiert wird, so daß dieser Reiz dann allein die Reaktion auslösen kann* (Abb. 55). Voraussetzungen für eine bedingte Reaktion sind:

a) daß die Assoziation, neuroanatomisch gesehen, möglich ist,

b) daß der bedingte und unbedingte Reiz kurz nacheinander oder gleichzeitig wahrgenommen werden (Prinzip der Kontiguität) und daß die Reizkombination wiederholt wahrgenommen wird (Konditionierung).

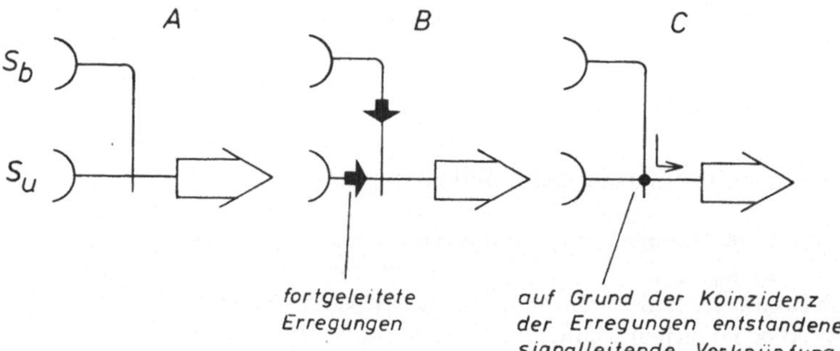

Abb. 55 (nach B. H a s s e n s t e i n verändert).
Idealisiertes Funktionsschaltbild für die unerläßlichen Vorgänge der Signalübertragung und Datenspeicherung beim bedingten Reflex.
Die kelchartigen Symbole (links) stellen Sinneselemente dar, der dicke Pfeil (rechts) die Ausführungsorgane des Reflexes. Sb = bedingter Reiz; Su = unbedingter Reiz.
Phase A zeigt den Zustand vor dem Lernen. Eine Auslösung des Reflexes durch Sb ist nicht möglich.
Phase B veranschaulicht die gleichzeitige Ankunft physiologischer Signale an dem für die Koinzidenz empfindlichen Ort im Zentralnervensystem.
Phase C kennzeichnet die „Kannphase" des Systems: sowohl der angeborene auslösende Reiz als auch der bedingte Reiz vermögen nach assoziativer Verknüpfung beider Bahnen je allein den Reflex auszulösen.

Wie die Erforschung dieses Phänomens gezeigt hat, lassen sich über eine Konditionierung verschiedene Körperfunktionen beeinflussen, z.B.: Gefäßspannung, Drüsenfunktion, aber auch Nierensekretion, Herzschlag etc. (vgl. [7], [8], [34], [110]), die hinsichtlich der Funktion und der sie ansteuernden neuronalen Mechanismen mit dem Reflex im strengen Sinne kaum etwas gemein haben. Man hat deshalb diese Lernphänomene unter dem Sammelbegriff *bedingte Reaktion* zusammengefaßt und benennt damit sowohl den bedingten Reflex im klassischen Sinne, wie eine „bedingte Automatie", bzw. andere assoziative Prozesse. In einigen Fällen ist z.Zt. nicht auszuschließen, daß die Assoziation, z.B. über eine modifizierte Hormonausschüttung gewährleistet wird.

Motivation. Die bedingte Reaktion hat keinen endogenen Antrieb, sondern sie ist an die Wechselwirkung: Reizkonstellation − Organismus, direkt gebunden. Wird die Konditionierung nicht wiederholt, schwindet die bedingte Reaktion (Extinktion); wird sie häufiger vorgenommen, ist sie stärker ausgeprägt, usw. D.h., sie ist ein Ergebnis der Konstruktion des Systems selbst; die Begründung jedoch, daß es sich dabei um eine phylogenetische Anpassung handelt, ist in der Umwelt zu suchen. Denn: *je häufiger zwei Reize gleichzeitig oder kurz nacheinander auftreten, desto größer wird die Wahrscheinlichkeit, daß sie in einem kausalen Zusammenhang zueinander stehen.*

Dieser Sachverhalt macht es vorteilhaft und lebenserhaltend, solche Erfahrungen zu speichern.

Zum Beispiel: Wenn wiederholt ein Schmerzreiz von einem neutralen Reiz angekündigt wird, ist es vorteilhaft, bereits auf den ankündigenden neutralen Reiz mit einem Schutzreflex zu reagieren [115], [116].

▲ *Versuch 57.* Konditionierung des Goldhamsters

Eine der „einfachsten" Tierkonditionierungen wurde von G. D ü c k e r [67] mit Goldhamstern (Biologie, vgl. Versuch 35) entwickelt, die ein besonders ausgeprägtes und einfach auslösbares (z.B. durch Anblasen) agonistisches Verhalten haben. Es sind folgende Reaktionen: Sichern: Aufrichten, Stehen auf den Hinterbeinen und Pendeln des Kopfes (beim Anblasen auch Schließen der Augen und eventuell Wischen mit den Vorderpfoten über die Schnauzenpartie); Schreckstellung: Erstarren mit nach oben abgewinkeltem Kopf, bzw. Schreckzucken; Drohstellung: Maul aufreißen, Augen zukneifen, Aufblasen der Backentaschen; letztlich die Abwehrstellung: auf die Seite oder auf den Rücken werfen, eventuell kombiniert mit Kreischen und Zähne wetzen.

B e n ö t i g t e   T i e r e   u n d   M a t e r i a l i e n. 4 bis 8 Goldhamster, entsprechend viele Käfige; eine Blockflöte, Trillerpfeife oder anderes Instrument, ein Fön oder Blasebalg aus Gummi (notfalls kann man auch mit dem Mund blasen), eine Stoppuhr.

V e r s u c h s d u r c h f ü h r u n g. Zunächst wird geprüft, ob die gewählten Töne = unbedingte Reize, nicht schon allein eine Reaktion hervorrufen. Sind sie beim unkonditionierten Tier indifferent, kann mit dem Versuch begonnen werden − am besten abends, da Hamster nachtaktive Tiere sind (vgl. Versuch 35).

Nun wird jeweils kurz nach dem Ertönen des Pfeiftons (kurzer Ton 0,5 s) das Tier angeblasen. Abstand zwischen Anfang des Pfeiftons und Einsetzen des Irritierens mit einem Luftstrom: optimal 0,2 s [67], also so kurzfristig wie praktisch möglich, aber nacheinander. Nach einer einminütigen Pause wird erneut eine Reizkombination gegeben. Der Konditionierungserfolg ist signifikant (vgl. S. 143), wenn bei 10 Reizkombinationen die Reaktion bereits 9mal auf den vorausgehenden, unbedingten Reiz erfolgt (vgl. Anmerkung 2, Versuch 58).

A n m e r k u n g e n. 1. Bei 20 bis 50% der Tiere läßt sich die Konditionierung in der Regel nach 20 bis 100 Reizkombinationen nachweisen, z.B. Zucken, Aufrichten, eventuell Wischen der Schnauzenpartie. Die bedingte Reaktion *ist schwächer* ausgeprägt als die unbedingte.

2. Wird mit dem Fön gearbeitet, ist es besser, das Gerät laufen zu lassen und nur in Kombination mit dem Ton auf das Tier zu richten, als immer neu anzustellen.
3. Es muß peinlichst darauf geachtet werden, daß keine anderen Geräusche die Konditionierung stören.
4. Bietet man den bedingten Reiz mehrmals allein, läßt sich sehr schön die Extinktion demonstrieren. ▪

▲ *Versuch 58.* Bedingte Augenlidschlußreaktion beim Menschen

Auch beim Menschen läßt sich eine ganze Reihe von bedingten Reaktionen konditionieren, von denen der bedingte Pupillen(Iris-)Reflex (u.a. [46], [136]) und der bedingte Augenlidschlußreflex (z.B. [8], [149], [228], [281], [290]) besonders intensiv untersucht wurden.

Wenn uns auf die Ankündigung, es gibt Mittagessen, „das Wasser im Munde zusammenläuft", die Darmperistalik und die Produktion von Magen- und Verdauungssäften gesteigert wird, sind es bedingte Reaktionen.

Während der bedingte Irisreflex schwierig nachzuweisen ist, weil am Reflexbogen gleichermaßen sympathische und parasympathische Bahnen beteiligt sind und er nur schwer kontrollierbar vom Vegetativum beeinflußt wird, ist der bedingte Augenlidschlußreflex relativ einfach zu konditionieren.

B e n ö t i g t e   M a t e r i a l i e n. Eine Pfeife wie im Versuch 57 oder eine elektrische Klingel und ein Haarfön.

V e r s u c h s d u r c h f ü h r u n g. Die Konditionierung erfolgt prinzipiell ähnlich wie im Versuch 57; allerdings wird hier mit dem Luftstrahl die Augenlidschlußreaktion ausgelöst. Der Fön wird in der Waagerechten jeweils mit dem Ton (optimales Kontiguitätszeitintervall: 0,4 bis 0,6 s [116]) an den Augen vorbei bewegt. Vorher ist die Reaktion der Versuchsperson bei Ton und gleichzeitigem Anblasen der Halspartie (nicht der Augen) zu prüfen: dabei darf kein Augenlidschlußreflex ausgelöst werden. Das Zeitintervall zwischen zwei Konditionierungen kann bis auf 20 s verkürzt werden.

A n m e r k u n g e n. 1. Die Konditionierung erfolgt sowohl im Hinblick auf den Ton wie den unbedingten, optischen Reiz der Fönbewegung.
2. Die bedingte Reaktion läßt sich allein mit den bedingten Reizen, bei Erwachsenen, in der Regel nur 1—2mal hintereinander auslösen.
Am besten ist es z.B.: 10 mal Ton und Reiz, dann ohne Ankündigung Test, dann nachkonditionieren und wieder Test, bis 10 Tests vorliegen (in Intervallen, die der Vp nicht bekannt sind).

3. Optimal lassen sich Kleinkinder (2 bis 4 Jahre) konditionieren. Achtung: kein Fön, sondern leichtes Blasen und z.B. Klingel. ■

5.3.2.4 Bedingte Appetenz und bedingte Aversion (nach Hassenstein [116]). Bedingte *Appetenz – eine erfahrungsbedingte Neubestimmung eines auslösenden oder richtenden Reizes für bestimmtes, antriebsabhängiges Appetenzverhalten.* Sie ist im Unterschied zur Prägung nicht an eine kurze sensible Phase gebunden.

Zum Beispiel: Ein hungriges Meerschweinchen macht die Erfahrung, daß die Wahrnehmung eines bestimmten Musters stets dem Auffinden von Futter vorangeht. Es wird in Zukunft jedes Mal dann das Muster aufsuchen, wenn der Antrieb zur Nahrungsaufnahme aktiviert ist (vgl. Versuch 59, 60 und 61).

Bedingte Aversion (avoidance conditioning) ist gewissermaßen eine bedingte Appetenz mit negativem Vorzeichen, ein erlerntes Vermeiden von Reizkombinationen, die mit negativen Erfahrungen einhergegangen sind (z.B. Strafe), bzw. sie angekündigt haben. Motivation (s. Abschn. 5.3.2.5).

5.3.2.5 Bedingte Aktion und bedingte Hemmung (nach Hassenstein [116]). *Bedingte Aktion (operant conditioning, nach Skinner) ist der erfahrungsbedingte Neuerwerb eines Verhaltenselementes zur Erreichung eines angeborenen Antriebszieles (oder die Neukombination von Verhalten und Antriebsziel).*

Zum Beispiel: Zahlreiche Tiere im Zoo lernen ohne „Dressur" im engeren Sinne, verschiedene Verhaltenselemente in den Dienst des Nahrungserwerbs (Futterbetteln) einzusetzen, weil sie die Erfahrung gemacht haben, daß diesem Verhaltenselement eine Belohnung (Antriebsnivellierung) folgt.

Bedingte Hemmung (suppression by punishment) ist die Hemmung von Verhaltensweisen, die ein- oder mehrmals mit negativen Erfahrungen (z..B. Schmerz) einhergegangen sind.

Zum Beispiel: Häufig wird Hunden das Zerren an der Leine mit einem Stachelhalsband abdressiert. Die negative Erfahrung setzt das Verhalten unter Hemmung.

Motivation. Alle hier angeführten Lernformen, bedingte Appetenz, bedingte Aversion, bedingte Aktion und bedingte Hemmung, sind eine phylogenetische Anpassung an den Sachverhalt, daß diese Erfahrungskombination auf kausale Zusammenhänge hindeuten kann (vgl. Abschn. 5.3.2.3) und den daraus bei einer Verhaltensmodifikation möglicherweise resultierenden Vorteil. Bestätigt die Wiederholung nicht die Primärerfahrung, wird der Lerninhalt in der Regel vergessen. Bei starken Strafreizen bleibt er häufig erhalten (Trauma).

Betrachtet man die individuelle Disposition der Organismen, werden die Lernformen von Antrieben anderer angeborener Verhaltensweisen mitgetragen und durch den Erfolg verstärkt; z.B. die bedingte Appetenz u.a. vom Inneren Antrieb der Nahrungsaufnahme-Instinkte (Hunger), (vgl. Abschn. 4.2.4.6).

Motorisches Lernen. Innerhalb der Lernformen grenzt man häufig motorisches Lernen gegen andere Lernformen ab, da es, besonders bei hoch entwickelten Organismen, teilweise in anderen Hirnbereichen, bei Vertebraten z.B. im Cerebellum: oder unter Beteiligung anderer Hirnregionen, z.B. Kombination von Cortex und Basalganglion (Extrapyramidales System) erfolgt. Der Lerninhalt reicht von einer Ökonomisierung von Erbkoordinationen (s. Abschn. 5.3.2.1) über deren Neukombination (zahlreiche Dressuren) bis zum Erwerb neuer Bewegungskoordinationen (vgl. Abschn. 4.2.1).

△ **Versuche** *Zweifachwahl* Eine sehr häufig in der Tierpsychologie angewendete Untersuchungsmethode ist die *Zweifachwahldressur*, in der ein Tier lernt, von zwei gebotenen Möglichkeiten eine mit einer Belohnung (oder Bestrafung) zu assoziieren (Motivation, vgl. Abschn. 5.3.2.5; 5.3.2.6; 5.3.2.7) und später dann den Lernerfolg durch sein Verhalten (die richtige Wahl) meßbar demonstriert [68], [124], [238], [247], [251], [252].

Verschieden angewendet, lassen sich mit dieser Methode zahlreiche Fragestellungen untersuchen, z.B.:

Für Sehschärfetests bei Säugern und Vögeln ist die optomotorische Trommel (vgl. Versuch 19) weniger gut geeignet. Man greift deswegen häufig zur Zweifachwahldressur, wobei man auf Streifenmuster gegen Graustufen gleichen Helligkeitsgrades dressiert und dann die Streifenmuster sukzessive immer feiner werden läßt (vgl. S. 66). Verwechselt das Versuchstier ab einer bestimmten Feinheitsstufe die Streifenmuster mit den Graustufen, ist die Grenze des Auflösungsvermögens des Auges erreicht, die sich leicht anhand der Streifendicke und dem Wahlabstand (= Entfernung zwischen Auge und Muster bei der Wahl) ermitteln läßt. Ähnlich kann man mit abgewandelter Versuchsanordnung Farbentüchtigkeit, Formensehen, räumliches Sehen, Riechschwellen und vieles mehr ermitteln.

Weiterhin lassen sich über die Zweifachwahldressur solche Probleme meßbar angehen, wie: Lerngeschwindigkeit (= wie schnell wird die Unterscheidung eines Musterpaares erlernt), Lernkapazität (= wie viele Musterpaare können gleichzeitig nebeneinander beherrscht werden) und die Frage nach dem Verlauf des Vergessens (= wie lange werden die erlernten Unterscheidungen der Muster beherrscht; was sich in Kontrollversuchen, die nach verschieden langen Zeitabschnitten nach der Dressur durchgeführt werden, ermitteln läßt).

Letzten Endes eignet sich die immer wieder abgewandelte Zweifachwahldressur zur Untersuchung solcher Phänomene, wie Abstraktion und Generalisation bei Tieren (Transpositionsversuche, vgl. auch Versuch 68 und 69).

Bei all den Versuchen, die sich hinsichtlich der Fragestellung beliebig erweitern lassen und die bis auf wenige Ausnahmen fast bei allen dressierbaren Tieren durchgeführt werden, sind einige grundlegende Prinzipien, die für die Aussagegültigkeit der Ergebnisse und das Gelingen der Dressur selbst von Bedeutung sind, zu beachten:

1. Die *Belohnungsdressur* ist, wenn irgend möglich, einem durch Strafe erzielten Lernprozeß vorzuziehen, wodurch der Gefahr einer durch Stress verfälschten Aussage weitgehend begegnet wird. Dabei sollte die Belohnung so dosiert werden, daß möglichst viele Wahlen in einer Dressursitzung motiviert sind, was nicht nur dem Lernprozeß selbst zugute kommt, sondern auch die für eine Statistik benötigte Zahl von Einzelergebnissen sicherstellt.

2. Die Versuchsanordnung und -anforderungen sollten nach Möglichkeit dem Verhalten des Tieres gerecht werden. Um es krass zu sagen, man kann einen Maulwurf nicht auf optische Muster dressieren. Dabei ist die Kenntnis der angeborenen Lerndisposition besonders wichtig. Die Nichtbeachtung dieser Grundvoraussetzungen führt oft zu Fehlschlüssen.

3. Es hat sich als praktisch erwiesen (besonders bei Tieren mit niederen und mittleren Hirnleistungen), die Dressurapparatur bis auf das zu unterscheidende Merkmalspaar möglichst reizarm zu gestalten (etwa bei Mustern: durch weißen Anstrich; Experimentator nicht sichtbar; keine Geräusche; Beseitigung von Duftspuren usw.), wodurch das Tier weniger abgelenkt wird und gleichzeitig die Aufmerksamkeit, gewissermaßen zwangsweise auf die im Versuch gestellte Aufgabe gerichtet wird. Bei dieser Versuchsanordnung ist es wichtig, daß die Tiere außerhalb der Dressurzeiten nicht in der reizarmen Apparatur belassen werden. Besonders bei Jungtieren, oder während lang andauernder Versuchsserien, besteht in solch einem Fall Gefahr, daß in Ermangelung eines adäquaten Reizangebotes bei den Tieren *irreversible zentralnervöse Schäden* auftreten (vgl. S. 135), die die Ergebnisse verfälschen.

4. Weiterhin schließen sich zahlreiche durch den Versuchsaufbau und das Verhalten der Tiere bedingte, mögliche Fehlerquellen an, die hier kurz zusammengefaßt werden sollen:

a) Um möglichst standardisierte (vergleichbare) Werte zu bekommen, ist es notwendig, die *physiologische Verfassung* der Tiere während einzelner Versuchssitzungen möglichst gleich zu gestalten. Standardisierte Fütterungs- und Haltungsmethoden, sowie eine Dressurdurchführung immer zur gleichen Tageszeit (Circadianrhythmus) sind hier unerläßlich, um die Fehlerquellen auf ein realisierbares Minimum zu reduzieren.

b) Bei einer Zweifachwahldressur ist peinlichst darauf zu achten, daß die Tiere nicht andere als die für den Versuch bestimmten Faktoren für ihre Entscheidung benutzen. Duftspuren, Geräusche beim Beködern der positiven Alternative, oft Apparaturgeräusche usw. sollen nach Möglichkeit beseitigt werden. Erst der Kontrollversuch, in dem die Positiv- und Negativwahl beködert sind, gibt z.B. Sicherheit, daß die Tiere sich nicht nach dem Geruch orientieren.

Der Kontrollversuch mit beidseitiger Beköderung ist problematisch bei Tieren mit hohen zentralnervösen Leistungen. Sie lernen in solchen Versuchen schnell um und wählen bald beide Alternativen, da sie ja beide beködert sind, wodurch die Ergebnisse verfälscht werden (vgl. Abb. 58).

c) Oft wirkt sich eine vom Experimentator unbewußt gewählte, regelmäßige Seiten-(Lage-)Verteilung von Positiv- und Negativmustern im Verlauf der Dressur aus. Die Tiere lernen nicht das Muster, sondern die wiederkehrende, gleiche oder „rhythmische" Verteilung. Dieser oft unterschätzten Fehlerquelle kann am besten begegnet werden, wenn die *Musterverteilung* (positiv links oder rechts und umgekehrt) für jede Wahl *zufällig bestimmt* wird; am besten mit einem Würfel oder einer Münze. Dabei sollte aber die Häufigkeit, mit der eines der Muster in beiden Positionen während einer Dressursitzung geboten wird, annähernd gleich sein.

d) Mit einer so gewählten Musterverteilung läßt sich leicht prüfen (s. Auswertung), ob die Tiere etwa *spontan* eine der beiden Alternativen *bevorzugen*. Ist das der Fall, muß auf die Gegenalternative positiv dressiert werden.

e) In einigen Fällen ergibt eine Überprüfung nicht eine spontane Bevorzugung eines Musters, sondern eine *Seitenstetigkeit*. Die Tiere wählen signifikant bevorzugt eine Seite, bzw. das Muster oben häufiger als unten usw. Wird eine Seitenstetigkeit nachgewiesen, muß sie durch häufigere Anordnung des Positivmusters auf der Gegenseite abdressiert werden.

f) Letzten Endes kann ein Ergebnis durch andere Faktoren z.B. Geruch, oder durch Zufall vorgetäuscht werden. Die bei einer Dressur erzielten Ergebnisse werden deshalb in einem beidseitig beköderten Kontrollversuch überprüft und statistisch abgesichert.

5. *Auswertung und statistische Absicherung (Signifikanzgrenzen)* Geht man davon aus, daß die Wahrscheinlichkeit, mit der z.B. von einem Tier eines von zwei gebotenen Mustern zufällig gewählt werden kann, 50% ist (in unendlich vielen Wahlen würde das Tier beide Muster gleich häufig wählen), lassen sich die zugelassenen Zufallsabweichungen der Häufigkeit, mit der bei n Versuchen eines der Muster (rein zufällig) gewählt wird, mit einer Irrtumswahrscheinlichkeit von $\alpha = 1\%$ bzw. $\alpha = 5\%$ ermitteln (vgl. Versuch 38).

Ergebnisse, die diese *Signifikanzgrenze* überschreiten, sind mit 99%iger bzw. mit 95%iger Wahrscheinlichkeit nicht allein durch Zufall bedingt; d.h. liegt kein Versuchsfehler vor, ist das Ergebnis mit 99%iger bzw. 95%iger Wahrscheinlichkeit statistisch gesichert.

Die oberen Signifikanzgrenzen für eine Zweifachwahl, bei einer Grundwahrscheinlichkeit von p = 50% und einer Irrtumswahrscheinlichkeit von $\alpha = 1\%$ bzw. $\alpha = 5\%$, liegen für n Versuche, nach Koller [158], bei:

n	$\alpha = 1\%$	$\alpha = 5\%$
10	94 %	85 %
20	81 %	74 %
30	75 %	69 %
40	71 %	66 %
50	68 %	64,5 %
60	67 %	63,5 %
70	66 %	62,5 %

Zur Theorie — die zugelassene Häufigkeit in einer Stichprobe bei Kenntnis der Grundwahrscheinlichkeit — s. Spezialliteratur, z.B. [158], [162], [260], [308].
Seitens der Mathematik ist die Signifikanzberechnung bei Dressurversuchen insofern problematisch, weil die gewonnenen Einzelwerte nicht unabhängig voneinander sind, sondern sich gegenseitig beeinflussen, z.B durch Gewöhnung usw.

Die Signifikanzberechnungen, die zur völligen Absicherung eines Ergebnisses unbedingt notwendig sind, reichen allein für die Beurteilung einer Dressur nicht aus. Erst die graphische Darstellung, bei der Richtigwahlen in % Versuchsanzahl/Tag über einer Zeitskala aufgetragen werden, verdeutlicht die Lerngeschwindigkeit (= Anstieg der Kurve = *Lernkurve*; vgl. Abb. 61), den Lernerfolg (= Überschreiten der oberen Signifikanzgrenze, abgesichert im Kontrollversuch) und, falls Vergessensprüfungen durchgeführt werden (Kontrollversuche, die in verschieden langen Zeitabständen nach dem

Lernerfolg durchgeführt werden), den Verlauf des Vergessens (*Vergessenskurve*). In der Regel, wenn die Tiere nicht überfordert werden, ist der Anstieg der Lernkurve steiler als der Abfall der Vergessenskurve, was einen Lernerfolg veranschaulicht und manchmal, wenn die Signifikanzgrenze nicht erreicht wurde, den einzigen Hinweis auf einen Lernprozeß darstellt.

Im folgenden werden Versuche ausgewählt, die ohne Strafreiz arbeiten (etwa Elektroschock usw.), so daß nur die bedingte Appetenz und die bedingte Aktion behandelt werden.

▲ *Versuch 59.* Musterdressur von Bienen

Ein Musterbeispiel für eine bedingte Appetenz ist das Wiedererkennen nektartragender Blüten von Bienen (Blütenstetigkeit). Das Tier erlernt dabei unter anderem neben der Blütenfarbe auch mehr oder weniger gut das Blütenmuster [90].

Entscheidend ist die Farbe, die kurz vor der Aufnahme des Nektars gesehen wird. Ein einmaliger Lernakt reicht aus, um Komponenten, wie z.B. Farbe, Duft, Entfernung und Himmelsrichtung zu engrammieren.

B e n ö t i g t e   T i e r e   u n d   M a t e r i a l i e n. *Versuchstiere:* Fast in jedem Ort gibt es Imker, die gern bereit sind, nicht nur solch eine Versuchsreihe zu erlauben, sondern meistens diese mit Rat und Tat unterstützen (Anfrage beim Ortsverband, Imkerverein – Telefonbuch).

Versuchstisch: eine 60 cm x 60 cm große Sperrholzplatte mit passender, ca. 4mm dicker Scheibe.

Mustertafeln: 10 cm x 10 cm groß, etwa nach den Vorlagen wie in Abb. 56 und Abb. 57 gezeichnet, oder aus weißem und schwarzem dc-fix hergestellt. Wichtig dabei ist, daß der Schwarzweißanteil der Muster gleich ist. Weiterhin: Tafeln mit verschieden stark abgestufter Grautönung (z.B. fotographisch hergestellt) und schwärze und weiße Tafeln (10 cm x 10 cm).

Zuckerwasser: 36 kleine, ca. 5 ml Tablettengläschen mit Plastikstopfen. Die Stopfen werden an der Seite mit einer heißen Nadel durchbohrt, so daß die mit ihnen verschlossenen Röhrchen (mit Zuckerwasser gefüllt und auf den Kopf gestellt) eine Art automatische Tränke ergeben, aus der die „Belohnung" herausgeleckt werden kann. Mehrere *Spritzflaschen* mit einer Verdünnungsreihe von Zuckerwasser (Haushaltszukker). Ein großer Behälter mit einer Alkohol-Wassermischung, etwa 1:50 und ein Lappen zum Reinigen des Tisches.

Farblösung: ein Reagenzglas mit einer Schellackfarbmischung (Schellack und z.B. Pulverplackafarbe); ein feiner Aquarellpinsel, am besten im Stopfen des Reagenzglases verankert, zum Markieren der Bienen.

Imkerhut, eventuell Handschuhe.

V o r v e r s u c h e: Die Dressur gelingt am besten im Frühling oder Ende Juli bis Mitte September, wenn das natürliche Nektarangebot gering ist.

Optimal etwa in 100 bis 150 m Entfernung vom Stock wird der Dressurtisch aufgebaut. Dann werden die mit Zucker gefüllten Röhrchen auf den mit der Glasplatte bedeckten Tisch gestellt und einige Tiere vom Flugloch mit einem z.B. in Zuckerwasser getränkten Schwamm zum Tisch herübergetragen. Es ist vorteilhaft, anfangs ein wenig Zuckerwasser außerhalb der Röhrchen zu tropfen, so daß die Bienen lernen, an den Röhrchen zu saugen.

Das Heranholen der Bienen ist der „schwerste" Teil des Versuchs. Die Tiere sind erregt — man wird gelegentlich gestochen, aber es spart Zeit. Eine andere Methode ist, die Versuchsanordnung so stehen zu lassen, bis die Tiere sie selbst entdeckt haben; oder in der Nähe des Stockes beginnen und dann den Versuchstisch etwa alle 15 bis 20 min in 3 bis 7 Meter-Schritten immer weiter bis zum endgültigen Standort versetzen.

Nun wird getestet, welche Zuckerkonzentration geeignet ist, um die Anzahl der Sammelbienen auf ein geeignetes Maß einzustellen. Bei uns bewährte sich eine ca. 1/3 molare Lösung.

Etwa nach 0,5 bis 1,5 h können wir beurteilen, ob die Anzahl der anfliegenden Bienen sicher gezählt werden kann, oder ob die verwendete Zuckerkonzentration entsprechend verändert werden muß.

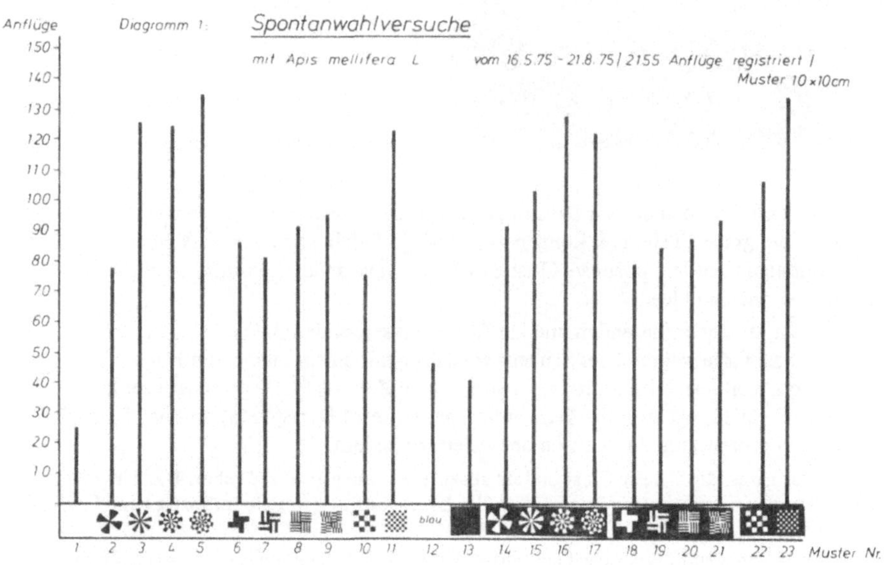

Abb. 56 (nach R. J ä h r l i n g).
Ergebnis eines Spontanwahlversuchs mit Bienen.
Die Anzahl der Anflüge wurde an fünf Tagen ermittelt und addiert. Versuchsanordnung wie in Abb. 57. Weitere Erklärungen siehe Text.

Mustervorversuch: Da Bienen stark gegliederte gegenüber weniger stark gegliederten Mustern bevorzugen, ist es für den Versuch wichtig, ein Musterpaar auszuwählen, das von den Tieren spontan einigermaßen gleichstark angeflogen wird (s. Abb. 56). Dazu werden die Mustertafeln schachbrettartig ausgelegt, mit der Scheibe abgedeckt und jede mit einem in die Mitte gestellten Röhrchen beködert. Nun werden alle an den einzelnen Röhrchen über den Mustern *saugenden Bienen,* etwa in 15 bis 20min-Abständen gezählt und in Strichlisten eingetragen und im Endeffekt summiert. So läßt sich sehr schnell ermitteln, welche der Muster etwa gleichstark angeflogen werden.

Anschließend wählt man ein mittelstark frequentiertes Musterpaar aus, um Spontantendenzen auszuschließen, und dressiert auf das weniger stark frequentierte Muster.

Der Dressurversuch: Der Dressurversuch wird häufig erst am nächsten Tag vorgenommen werden können. Wird er zur gleichen Tageszeit durchgeführt, werden die Bienen in der Regel von allein „nachsehen", ob es Futter gibt (vgl. Versuch 34), und nach etwa 0,5 h hat sich dann die Anzahl der Sammelbienen stabilisiert.

Abb. 57
Spontanwahlversuch mit Bienen.

Nun wird nur noch das zur Dressur gewählte Musterpaar mit anderen weißen, schwarzen oder grauen Tafeln (es können auch farbige Tafeln sein) ausgelegt, aber nur das Röhrchen über dem positiven Muster *beködert.* Die anderen Positionen enthalten Wasser oder sind leer.

Die das Muster anfliegenden und am Röhrchen saugenden Bienen werden mit der Schellackfarbe während des Saugens vorsichtig mit einem kleinen Farbtupfer am Thorax markiert. Gleichzeitig wird von Zeit zu Zeit die Platte gereinigt (der leichte Alkoholduft „regt zwar die Tiere auf", aber entfernt Duftspuren) und der Tisch ab und zu gedreht, um die Position der Tafeln zu ändern.

Besser ist es, die Tafeln selbst anders auszulegen, aber umständlicher. Die Tiere lernen neben der Form, je nach Rasse, auch die Lage der Futterquelle in Bezug zum Tisch [90], [185].

Fliegen genügend markierte Tiere das positive Muster regelmäßig an (optimal etwa 15 bis 50) beginnt der Test.

Kontrollversuch: Nach gründlicher Reinigung und Positionswechsel werden beide Muster mit der gleichen Zuckerlösung beködert und 2 mal 5 min lang *nur die markierten*

Bienen, die das Positiv- oder Negativmuster anfliegen, ausgezählt (Abb. 58). Das Ergebnis wird statistisch (vgl. S. 143) ausgewertet (jede gezählte Biene kann mit einer Wahl gleichgesetzt werden).

Dressurtest

vom 5.9.75
Dressur: Zweifachwahl
Dressurzeit: 4 Std.
Dressurtest: zum Zeitpunkt 0 → Dressurmuster
und Gegenmuster mit Zuckerlösung

Tabelle 1:

Zeitraum	Dressur- muster	Gegen - muster	Signifikanz- grenze	Richtigwahl
[min]			$\alpha = 5\%$	[%]
0 - 5	18	2	74	90
5 - 10	10	0	85	100
10 - 15	23	13	67	64
15 - 20	13	11	72	54
20 - 25	15	19	68	44

Diagramm 2:

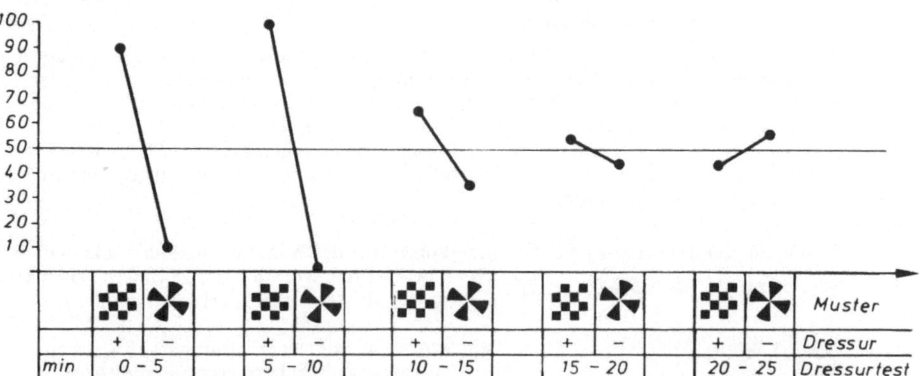

Abb. 58 (Kontrollversuch nach R. J ä h r l i n g).
Beispiel für eine Musterdressur mit Bienen.

A n m e r k u n g e n. 1. Die Muster werden von den Bienen mehr beachtet als die einheitlichen Tafeln.
2. Die Bienen entdecken im Kontrollversuch sehr bald, daß das andere Muster auch beködert ist und lernen schnell um. Etwa nach ca. 20 min (Abb. 58) werden beide Muster gleichmäßig angeflogen.

3. Es muß peinlichst darauf geachtet werden, daß das Zuckerwasser bei langem Stehen, etwa in der Sonne, nicht gärt (Geruch!). Das Riechvermögen der Biene entspricht etwa dem des Menschen [90] ▪

▲ *Versuch 60.* Farbdressuren von Bienen.

Zur Farbdressur (vgl. Versuch 59) verwenden wir Farbtafeln anstelle der Muster. Dabei ist es gut, auf UV-reflektierende Farben zu verzichten und Farben zwischen Blau bis Orange auszuwählen [122], [272]. Die Farbe wird ähnlich wie im Musterdressur-Versuch gegen andere Farben positiv belohnt und dann gegen eine Reihe von Graustufen (am besten gegen mehrere Graustufen mit gleichem Helligkeitsgrad wie die Farben; vgl. Versuch 20) getestet und die Ergebnisse wie im Versuch 59 statistisch ausgewertet.
A n m e r k u n g. Die Fa. Phywe, Göttingen, vertreibt einen Farbtafel- (4 Farben) und einen Grautafelsatz (9 Graustufen), die für den Versuch gut geeignet sind. ▪

▲ *Versuch 61.* Musterdressur von Meerschweinchen

Ein besonders beliebtes und für Musterdressurversuche gut geeignetes Säugetier ist das Meerschweinchen (Biologie, vgl. Versuch 9). Der im folgenden beschriebene Versuch kann abgewandelt (vgl. z.B. Versuch 62) auch mit Hamstern, Mäusen oder Ratten durchgeführt werden.
B e n ö t i g t e T i e r e u n d M a t e r i a l i e n: 2 bis 4 Meerschweinchen, Haltung siehe Versuch 9; Versuchsapparatur.

Die zur straffreien Zweifachwahl benutzte Versuchsapparatur ist so konstruiert, daß die Versuchstiere nur zu Beginn der Dressur mit der Hand aus ihrem Aufenthaltskäfig in die Startkammer der Apparatur gesetzt werden müssen (Abb. 59 und 60). Während der Aufgabenbewältigung läuft das Tier dann ohne durch Kontakt mit dem Experimentator abgelenkt zu werden. Von der Startkammer aus gelangen die Tiere in die Wahlkammer, die durch eine hochziehbare Plexiglastür vom Wahlraum abgegrenzt ist, und von hier in den Wahlraum.

Durch die Plexiglastür wird das Tier gezwungen, vor der Wahl nochmal kurz anzuhalten

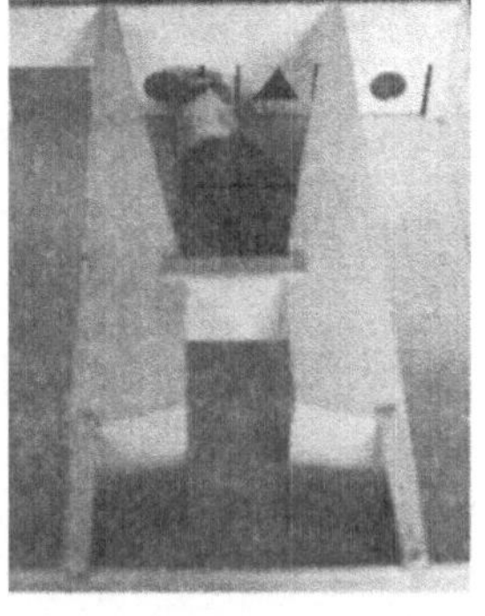

und sich zu orientieren, wodurch der gewünschte Effekt — Beachtung der Muster — gefördert wird.

Der Wahlraum endet mit zwei Klapptüren (10 x 10 cm), die durch entsprechende Scharnierbefestigung vom Versuchstier leicht angehoben werden können. Auf den Türen sind die Dressurmuster aufgeklebt. Die Stellung des positiven Musters kann mittels eines Schiebers (der mit drei Türen versehen ist) von links nach rechts und umgekehrt gewechselt werden. Unter den angehobenen Mustertüren gelangen die Tiere in den Belohnungsraum (bei Richtigwahl beködert) und von da aus durch seitliche

Abb. 59
Zweifachwahldressur mit Meerschweinchen (vgl. Abb. 60).

Gänge wieder in die durch Falltüren abschließbare Startkammer für einen weiteren
Lauf. Die Versuchsapparatur ist bis auf den aus grauem Kunststoff konstruierten
und am oberen Rand der Versuchsapparatur um 3 cm hervorstehenden Schieber weiß
angestrichen.

Als *Muster* werden jeweils auf einem weißen Feld (10 × 10 cm) folgende, zentral auf-
gezeichnete Figuren geboten:

Versuchs-tier	Positiv-Muster	Negativ-Muster
1	waagerechtes Rechteck schwarz, 5 × 1,5 cm	senkrechtes Rechteck schwarz, 5 × 1,5 cm
2	schwarzer Kreis ϕ 5 cm; 1,5 cm dick gezeichnet	gleichseitiges Dreieck Seitenlänge: 6 cm 1,2 cm dick gezeichnet
3	dto.	schwarzes Viereck Seitenlänge: 5 cm 1,5 cm dick gezeichnet
4	schwarzes Viereck Seitenlänge: 5 cm 1,5 cm dick gezeichnet	schwarzer Kreis $\emptyset$ 5 cm 1,5 cm dick gezeichnet

Als *Belohnung* werden kleine Möhren- oder Blumenkohlstückchen in Petrischalen so
dosiert gegeben, daß die Tiere 30 Einzelläufe pro Dressursitzung absolvieren.

V e r s u c h s d u r c h f ü h r u n g: Die Versuche werden täglich zur gleichen Zeit
etwa 2 Wochen lang durchgeführt. Nach dem Versuch bekommen die Tiere reichlich
Futter, dessen Reste abends, etwa um 17 Uhr, herausgenommen werden, so daß die
Tiere jeweils zur Versuchszeit motiviert sind.

a) *Gewöhnung an die Apparatur:* Als erstes müssen die Tiere an die Apparatur gewöhnt werden. Dazu werden sie an 3 Tagen jeweils für 2 Stunden in die Apparatur
gesetzt und gefüttert. Dabei sind alle Falltüren geöffnet, so daß die Meerschweinchen
die neue Umgebung ausreichend erkunden können. Als nächstes werden kleine Fut-

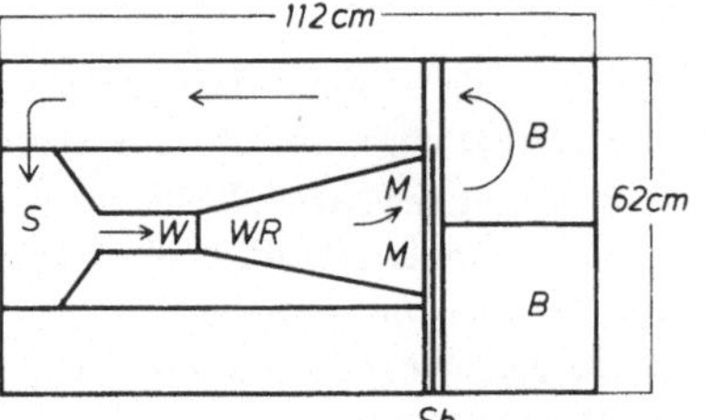

Abb. 60
Aufsicht auf die Dressurapparatur (Sperrholz
und PVC kombiniert; 122 × 62 cm; Höhe der
Seitenwände 22 cm).
B = Belohnungskammer; M = Muster, auf Klapptüren angebracht; S = Startkammer; Sb = Schieber mit Mustern; W = Wahlkammer (mit Plexiglastür); WR = Wahlraum. Pfeile zeigen den Lauf der
Versuchstiere bei einer Wahl an (vgl. Abb. 59).

terstücke so angeordnet, daß die Versuchstiere gezwungen werden, die Wahltüren mit den Dressur-Mustern anzuheben, wobei öfter durch vorsichtiges Schieben mit der Hand „nachgeholfen" wird. Im Wahlraum wird zusätzlich belohnt. So lernen die Tiere innerhalb kurzer Zeit die Apparatur kennen und beherrschen das Öffnen der Mustertüren und den Rundlauf.

b) *Vorversuche:* Wenn die Tiere den Lauf durch die Apparatur beherrschen, werden sie in einem Vorversuch auf ihre Spontanbevorzugung und Seitenstetigkeit geprüft (vgl. S. 143). Dabei werden in 30 Läufen, bei denen die Seitenanordnung der Muster zufällig gewählt wird, beide Alternativen beködert.

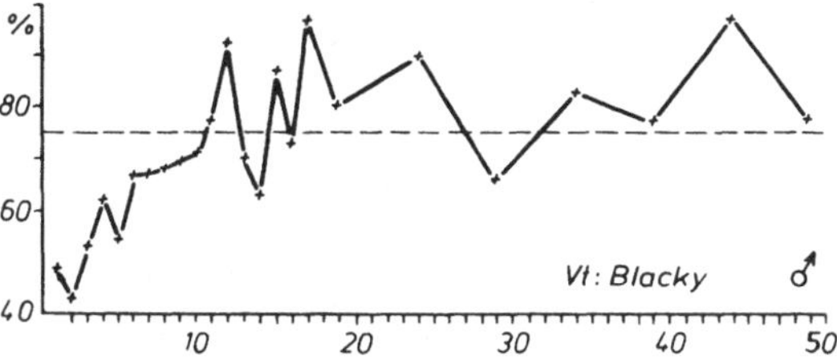

Abb. 61
Graphische Darstellung eines Versuchsergebnisses – Zweifachwahldressur der Meerschweinchen. Ordinate = Positivwahlen in %, Anzahl der Wahlläufe pro Tag n = 30 (= 100 %); Abszisse = Anzahl der Dressurtage. Signifikanzgrenze = gestrichelte Linie für α = 1 %.

Im Anschluß daran beginnt unter Berücksichtigung der Ergebnisse aus den Vorversuchen die eigentliche Dressur.

Bei spontaner Musterbevorzugung wird auf das Gegenmuster dressiert; bei Seitenstetigkeit in den ersten Dressursitzungen häufiger das positive Muster auf die Gegenseite gelegt.

c) *Dressur und Kontrollversuch:* Bei den im Anschluß an die Vorversuche durchgeführten Dressuren wird jeweils nur die Wahl des positiven Musters belohnt und das negative Muster in den ersten Tagen gelegentlich sogar blockiert. Die einzelnen Läufe werden täglich protokolliert und kontrolliert, ob die Häufigkeit der Positivwahlen die Signifikanzgrenze erreicht hat. Nach dem Überschreiten der Signifikanzgrenze wird drei Tage lang nachdressiert und das Ergebnis jeweils in einem Kontrollversuch (beide Seiten beködert) überprüft und statistisch ausgewertet.

A n m e r k u n g e n. 1. Das aktive Aufsuchen der Muster ist eine bedingte Appetenz. Die Lernleistung selbst, Mustererkennen und Öffnen der Türen, ist komplexer.

2. Bei streng gewerteten Wahlläufen wird bereits das Berühren des negativen Musters als Fehler notiert. Häufig beobachtet man z.B., daß die Tiere ein Muster berühren, dann aber das andere wählen.

3. Die Belohnung ist so zu plazieren, daß das Futter beim Berühren der Tür vom Vt nicht gesehen wird.

4. Man sollte bei den Versuchen nicht sprechen und die Tiere durch Bewegungen etc. nicht ablenken. Bei ungeauer Versuchsdurchführung lernen die Tiere z.B. auch sehr schnell, daß es „einfacher" ist, über den Apparaturrand zu schauen, wenn sie dafür belohnt werden, als die Türen anzuheben. ■ □

▲ *Versuch 62.* Bedingte Aktion bei Mäusen

Die klassischen operant conditioning Versuche wurden von B. F. Skinner durchgeführt [278], [279], von denen der mit der Bezeichnung die „abergläubischen Tauben" besonders eindrucksvoll die bedingte Aktion und ihre Motivation verdeutlicht [116].

Es wurden mehrere, hungrige Tauben für längere Zeit einzeln in je einen Versuchskäfig gesetzt, die neben Wassernäpfen eine Automatik hatten, die in gleichmäßigen Zeitabständen von einigen Sekunden ein Korn in den Käfig fallen ließ. Die Tauben, die vor dem ersten Korn irgendwelche Aktionen absolvierten (Picken, Kopfwenden, Gefiederputzen, Fuß anheben usw.), wurden „scheinbar" für die gerade aktuelle Bewegung mit dem ersten Fallen des Korns belohnt. Nach dem Prinzip der bedingten Aktion führten sie die Bewegung erneut durch und das automatisch fallende Korn „schien" die bedingte Aktion erneut zu belohnen. So fortgesetzt, lernte in diesem Versuch jede der Tauben ein anderes Verhaltenselement, das dann ständig wiederholt wurde.

In einfachster Form war die Skinnersche Versuchsanordnung so gewählt, daß die Versuchstiere für eine bestimmte Tätigkeit, z.B. Niederdrücken eines Hebels, der eine automatische Futteranlage ansteuert, belohnt wurden. Einmal entdeckt, lernen sie dann sehr schnell, bei „Hunger" die Taste zu bedienen.

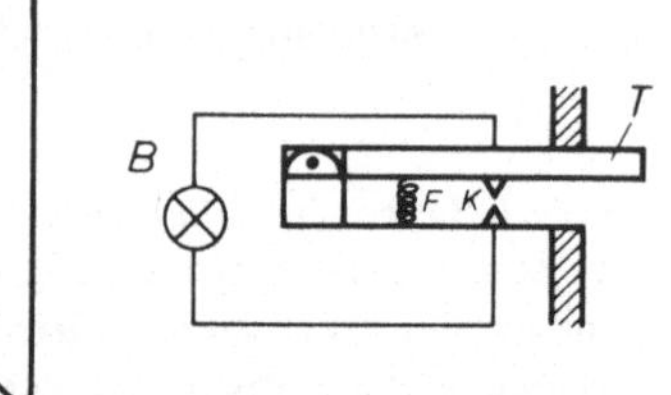
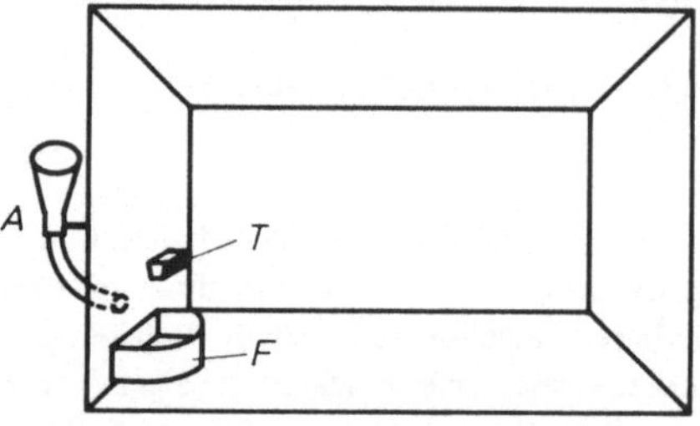

Abb. 62
Einfache Skinnerbox für Versuch 62 (nach W. D. L a n g h a n k e verändert).
A = Pseudoautomat zum Füttern; B = Kontrollampe; F = Futternapf; T = Taste. Weitere Erklärungen siehe Text. Rechts – Versuchstaste in Seitenansicht. Die Taste wird mittels einer feinen Feder (= F) (z. B. Modellbaubedarf) nach oben gehalten. Beim Hinunterdrücken schließt sie einen Kontakt (= K). Aufleuchten der Birne = Zeichen zur Belohnung.

B e n ö t i g t e T i e r e u n d M a t e r i a l i e n. 4 bis 10 Mäuse, besser pigmentierte Tiere mit dunklen Augen als albinotische; eine *Skinnerbox* (Abb. 62):

Käufliche Skinnerboxen sind sehr teuer, so daß es empfehlenswert ist, einen einfachen Versuchskäfig, wie von L a n g h a n k e [173] entwickelt, selbst zu bauen; etwa von der Größe 35 cm x 30 cm x 20 cm hoch; von dem eine Seite, die Beobachtungseite, z.B. eine Plexisglas- oder Glasplatte ist, und die Frontalplatte so angebracht wird, daß man sie auswechseln kann. Geeignet ist z.B. 10 mm Sperrholz, das zum besseren Reinigen

mit einer Kunststoffarbe angestrichen oder mit dc-fix beklebt wird. In den Käfig kommen Sägespäne und ein Futternapf mit niedrigen, ca. 1 cm hohen, Seitenwänden. Die auswechselbare Frontplatte wird, wie in Abb. 63 gezeigt, mit einer Taste versehen, etwa 1 x 1 cm groß (Taste gut kontrastiert zur Käfigwand), die einen Kontakt schließt, der über eine Batterie außen eine Lampe aufleuchten läßt. Die Taste muß leicht zu bedienen sein, und es ist vorteilhaft, wenn man sie 4 bis 6 cm über dem Boden anbringt [173].
Neben der Taste befindet sich ein Röhrchen, das die Wand durchbricht und durch das Körner einzeln in den Futternapf hereingeworfen werden können.

Versuchsdurchführung. In den Käfig, der mit Wasser (Trinkflasche), aber nicht mit Futter versehen ist, werden die Mäuse nach 1 Hungertag einzeln eingebracht und beobachtet, bis die Tiere die Taste drücken. Leuchtet das Lämpchen auf (für die Maus nicht sichtbar), wird sofort, ohne daß das Tier die Hand des Experimentators sieht, mit einem Korn belohnt. Die Tiere lernen sehr schnell, daß ein Tastendruck mit Futter belohnt wird. Wir erhalten eine typische Lernkurve (Ordinate: Anzahl der Tastendrücke; Abszisse: Zeit).

Anmerkungen. 1. Die Versuche gelingen am besten im verdunkelten Raum mit beleuchteter Apparatur, so daß die Tiere den Experimentator nicht sehen können.
2. Es läßt sich auch anstelle der Wand mit der Taste etwa eine Wand mit zwei Türchen anbringen (5 cm x 10 cm) und Musterdressuren durchführen, ähnlich wie Versuch 61 mit Meerschweinchen (siehe auch Versuch 65 und Versuch 66 u. 70).
3. Weiterhin eignet sich der Käfig überhaupt gut zum Beobachten des Verhaltens.
4. Die Tiere sollten zahm sein, wenn nicht — Lederhandschuhe benutzen (Bißgefahr — Blutvergiftung).
5. Die Versuchsanordnung eignet sich auch für Goldhamster. ■

5.3.2.6 Lernen im Zusammenhang mit Spieltrieb, Neugierverhalten und Nachahmung

Im Zuge der Höherentwicklung, die durch eine ständige Zunahme des Lernverhaltens und des durch Lernen modifizierbaren, angeborenen Verhaltens gekennzeichnet ist, werden phylogenetisch neue Verhaltensweisen entwickelt, die eigene Antriebsmechanismen haben und speziell in den „Dienst" des Lernens gestellt sind: Spielverhalten, Neugierverhalten, Nachahmung.

Daraus ergeben sich folgende Vorteile:

1. Die Zeit des Lernens wird verlängert (Spielverhalten).

Bedingte Lernformen allein sind jeweils nur in Abhängigkeit von Antrieben anderer Verhaltensweisen, an die sie gebunden sind, möglich, was die Zeit des Lernens einengt.

2. Der Bereich des Lernens wird erweitert (Neugierverhalten).

Bedingte Lernformen sind im Gegensatz dazu mehr oder weniger streng dem Antriebsziel der sie tragenden Verhaltensweisen zugeordnet und entsprechend der Lernbereich eingeengt.

3. Der Lernerfolg wird vom Individuum gelöst und unter Einsparung der Lernzeit und der Gefahr des eigenen Probierens dem Artgenossen zugänglich (Nachahmung).

Die erzielten Anpassungsvorteile beim individuellen Lernen werden ohne Nachahmung nur vom Lernenden allein genutzt.

Das Spielverhalten, das bei allen höherentwickelten Vertebraten beobachtet werden kann, z.B. bei Rabenvögeln, Papageien, Meerschweinchen, Katzen, und besonders stark bei den Primaten ausgebildet ist, erlaubt es, gewissermaßen vor dem Ernstfall für den Ernstfall verschiedene Verhaltensweisen zu erproben und einzuüben [116] (Jagdspiele, sexuelle Spiele, Einüben der Geschicklichkeit etc.). Das Individuum lernt die eigenen Fähigkeiten kennen und übt sie ein. *Spielen wird nur im entspannten Feld aktiviert* (d.h. alle anderen Antriebe sind nivelliert; keine Angst, kein Hunger usw.) und ist in der Regel auf die Jugendphase begrenzt.

▲ *Versuch 63.* Spielverhalten

Jedes höher entwickelte Tier zeigt in der juvenilen Phase mehr oder weniger ausgeprägtes Spielverhalten, so daß man je nach Situation entweder auf die Erfahrung der Praktikumsteilnehmer zurückgreifen oder etwa bei einem Zoobesuch eine Fülle von Beispielen demonstrieren kann. Am bekanntesten ist Spielverhalten bei Katzen, Hunden, Raubtieren usw. (vgl. Versuch 78).

Bei den Mormyriden, die ein für Fische überdurchschnittlich großes Cerebellum haben, konnte auch eine Art Spielverhalten festgestellt werden. Offenbar wird hier Ortung und Motorik (die Tiere orientieren sich mit elektrischen Organen) trainiert.

Spielverhalten der Meerschweinchen: Sind 2 bis 4 Wochen alte Meerschweinchen verfügbar, lassen sich Hakenschlagen und auf-das-Muttertier-heraufklettern als eine einfache Form des Spielverhaltens demonstrieren (vgl. Versuch 9).

Spielverhalten bei Vögeln: Weniger bekannt ist Spielverhalten bei Vögeln, wo es bei den höchst entwickelten Arten, z.B. Rabenvögel, große Papageien und Sittiche, regelmäßig vorkommt.

Zum Beispiel: Mein Graupapagei „Kunibert" hat besonders in den ersten 2 bis 3 Jahren im Käfig und auch außerhalb ausgiebig gespielt: z.B. schlagen mit dem Schnabel nach einer Schachtel, die dann, wenn sie in Bewegung geraten ist, abgewehrt, bzw. mit dem Fuß und Schnabel gefangen wird. Oder mit einem Fuß an der Schaukel hängen, Kopf nach unten; mit dem anderen Fuß wird eine Streichholzschachtel hin- und hergeführt und nach ihr geschnappt. Oder auf dem Boden (auch frei im Zimmer) Schlagen nach einem Pingpongball und Nachlaufen; bzw. das Tier läuft über den Teppich mit um $180°$ verdrehtem Kopf. Obwohl die Balance nicht 100%ig beherrscht wird, ist die Erfahrung „interessant" (Neugierverhalten), denn es macht dies nicht selten, u.a.

A n m e r k u n g. Wichtig für die Beobachtungen von Spielverhalten ist das *entspannte Feld*, d.h., die Tiere dürfen nicht durch andere Einflüsse abgelenkt werden. ■

Neugierverhalten. Eng mit Spielverhalten verknüpft ist Neugierverhalten, das ebenfalls eigene Antriebsmechanismen (autonome Motivation) hat. Auch hier liegt der Selektionsvorteil in dem Sachverhalt, daß es vorteilhaft ist, verschiedene unbekannte Situationen zu untersuchen, zu erkunden, um im Ernstfall in der Wahl der Reaktion besser gerüstet zu sein.

▲ *Versuch 64.* Neugierverhalten bei Hamstern und Meerschschweinchen

Ähnlich wie beim Spielverhalten ist auch Neugierverhalten und Erkunden bei höher entwickelten Tieren stärker (vgl. z.B. Versuch 8; Versuch 9 u. 61) und extrem bei Affen und Menschen ausgeprägt.

Um Neugierverhalten zu demonstrieren, empfiehlt sich ein Vergleich zwischen Tieren mit und ohne Neugierverhalten; z.B. wir vergleichen das Verhalten eines Frosches, der in ein ihm fremdes Terrarium (Terrarienpflege, Versuch 42) gesetzt wird, mit dem Verhalten eines Meerschweinchens oder Hamsters, die ebenfalls in ihnen „unbekannte" Haltekästen gesetzt werden.

Beim Hamster ist Neugierverhalten und besonders Erkunden stark ausgeprägt. Es lassen sich z.B. Dressuren durchführen, wenn die Tiere mit der Möglichkeit, einen abwechslungsreichen Biotop zu erkunden, belohnt werden. ■

▲ *Versuch 65.* Neugierverhalten bei Mäusen

Ratten und Mäuse zeichnet ein hoch entwickeltes Neugier-, Erkundungs- und damit verbunden Lernverhalten aus, was sicher dazu beigetragen hat, daß die Tiere sich sehr schnell an die von menschlicher Hand veränderte Umwelt angepaßt haben und heute einer der größten „Nahrungsmittelkonkurrenten" der Menschheit sind.

Ein einfacher Versuch [173] demonstriert dieses Neugierverhalten und die damit verbundenen Vorteile:

B e n ö t i g t e T i e r e u n d M a t e r i a l i e n. 4 bis 6 Mäuse wie im Versuch 62 und die gleiche Versuchsbox, aber mit anderen Versuchswänden und zwar: *Wand 1:* An der Frontseite ist ein Türchen angebracht, das nach außen aufgeht (Abb. 63 a) und den Weg zum Futter freigibt.*Wand 2:* mit einem Türchen, das nach oben geschoben wird (Abb. 63 b); *Wand 3:* mit einem Türchen, das zur Seite aufgeschoben werden kann (Abb. 63 c) und *Wand 4:* mit einem verriegelten Türchen (Abb. 63 d). Wichtig ist, daß die Türchen nicht zu schwer zu öffnen sind und daß sie Ansatzstellen haben, an denen die Maus je nach Aufgabe schieben oder ziehen kann.

V e r s u c h s d u r c h f ü h r u n g. Die Mäuse werden nacheinander einzeln mit den Aufgaben in der Reihenfolge a–b–c–d getestet. Sie lernen schnell (durch Probieren), die Türchen zu öffnen und so ans Futter zu gelangen.

Anmerkung: 1. Die Reihenfolge abcd ist insofern vorteilhaft, weil der Schwierigkeitsgrad sukzessive zunimmt; in anderer Reihenfolge dauert der Versuch länger; pro Tier ca. 1 bis 50 min.
2. Siehe Anmerkungen zum Versuch 66; 69 und Versuch 70. ■

Nachahmung. Die Nachahmung ist vorwiegend bei Tieren ausgebildet, die im Verband (zumindest zeitweilig) leben: Familienverband → Sozietät usw. (vgl. Abschn. 10.3).

Sie stellt die *Basis der Tradition* dar, die bei vielen Arten nachgewiesen, beim Menschen besonders stark ausgebildet ist.

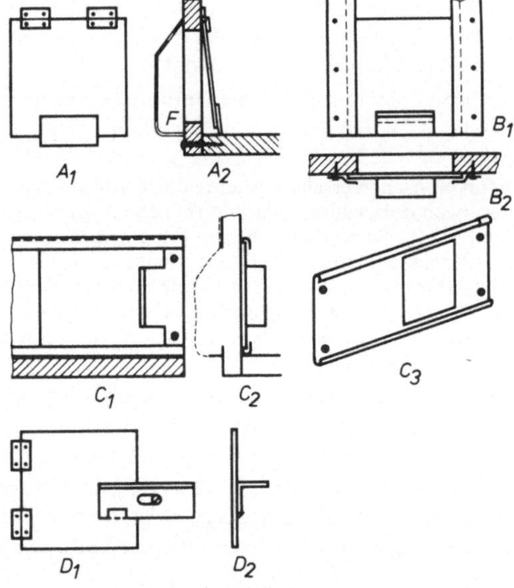

Abb. 63
Auswechselbare Versuchswand (nicht gekennzeichnet) mit verschiedenen Türen (nach W. D.
L a n g h a n k e verändert). A_1 nach oben zu öffnende Tür (5 cm × 5 cm bzw. 6 cm × 6 cm), am
besten aus Aluminiumblech herzustellen (1 mm dick). Die „Zunge" unten (mit Uhu plus ange-
klebt) verhindert, daß die Tür ganz schließt. A_2 Seitenansicht. Der Belohnungsraum, auch aus
Blech angeschraubt, sollte so klein sein, daß die Maus nicht Platz in ihm hat. Oben befindet sich ein
Loch (ϕ 5 mm) zum Futter (= F) nachfüllen. Vorn eine 5 mm hohe Schwelle. B_1 Schiebetür nach
oben zu öffnen. Die untere „Zunge" ist rechtwinklig abgewinkelt. Die Tür *muß* leicht gängig sein.
Die Führungschienen können, wie in C_3 gezeigt, in einem Stück angefertigt werden, was den Vorteil hat, daß die Versuchstiere die Ränder des Belohnungsraums (etwa 5 cm × 5 cm) nicht benagen.
B_2 Seitenansicht. C_1 Schiebetür, seitlich zu schieben. C_2 Seitenansicht. C_3 Schiene aus Blech gebo-
gen mit Fenster für Belohnungsraum. D_1 Tür mit Riegel = Winkelaluminiumschiene (1,5 cm × 1,5
cm). Der Riegel, etwa 5 cm lang, hat in der Mitte derart einen Schlitz angebracht, daß er angehoben, zurückfällt und die Tür freigibt. D_2 Seitenansicht.

Zum Beispiel: Die Ratten der Nordseeinseln tradieren Jagdverhalten insofern, als die
Tiere durch Nachahmung lernen, Strandvögel im freien Gelände (das normalerweise
von Ratten nicht aufgesucht wird) zu jagen. Untersuchungen an japanischen Makaken
zeigten, daß bestimmte, einmal erfundene Verhaltensweisen tradiert werden: Kartoffeln waschen und mit Meerwasser salzen; Weizen vom Sand trennen durch Einstreuen
der Mischung in Wasser usw. Besonders bei hochentwickelten sozialen Tieren spielt die
Tradition eine wichtige Rolle (vgl. S. xxx). Bei Schimpansen dürfte auch der Schlaf-
nestbau und Werkzeuggebrauch [157], [178] tradiert sein.

Die Selektionsvorteile der Nachahmung und Tradition sind: 1. Tradiertes Verhalten
hat die Selektionsprüfung bereits hinter sich. Die Gefahr, daß eine Fehlleistung tradiert
wird, ist dadurch geringer (vgl. Abschn. 11.2).

Erlernte Fehlleistungen werden unter natürlichen Bedingungen vom Selektionsmecha-
nismus schnell ausgemerzt, so daß in der Regel nur bewährte, Verhaltensmodifizierungen nachgeahmt werden können.

2. Individuelles Lernen wird durch Lernen in der Gruppe erweitert. An die Stelle des individuellen Gedächtnisses tritt ergänzend das *soziale Gedächtnis*. Dadurch wird die Lern- und Speicherkapazität erweitert.

3. Hinzu kommt, daß tradierte Information nicht mehr allein an das Individuum gebunden ist, d.h. der Vorteil für die Gruppe bleibt auch kommenden Generationen erhalten.

Beim Menschen erschwert heute die Tradition eine entsprechend den schnellen Veränderungen notwendige, adäquat schnelle Anpassung an die neuen Verhältnisse (vgl. Abschn. 11.2). So war vor wenigen Generationen, angesichts der hohen Sterblichkeit, die kinderreiche Familie vorteilhaft. Heute, nachdem die verschiedenen natürlichen Selektionsfaktoren durch eine optimierte medizinische Versorgung reduziert wurden, ist es entsprechend notwendig, auch die Geburtenrate zu senken, um eine Überbevölkerung zu vermeiden. Diese Forderung stößt in vielen Bereichen tradierter Wertvorstellungen auf großen Widerstand.

Motivation. Die autonomen Antriebsmechanismen für Spielverhalten, Neugierverhalten und Nachahmung, die durch zahlreiche Indizien belegbar sind (artspezifisch, Triebstau etc.), sind bislang nur in wenigen Fällen neurophysiologisch geklärt. So konnten z.B. K o m i s a r u k und O l d s [159] nachweisen, daß Neugierverhalten bei Ratten von einer spezifischen Erregung des lateralen Hypothalamus begleitet ist. Eine künstliche Reizung der Gebiete löste ähnliches Verhalten aus [80], [204].

In der Regel sind Spielverhalten, Neugierverhalten und Nachahmung besonders stark in der Jugendphase ausgeprägt. Die in dieser Zeit erworbenen Verhaltensmodifizierungen werden später in Kombination mit anderen Verhaltensweisen eingesetzt.

Zum Beispiel: Die Sprungmethode beim Angriff der Löwen wird bereits beim Spielen eingeübt und hier durch den Spieltrieb motiviert. Später, im Ernstfall wird sie beim Beuteerwerb eingesetzt und vervollkommnet, dann aber vom Jagdinstinkt motiviert.

Allgemein beobachtet man in aufsteigender Stammesreihe eine Verlängerung der Jugendphase (*Proterogenese*), d.h. die Zeit, in der Spiel-, Neugierverhalten und Nachahmung aktivierbar sind, kombiniert mit einer gedehnten sensiblen Phase im weiteren Sinne (vgl. Abschn. 5.3.2.2), ist in Bezug auf die individuelle Lebensdauer verlängert. Entsprechend ist der Anteil des Lernens am Gesamtverhalten vergrößert. Am extremsten ist dies beim Menschen ausgebildet.

▲ *Versuch 66.* Nachahmung bei Mäusen und Meerschweinchen

An der Basis der Nachahmung steht die durch den Artgenossen auf ein bestimmtes Ziel gerichtete Aufmerksamkeit — man erkundet (probiert) an gleicher Stelle, womit die Zeit des Suchens eingespart wird. Die im Versuch 9 vorgeschlagene Überprüfung des Trinken-Lernens aus der Trinkflasche bei Meerschweinchen, soll durch einen komplexeren Versuch mit Mäusen ergänzt werden.

B e n ö t i g t e   T i e r e   u n d   M a t e r i a l i e n. 4 bis 8 Mäuse, die zusammen in einem Gemeinschaftskäfig gehalten werden. Besonders aggressive Tiere und solche, die in die Gruppe nicht aufgenommen werden, sind ungeeignet. Versuchskäfig wie im Versuch 65 mit der Wand b. Wichtig ist, daß die Tür nach dem Öffnen wieder zufällt, und daß der Belohnungsraum so gestaltet ist, daß die Mäuse sich nicht hinter der Versuchstür verkriechen können.

Versuchsdurchführung. Ein Teil der Tiere (= eine Versuchsgruppe) wird markiert, etwa mit einem wasserfesten Filzstift (einen Tupfer auf den Rücken oder Schwanz auftragen), und mit ihnen Versuch 65 durchgeführt und die Zeit, die von allen Tieren (einzeln) zum Bewältigen der Aufgabe benötigt wird, notiert. Dann wird die zweite, unmarkierte Gruppe getestet und zwar derart, daß jeweils ein Tier aus der ersten Gruppe, das die Aufgabe beherrscht, mit einem naiven Tier zusammen eingebracht wird. Es wird die Zeit gemessen, die jeweils vom ungelernten Tier benötigt wird, um die Aufgabe zu lösen, und dann die Gesamtzeit der zweiten Gruppe mit dem Ergebnis der ersten Versuchsgruppe verglichen.

Anmerkungen. 1. Alle Tiere müssen wie im Versuch 62 motiviert sein.
2. Nach jedem Versuch ist die Wand gründlich zu reinigen (vgl. Versuch 69). ■

▲ *Versuch 67.* Nachahmung beim Menschen

Auch beim Menschen, besonders im Bereich manueller Fertigkeiten, ist Nachahmung – das Lernen durch Zusehen – ein äußerst wichtiger Bestandteil des Lernens und der Ausbildung. Die sich über die Nachahmung ergebenden Vorteile lassen sich sehr schön etwa im folgenden Versuch verdeutlichen.

Wir wählen zwei Gruppen aus 4 Personen und stellen ihnen die Aufgabe: einen afghanischen Haremsring, einen Puzzle-Würfel oder eine komplexe Figur im Spiel „Verhext" zusammenzusetzen und zwar derart, daß jeder die Aufgabe beherrscht (Abb. 64).

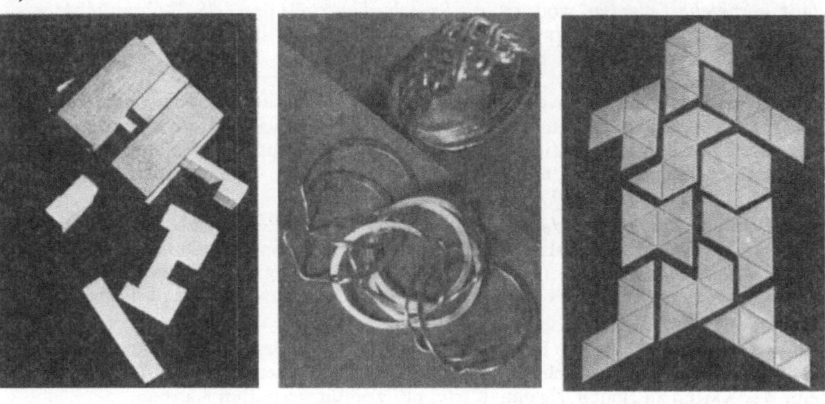

a)   b)   c)
Abb. 64
a) Puzzle-Würfel; b) afghanischer Haremsring, geschlossen und geöffnet; c) eine Figur aus dem Spiel „Verhext" nach H. H a b e r.

Einer Gruppe, und zwar einer Person der Gruppe, wird der Weg zur Lösung gezeigt. Die von beiden Gruppen benötigte Zeit zur Lösung der Aufgabe wird verglichen.

A n m e r k u n g e n. 1. Man muß die Aufgabe entsprechend dem Alter und der Erfahrung komplex wählen.

2. Es spielen hier eine Fülle von weiteren verhaltensbiologischen, psychologischen und soziologischen Faktoren eine Rolle, die sicherlich die Besprechung der Thematik kompliziert machen werden, aber das Versuchsergebnis selbst wird bei „normalen" zwischenmenschlichen Beziehungen in der Regel die oben erwähnten Vorteile der Nachahmung widerspiegeln. ∎

5.3.2.7 Abstraktion, Generalisation, Begriffsbildung Die Eigenschaften der Materie und die in ihren Wechselbeziehungen wirksamen Gesetzmäßigkeiten bedingen, daß die erfahrbare (empirisch erforschbare) Welt auf den verschiedenen Ebenen der Entwicklung, sowohl im atomaren, molekularen und kosmischen wie im Bereich der Phylogenie des Lebens, in Form von Aggregationszuständen vorliegt, die nicht beziehungslos untereinander sind, sondern eine *abgestufte Verwandtschaft* erkennen lassen. Diese zeigt sich darin, daß jeweils Gruppen von Systemen eine Reihe gemeinsamer Konstruktionsmerkmale (Eigenschaften) aufweisen, die außer den Naturgesetzen (z.B. Kausalgesetz) jeweils bestimmten, dem Entwicklungsniveau entsprechend spezifischen Gesetzmäßigkeiten unterliegen (die Aggregationszustände des Lebens z.B. unterliegen unter anderen den kybernetischen Gesetzen).

Dieser empirisch nachweisbare Sachverhalt hatte für die Phylogenie des Verhaltens insofern Bedeutung, als es prinzipiell möglich ist, Lernen durch *Anpassung* an diese Gegebenheiten zu ökonomisieren und dadurch *Selektionsvorteile* zu erlangen. Folgende Rationalisierungen sind möglich:

1. *Ähnliche Informationen können, in abstrakten averbalen Begriffen zusammengefaßt, gespeichert werden,* wodurch die Speicherkapazität des ZNS ökonomischer ausgenutzt wird und der Zugriff zur Information erleichtert, wenn nicht gar erst ermöglicht wird.

Der äußerst komplexe Sachverhalt, der sich aus der Relation von Informationsmenge, Gedächtnis, Speicherkapazität und instrumentellem Aufwand für die Informationsaufnahme und den Informationsabruf ergibt, kann hier nur mit zwei äußerst einfachen Beispielen verdeutlicht werden. Der Interessent sei auf die Fachliteratur verwiesen [70], [87], [102], [160], [197], [263], [270], [330].
Ökonomische Ausnutzung der Speicherkapazität. Wenn die Information über 50 Autos gleichen Typs mit 50 verschiedenen Farben in einem Prospekt für den Kunden möglichst ökonomisch gespeichert werden soll, ist es papiersparend, die technischen Details, die wiederkehren, nur einmal anzuführen und im Anschluß die 50 Farben zu „engrammieren".
Vereinfachung des Zugriffs. Ein Karteikasten mit nach gemeinsamen Eigenschaften geordneten Karten ermöglicht es, mit wesentlich geringerem Zeit- und Arbeitsaufwand eine der Karten zu finden, als eine Kartei mit zufällig verteilten Karten.

2. *Die Klassifizierung der Informationen erlaubt es, das Reaktionsspektrum auf ein der erfahrbaren Umwelt adäquates Maß zu reduzieren.* Die dadurch frei werdende „Programmkapazität" kann im Dienst anderer, lebensnotwendiger Funktionen eingesetzt werden.

Die Klassifizierung von ähnlichen Erfahrungen, z.B. in Beutetiere und Freßfeinde, erlaubt es, diese mit den Reaktionen Beutefang oder Flucht zu assoziieren und so in der Regel auf einen Neuerwerb von Verhaltensweisen zugunsten etwa der Modifizierung vorhandener Programme zu verzichten, was in Bezug auf die Programmkapazität ökonomisch ist.

Dieser Einsatz sparsamster Mittel (vgl. S. 20) ist übrigens auch im „genetischen Lernen" zu beobachten, z.B. sprechen die „Insektenanzeiger" [296] in der Froschretina auf alle kleinen bewegten Objekte an und nehmen derart eine Klassifizierung vor, die aber ein Ergebnis stammesgeschichtlicher „Erfahrung" ist.

3. Letzten Endes bieten diese Gegebenheiten der erfahrbaren Welt *die Möglichkeit, bei ausreichender Erfahrung, zu einer mehr oder weniger weitreichenden „Voraussicht".* Hat eine erfahrbare Situation einen ausreichenden Bekanntheitscharakter (sie wurde schon überprüft), so ist die Wahrscheinlichkeit groß, daß sie ähnlichen Gesetzmäßigkeiten unterliegt und ähnlicher Natur sein wird, wie die bekannte, d.h. *sie wird „kalkulierbar".* Entsprechend wird es möglich, einen erneuten Lernvorgang in bekannten Erfahrungssituationen einzusparen.

Dabei gilt prinzipiell, *je häufiger etwas gleich erfahren wird, desto größer wird die Wahrscheinlichkeit, daß es sich auch in Zukunft ähnlich abspielen wird.*
Diese drei Prinzipien sind so universell, daß sie gleichermaßen Gültigkeit für die Entwicklung des angeborenen Verhaltens (Artgedächtnis), die Entwicklung des individuellen Lernverhaltens (individuelles Gedächtnis) und für das soziale Lernen (Tradition, akkumulierende Kultur; s. Abschn. 5.3.2.6 u. 11.2) *besitzen.* Z.B. die Anpassung der Sinnesorgane an die Umwelt ist bereits eine Art „Voraussicht" in der genetischen Ebene (Artgedächtnis). Das Artgedächtnis „sieht voraus", daß die zukünftigen Generationen ähnlichen Reizen begegnen werden. Besonders das zuletzt Gesagte verdeutlicht, daß Voraussicht eine Anpassung an Gegebenheiten der Umwelt ist.

Betrachtet man individuelles Lernen unter diesem Aspekt, so stellt man fest, daß Abstraktion und Generalisation Fähigkeiten des ZNS sind, die bei allen höher entwickelten Tieren in verschiedener Abstufung nachgewiesen werden können. Unter den Insekten z.B. bei Bienen [202], unter den Vertebraten bereits bei Fischen [247].

Da Abstraktion und Generalisation eine zentrale Stellung im individuellen Lernen einnehmen und das theoretische Verständnis dieser Vorgänge eine wichtige Voraussetzung jedes Transpositionsversuchs (auch der Interpretation der Ergebnisse) ist, werden sie, in Anlehnung an B. Rensch, an einem Beispiel genauer besprochen. B. Rensch unterscheidet zwei Stufen der Abstraktion: 1. die Bildung des primären individuellen Begriffs; 2. die Bildung des sekundären überindividuellen Begriffs. Des weiteren mehrere Stufen der Generalisation, von denen nur die erste — die Generalisation auf der Stufe des reinen Ordnens — genauer beschrieben wird [238], [245], [247].

Konstruiert man einen Modellorganismus, der bis auf die Funktion der Lernmatrix und Sinnesorgane keine „phylogenetischen Erfahrungen" hat, d.h. keine AAM und keine bevorzugte Reizperzeption, kann man sich den Vorgang der Abstraktion z.B. im Bereich visueller Erfahrung wie folgt vorstellen:
Die Bildung des primären individuellen Begriffs. Wird derselbe Gegenstand von unserem Modellorganismus *wiederholt wahrgenommen* (Perzeption einer Reizkombination), kommt es in Folge der Wiederholung im Vergleich zu anderen Wahrnehmungen zu einer verstärkten Engrammierung dieses Wahrnehmungskomplexes. Zum Beispiel: wird von einem Kind ein roter Ball mit blauen Punkten einmal auf dem Fußboden, dann im Bett oder in der Hand der Mutter usw. wahrgenommen, *wird er in*

Folge der Wiederholung stärkere Gedächtnisspuren hinterlassen als der wechselnde Hintergrund.

Dieser Vorgang kann am besten an einem Modell verdeutlicht werden (Abb. 65 A). Wir haben eine Reihe von Stempeln mit dem Buchstaben Λ und wechselndem Hintergrund. Werden die Stempel nun schwach eingefärbt und übereinandergedruckt, tritt der Buchstabe Lambda deutlich hervor. Da der Druck, die „Engrammierung", im ZNS erfolgt, kommen zwei lernphysiologische Phänomene hinzu. Die wiederholte Aktivierung gleicher Schaltstellen verstärkt eine Assoziation (psychologisch Akzentuierung); das Ausbleiben einer „Bekräftigung" führt zur Extinktion = Löschen der Assoziation (psychologisch Repression). Im Fall des Buchstabens sähe dann die „Gedächtnisspur" wie in Abb. 65 A5 aus.

Besonders das zuletzt Gesagte wird deutlich, wenn wir den Lernvorgang auf das zweidimensionale Modell der Lernmatrix (Abb. 65 B) projizieren (vgl. Abschn. 5.3.2.3 und Abb. 55).

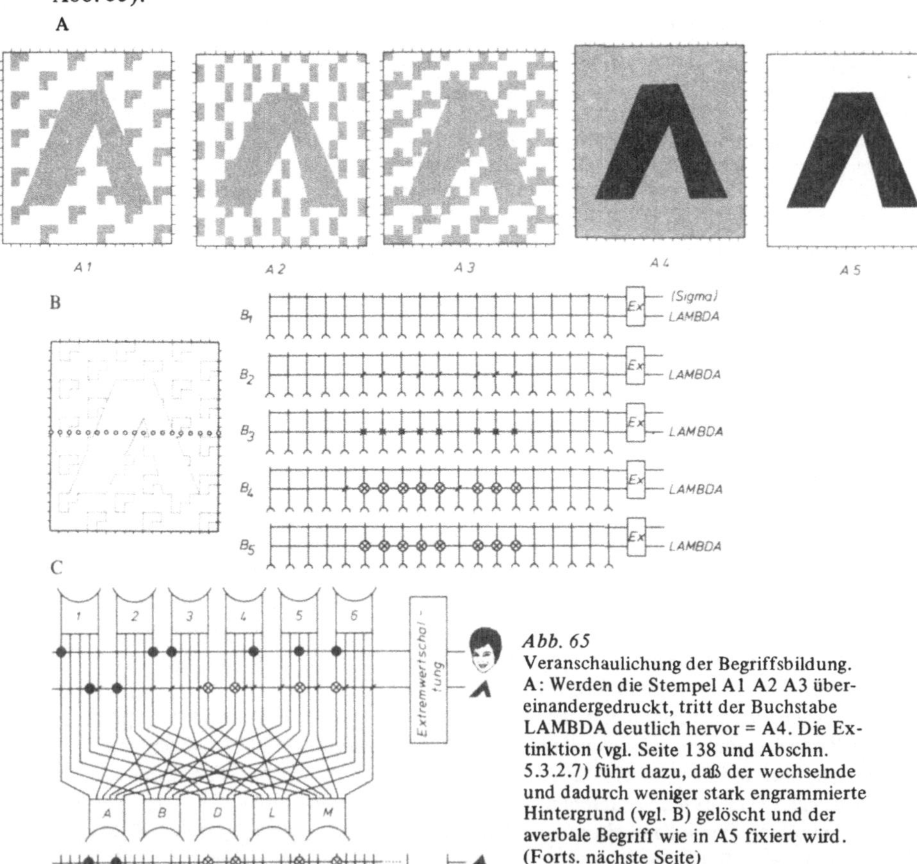

Abb. 65
Veranschaulichung der Begriffsbildung.
A: Werden die Stempel A1 A2 A3 übereinandergedruckt, tritt der Buchstabe LAMBDA deutlich hervor = A4. Die Extinktion (vgl. Seite 138 und Abschn. 5.3.2.7) führt dazu, daß der wechselnde und dadurch weniger stark engrammierte Hintergrund (vgl. B) gelöscht und der averbale Begriff wie in A5 fixiert wird.
(Forts. nächste Seite)

Abb. 65 (Fortsetzung)
B: Der gleiche Vorgang, übertragen auf eine Lernmatrix. Die waagerechten Bahnen des Modells sind zunächst nur erregt beim Hören oder Sprechen des Wortes SIGMA (die obere Bahn) oder LAMBDA (die untere Bahn). Im vorliegenden Lernakt hört das Modell nur das Wort LAMBDA. Die senkrechten Bahnen hingegen werden von Sinneszellen der Retina erregt, die bei Betrachtung der Bilder A1, A2 und A3 die Helligkeitsstufen registrieren. In der Abbildung ist aus dem Zellraster der Retina nur eine Reihe von Sinneszellen berücksichtigt (wie seitlich für A1 eingezeichnet). Entsprechend stellt die Matrix (rechts) nur einen Teil eines dreidimensionalen Modells dar. Nun nehmen wir an, daß (vgl. A) Grau im Gegensatz zu Weiß die Retinazellen erregt und (um zu vereinfachen), daß Rezeptorzellen, die die Grenzbereiche zwischen Grau und Weiß perzipieren, „schweigen". Werden nun beim Lernen, d.h. Sehen der Bilder A1, dann A2 und A3 und Hören des Wortes LAMBDA, senkrechte und waagerechte Bahnen gleichzeitig erregt, dann entstehen an den Kreuzungsstellen der erregten Bahnen Assoziationen (Engramme) derart, daß im folgenden nach dem Lernakt, wenn nur die senkrechten Bahnen erregt sind, die Erregung auch auf die waagerechte Bahn übertragen werden kann. Der Erregungsbetrag der waagerechten Bahn entspräche dann der Summe der Einzelerregungen der mit ihr assoziierten senkrechten Bahnen. Weiterhin setzen wir in Anlehnung an die Verhältnisse beim Konditionieren (vgl. Abschn. 5.3.2.3) fest, daß Assoziationen nach einmaliger gleichzeitiger Erregung beider Bahnen = * einer folgenden Erregungsübertragung einen größeren Widerstand bieten als solche nach zwei- = $\star$, drei- = $\oplus$ oder gar viermaliger = $\bullet$ gleichzeitiger Erregung; d.h. je häufiger der Lernakt wiederholt wird, desto stärker sind die Kreuzungspunkte modifiziert und eine Erregungsübertragung entsprechend erleichtert. B1 = Matrix vor dem Lernen. B2 = Matrix nach Sicht auf A1 und Hören des Wortes LAMBDA (= Lernakt 1). B3 = Matrix nach dem Lernakt 1 und Lernakt 2; Lernakt 2 = Sicht auf A2 und Hören des Wortes LAMBDA. B4 = Matrix nach den Lernakten 1, 2 und 3; Lernakt 3 = Sicht auf A3 und Hören des Wortes LAMBDA; die entstandene Gedächtnisspur entspricht A4. Hinzukommt, daß (ähnlich wie beim Konditionieren) Verknüpfungen, die nicht häufig genug verstärkt wurden (im Modell ein- bis zweimal) instabil sind und wieder abgebaut werden (Extinktion), während drei-, vier- oder mehrmals bekräftigte Verknüpfungen dauerhaft fixiert bleiben. So wird ein Teil der in der Lernmatrix während des Lernens schwach ausgebildeten Engramme (vgl. B4) wieder abgebaut (vergessen) und letztlich eine Gedächtnisspur wie im Bild B5 (entspricht A5) im System verbleiben (man beachte der linke Buchstabenschenkel ist breiter). Wird die Matrix nach dem Lernen (in der Kannphase) erneut den Buchstaben LAMBDA „sehen" wird die Erregung von den senkrechten auf die waagerechte Bahn übertragen und das Wort LAMBDA wiedererkannt und ausgesprochen. Ähnlich könnte das Modell als zweites z.B. den Buchstaben SIGMA lernen, hier nicht eingezeichnet. Da in diesem Fall die Retinabahnen des Modells dieselben sind, würden sie überall dort, wo die Buchstaben SIGMA und LAMBDA Überschneidungen aufweisen (man denke dazu ein SIGMA über das LAMBDA gezeichnet), sowohl Assoziationen mit der waagerechten Bahn für LAMBDA (erster Lernakt) als auch für SIGMA (im zweiten Lernakt) ausbilden. Nach Erlernen beider Buchstaben und bei Sicht eines der beiden, z.B. SIGMA, würde dann die Erregung dieser Bahnen sowohl auf den waagerechten Kanal von SIGMA wie von LAMBDA übertragen werden. Allerdings ist die Gesamterregung der SIGMA-Bahn größer als die von LAMBDA, da nur in diesem Fall die Verteilung des Assoziationsmusters in der Matrix und der gesehene Buchstabe deckungsgleich sind. Hier setzt die Funktion der Extremwertschaltung ein, die jeweils nur die stärkere Erregung passieren läßt und eine Trennung beider Informationen sicherstellt (vgl. dazu Bild C).
C: Das Modell läßt sich auch auf das Erlernen von Wörtern übertragen. Die Elemente 1 2 3 4 5 sind Detektoren, die die Position von Lauten, z.B. in einem Lautkomplex (Wort) perzipieren. Die Elemente A B D L M sind Detektoren, die entsprechend die spezifischen Laute perzipieren. Sind waagerechte und senkrechte Bahnen (hier summarisch für den visuellen Vorstellungskomplex nur eine waagerechte Bahn berücksichtigt) gleichzeitig erregt, werden die Kreuzungspunkte ähnlich wie in B modifiziert. Die Matrix, die bereits den Namen AMALDA (obere waagerechte Bahn) gelernt hat, wurde bei Sicht des Buchstaben LAMBDA mit den Lautkomplexen LAMBDA, MALDAB, LAMBDA, LMALMM, LAMBDA „gefüttert". Wie im Ausschnitt nach der Extinktion (unten) zu sehen, sind die Positionen LA stärker modifiziert, d.h. für Erregung leichter passierbar. Auch dieses Phänomen der Lernmatrix hat sein Analogon im ZNS. Häufig suchen wir nach einem Wort, z.B. wie heißt das, LA. . ? LA. .? Lambda! In der Kannphase werden AMALDA und LAMBDA mittels der Extremwertschaltung (vgl. B) sicher voneinander getrennt. Weitere Informationen s. Text und Spezialliteratur, z.B. B. Hassenstein [114].

Dieser Vorgang führt zu einer Gedächtnisspur, die dem gesehenen Buchstaben oder Ball direkt zugeordnet ist (d.h. nur durch das gleiche Reizmuster, wie es der Buchstabe oder Ball erzeugt entstehen kann), dem *primären individuellen Begriff.*

Im ZNS sind die Verhältnisse höchstwahrscheinlich den am Modell veranschaulichten analog, aber durch den Einsatz von speziellen Detektorschaltungen, den dreidimensionalen Aufbau, durch zwischengeschaltete spontanaktive Neuronennetze sowie die biochemische Funktionsweise kompliziert.

Da der geschilderte Vorgang auch für die Psychologie von Interesse ist, wird er kurz unter Berücksichtigung hirnphysiologischer Daten in bezug auf die Phänomene *Wahrnehmungskomplex, Vorstellungskomplex, Wiedererkennen,* hypothetisch näher erläutert.

Wahrnehmungskomplex. Das Erlebnis einer bestimmten Wahrnehmung läßt sich auf zweierlei Wegen induzieren, a) durch Darbietung einer Reizkombination und b) durch elektrische Reizung der entsprechenden Projektionsfelder im Hirn (s. unten).

Dabei versteht der Hirnphysiologe unter Projektionsfeld nicht eine eng umgrenzte Zone (wie sie etwa die Lokalisationstheorie angenommen hat), sondern mehr oder weniger ausgedehnte Neuronennetze. Diese treten mit verschiedenen anderen Neuronennetzen, die unterschiedliche Funktionen besitzen oder auch andere Informationen engrammiert haben, in Verbindung → Assoziation. Im Modell der Lernmatrix würde die Reizkombination dem Input an den Rezeptorzellen oder Detektoren entsprechen. Der subjektiv empfundene Wahrnehmungskomplex hingegen würde die Erregung der tieferen Schichten, die Projektionsfelder (im Modell die Erregung der waagerechten Bahn, die aus der Summe der Einzelerregungen an den Kreuzungspunkten zusammengesetzt ist), mit einschließen.

Vorstellungskomplex. Der Vorstellungskomplex ist dem Wahrnehmungskomplex insofern streng zugeordnet, als er bei wiederholter Perzeption gleicher Reizkombinationen das Erkennen, das Erlebnis der Gleichheit beinhaltet. Hirnphysiologisch gesehen, ist Wiedererkennen außer beim angeborenen Erkennen nur nach einem Lernakt möglich. Im Modell ist diese Möglichkeit dann realisiert, wenn die Lernmatrix über die Wahrnehmung dahin modifiziert wird, daß bei Wiederholung der Wahrnehmung nur die bereits „benutzten" Bahnen für Erregung leichter passierbar sind. Angenommen, die Erregungsübertragung an den Kreuzungsstellen ist über Assoziationsbildung erleichtert, dann wird eine wiederholt gleiche Wahrnehmung (von den im Modell eingezeichneten zwei waagerechten Bahnen) mit einem ähnlich starken Erregungsbetrag nur die bereits benutzte Bahn erregen → *Erkennen.* Setzt man anstelle der Extremwertschaltung ein Meßgerät, das die Erregungsstärke mißt, dann wäre das Erkennen des „gesehenen" Objektes durch die Matrix auch für den Beobachter feststellbar. Nun ist aber auch vorstellbar, daß das System von spontanaktiven Neuronen (im Modell nicht eingezeichnet) mit dem gleichen Effekt erregt wird. Nur die assoziativ verknüpften Bahnen sind auch in diesem Fall für Erregung leicht passierbar, und das Meßergebnis ist ähnlich. D.h. das gleiche assoziative System kann einmal erregt werden durch eine spezifische Reizkombination; zum anderen kann dieses System nach der Assoziationsbildung (= Engrammierung) erregt werden durch spontanaktive Nachbarneurone. Dabei ist für das *Erkennen* gleichermaßen von Bedeutung: die räumliche, spezifische assoziative Beziehung der „Bahnen" zueinander, wie die aus diesem Sachverhalt resultierende, dem System zugeordnete, spezifisch starke Erregung. K o n o r s k i [160] nennt in diesem Sinne solche *Neuronennetze gnostische = wiedererkennende Einheiten.* Entsprechend wäre *Vorstellung* mit einer endogenen Erregung des gleichen Neuronennetzes gleichzusetzen (ohne Erregung der reizperzipierenden Sinneszellen und Detektoren) und *Wahrnehmung* mit einer durch Außenreize induzierten Erregung dieses Systems, also plus Erregung der Sinneszellen und Detektoren.

Diese in Anlehnung an R e n s c h entwickelte Modellvorstellung [238], [245], die den *Vorstellungskomplex* mit einem infolge des Lernakts modifizierten (= *Engramm*) und erregten (= *averbaler Begriff*) Neuronennetz gleichsetzt, wird durch zahlreiche hirnphysiologische Befunde unterstützt. Werden z.B. bestimmte Areale des Lobus temporalis (Schläfenlappen) experimentell erregt, haben die Personen lebhafte Vorstellungen von engrammierten Reizkombinationen, z.B. Musik. Gelegentlich wird hier der Einwand erhoben, daß man eine ganze Reihe von Hirnregionen reizen kann, ohne Vorstellungen zu aktivieren. Dabei muß die „Arbeitsteilung" einzelner Hirnareale und Neuronennetze berücksichtigt werden, z.B. das Cerebellum (Kleinhirn) ist das Zentrum für die Gleichgewichtserhaltung und Bewegungskoordination. So führt etwa eine Schädigung dieses Hirnteils nicht zum Verlust von Begriffen, sondern zu Bewegungs-, Gleichgewichtsstörungen usw.. Verletzungen des Lobus parietalis (Scheitellappen) hingegen, führen (unter anderem) je nach Ausmaß und Lokalisation zu einem mehr oder weniger großen Verlust der räumlichen Repräsentation (Vorstellung). Patienten mit diesen Schäden verhalten sich entsprechend, da für sie Teile des Raumes nicht „existent" sind, z.B. sie vernachlässigen einen Teil der Speisen auf dem Teller und ähnliches.

Bildung des sekundären überindividuellen Begriffs. *Wird* nun der Modellorganismus, das Kind, mit einer Reihe verschiedener Bälle konfrontiert, wiederholt sich der Prozeß derart, daß wiederholte „Teile" der Wahrnehmung verstärkt, nicht oder weniger wiederholte weniger stark engrammiert werden. Infolge davon werden entsprechend „Teile" des Engramms des primären individuellen Begriffs verstärkt, und im Modell bildet sich ein noch leichter erregbarer Teil des modifizierten Neuronennetzes (innerhalb des primären individuellen Begriffs) aus, der die Informationen: rund, elastisch, springt etc., vereint. Diese kennzeichnen aber den Ball schlechthin, und das entstandene Engramm entspricht einem sekundären überindividuellen Begriff – nicht der spezielle Ball, sondern der Ball an sich. Dieser modifizierte Teil des Neuronennetzes des primären individuellen Begriffs wird dann analog den natürlichen Gegebenheiten ähnlich beim Erinnern dominieren wie die Silbe LA im Modell (Abb. 65C); z.B. ein spezifisches Gesicht ist in der Regel schwerer vorstellbar, als das menschliche Gesicht schlechthin.

Wichtig ist in diesem Zusammenhang, daß auch die Bildung eines sekundären überindividuellen Begriffs allein durch Häufung von Erfahrung möglich ist.

Generalisation auf der Stufe des reinen Ordnens. Nun wäre die Fähigkeit der Begriffsbildung nutzlos, wenn man sie nicht zur Ökonomisierung des Verhaltens und damit zur Verbesserung der Überlebenschancen einsetzen könnte (vgl. S. 158). So wurde in der Phylogenie Lernverhalten begünstigt, das die Organismen, je nach Art, nach einer gewissen Anzahl von Erfahrungen veranlaßt, in ähnlichen Situationen so zu reagieren, als ob sie diese (Situationen) bereits kennen würden. Anders gesagt und am Beispiel verdeutlicht: wird das Kind mit einem speziellen Ball konfrontiert, den es vorher noch nicht gesehen hat, verhält es sich so, als ob es ihn bereits kennen würde – es generalisiert und ordnet das Neue in die Kategorie Ball ein. Wir sagen im menschlichen Bereich, aufgrund von Erfahrung wird ein *Schluß* gezogen. Man schließt, daß es so ist, weil man das schon oft „untersucht" und erfahren hat.

Im Modell (vgl. Abb. 65) läßt sich die Generalisation am einfachsten mit der Bandbreite der Extremwertschaltung in der Lernmatrix veranschaulichen. Sie könnte z.B. so arbeiten, daß in einem bestimmten Bereich auch geringere bzw. höhere Erregungswerte die Schaltung passieren können. Auf das Beispiel des Buchstaben Λ übertragen: man „erkennt" kleinere oder größere Buchstaben – man generalisiert.

Die Modellvorstellung dürfte nur so weit den Verhältnissen im ZNS analog sein, als die prinzipielle Funktion am einzelnen Element (im Dienste der Generalisation) einfach (wenig störanfällig) ist. Räumliche und zeitliche Summation, Hyper- und Depolarisation der Zellmembran, sowie Frequenzbandfilter und fraktionierte Analyse der Information sind einige Faktoren, die hier berücksichtigt werden müssen. Hinzu kommt, daß die Gestaltdetektoren des optischen Systems z.B. (vgl. z.B. [110]) anders als das Modell verschaltet und in Regelsysteme einbezogen sind (vgl. Versuch 4 und 5), die die Anzahl möglicher „technischer" Lösungen einer Generalisation erhöhen.

Dieser Prozeß der Abstraktion und Generalisation läßt sich in Abwandlung auch für Zeitvorgänge und im Bereich der Abstraktion von Wechselbeziehungen zwischen einzelnen Erfahrungen nachweisen. Zum Beispiel: Laufen einer Ente = primärer individueller Begriff, Laufen schlechthin = sekundärer überindividueller Begriff; oder fünf Töne = primärer individueller Begriff, fünf Töne, fünf Punkte, fünf Pferde usw. = *fünf* als sekundärer überindividueller Begriff.

In einer weiter komplexeren Abstraktionsebene wird es letzten Endes möglich, auf diesem Wege wiederkehrende Zusammenhänge so zu erschließen, daß diese Gedächtnisspuren zur Kalkulation zukünftigen Verhaltens herangezogen werden können: Planhandlungen, Voraussicht, Gedankenexperiment.

Nun kann es aber auch sein, daß das Kind in dieser Lernphase mit einer Kegelkugel konfrontiert wird. Es wird in Folge mangelnder Erfahrung auch diese in die Kategorie Ball einordnen und sich entsprechend verhalten. Dabei erfährt es dann, daß *ein Schluß keine Garantie dafür ist, daß der nicht überprüfte Fall auch wirklich richtig „beurteilt" wird.*

Dieser Sachverhalt ist im Bereich der erfahrbaren Welt absolut gültig, und die Gefahr eines Fehlschlusses kann nur verringert werden über die stochastische Gegebenheit: *je mehr Einzelfälle überprüft werden, desto größer wird die Wahrscheinlichkeit, daß die gezogenen Schlüsse so allgemeingültig werden, daß sich auch zukünftige Situationen, „richtig vorausgesehen", einordnen lassen.*

So betrachtet, ist das Artgedächtnis (genetisches Lernen) in Folge der vielen überprüften Einzelfälle (Anzahl der Individuen) der Kulturentwicklung weit voraus, was besonders deutlich die in der Phylogenie entwickelten Konstruktionslösungen zeigen (vgl. Ergebnisse der Bionik, [16]). Für die Wissenschaft hingegen ergibt sich daraus die *Pflicht zur ständigen Überprüfung.* Eine Hypothese ist ein vorläufiger Schluß, der überprüft werden muß; eine Theorie noch keine Garantie, daß sie zutrifft, und ein Gesetz besagt, daß in den überprüften Einzelfällen bislang keine Ausnahme beobachtet wurde. Entsprechend werden in der Naturwissenschaft immer wieder Hypothesen und Theorien auf ihre Gültigkeit geprüft, und falls sie sich als falsch erweisen, eliminiert, was zu einer *Anhäufung zutreffender Aussagen* führt. So wird z.B. an der experimentellen Überprüfung der Zeitdilatation, wie sie in der Relativitätstheorie postuliert wird, nach wie vor angestrengt gearbeitet.

An diese Gegebenheit hat sich das Verhalten im Laufe der Phylogenie angepaßt. So ist z.B. die Grundlage naturwissenschaftlichen Denkens nicht von Aristoteles oder Newton gelegt worden, sondern durch den Zwang zum Überleben. Die scharfe Beobachtung und ihre Abstraktion in „allgemeine" Gesetzmäßigkeiten waren Vorteile, auf die der Mensch, wollte und will er überleben, angewiesen ist (vgl. z.B. [48]).

Das Gesagte erhebt den Anspruch, im Bereich des empirisch Erforschbaren *der einzige Weg zur Wahrheitsfindung* zu sein.

Kompliziert wird dieser relativ gut überschaubare Sachverhalt durch folgende Gegebenheiten: Der Mechanismus der Begriffsbildung und ordnenden Generalisation begünstigt *Denken in starren Kategorien*. Dies erschwert das Verständnis und die begriffliche Aufarbeitung langfristiger dynamischer Prozesse, wie z.B. den der Evolution, bzw. der Evolution des Verhaltens, die Voraussetzung zum besseren kausalen Verständnis menschlichen Verhaltens sind. So werden an Stelle der kausalen Analyse dieser Problematik häufig „leichter faßbare" Spekulationen gesetzt.

Weiterhin werden neben aus der Erfahrung abgeleiteten Begriffen auch *Verfahrensweisen der Informationsverarbeitung, Algorithmen*, engrammiert, die für uns auch dann einen gleichen subjektiv empfundenen Informationscharakter haben, wenn sie auf unerfahrbare Dinge angewendet werden und hier zu Fehlschlüssen führen können.

Zum Beispiel: wir machen die Erfahrung von Gegensätzen: schwarz − nicht schwarz, weiß − nicht weiß, lang − nicht lang, usw. Die Matrix ist programmiert und schafft das gleiche wie jeder Computer, indem sie bei Eingabe z.B. des Begriffs endlich das „nicht" davor setzt und wie selbstverständlich „nicht endlich", also unendlich als Gegensatz liefert. Aussagen dieser Art sind aber absolut nicht zwingend, wenn sie nicht überprüft werden können.

Obwohl diese Funktion menschlichen Denkens, aus der Erfahrung abgeleitete Schlüsse auf noch nicht erforschte Gebiete zu übertragen (Hypothesen zu formulieren), eine Voraussetzung wissenschaftlicher Forschung ist, hat sie auch Ideologien hervorgebracht (die sich teilweise sogar mit dem Axiom, daß sie unerforschbar sind, gegen eine empirische Überprüfung zu schützen versuchen), die für unser Wissen über das Leben und die Welt wertlos sind und letztlich nur mögliche Gedankengänge (Gedankenakrobatik) demonstrieren. Ideen werden in der Kulturevolution nicht immer vom Wahrheitsgehalt, wie z.B. eine Staudammberechnung, sondern häufig nur von der Attraktivität für den Artgenossen getragen (z.B. leichte Verständlichkeit oder geschlossene Erklärung). Sie werden letztlich erst dann verworfen, wenn sie sich in der praktischen Anwendung (mit der Selektion konfrontiert) als falsch erweisen.

Abschließend sei hier eine weitere Frage aufgegriffen: Warum hat sich die Lernfähigkeit des Menschen in der Phylogenie nicht so entwickelt, daß Fehlschlüsse dieser Art unmöglich wären (vgl. Abschn. 5.2). Zwei Erklärungen lassen sich anführen:
1. Die Nachteile, die sich daraus für den Menschen ergaben, waren bislang nicht so gravierend, daß sie die Art ernsthaft infrage gestellt hätten − die Vorteile überwogen.
2. Das „Gedankenspiel" ist, physiologisch gesehen, eine Art „Hirngymnastik", die die Strukturen fit hält. Je geringer der unmittelbare Lernaufwand zum Überleben, je mehr Muße würden wir sagen, desto häufiger wird es „Ersatzhandlungen" dieser Art geben. Die physiologischen Zusammenhänge sind noch weitgehend unerforscht, aber wir wissen heute aus einer Fülle von Deprivationsversuchen [80], [177], daß das Hirn einen gewissen Input und entsprechend informationsverarbeitende Prozesse „braucht", soll die Funktion erhalten bleiben.

Der Problemkreis wird durch zwei weitere Verhaltensdispositionen des Menschen kompliziert: die Tradition und das Rangordnungsverhalten.

Tradition: Über die Verhaltensdisposition des Tradierens werden Informationen (auch unzutreffende Denkschemata), in der sensiblen Jugendphase sogar prägungsähnlich, übernommen, die im späteren Leben *durch den Bekanntheitscharakter positiv gefühls-betont erlebt und darum relativ häufig allein deshalb für ,,wahr" gehalten werden.* Dieser Nachteil wurde aber durch den in der Tradition liegenden Vorteil einer Wissensakkumulation in der Phylogenie aufgewogen (vgl. auch Abschn. 11.2).

Rangordnungsverhalten: Als soziales Lebewesen *neigt der Mensch dazu ,,ranghöhere" Artgenossen zu akzeptieren und ihnen zu gehorchen. Diese Disposition war in der Phylogenie des Menschen Voraussetzung des Zusammenlebens in der Sozietät und ist es auch heute noch,* aber sie beinhaltet auch die Gefahr, *daß Wissen durch Autoritätsglauben* und *Eigenverantwortung durch Gehorsam* [210], [211] *ersetzt werden;* beides Faktoren, die einer Wissensakkumulation, wie im vorliegenden Abschnitt beschrieben, entgegenstehen können.

In der Regel wird die Abstraktion und Generalisation in einem Transpositionsversuch getestet, in dem das Versuchstier die gemachte Erfahrung auf eine neue, unbekannte Situation überträgt.

Diese Versuche und besonders der Nachweis der averbalen Begriffsbildung verlaufen alle, mehr oder weniger modifiziert, unter Beachtung der Theorie der Begriffsbildung: d.h. es wird z.B. auf eine Reihe von Musterpaaren, wie in einer Zweifachwahldressur dressiert, die sich bis auf einen Faktor, z.B. gleich-ungleich (Abb. 66) unterscheiden, um dann in einem Kontrollversuch festzustellen, ob die Tiere die gemachten Erfahrungen auf die unbekannte Situation transponieren, d.h. generalisieren.

Im einfachsten Fall einer Zweifachwahldressur werden Musterpaare geboten mit verschiedener Streifendicke, z.B. feine Streifen, etwa 1 cm dick = belohntes Muster ge-

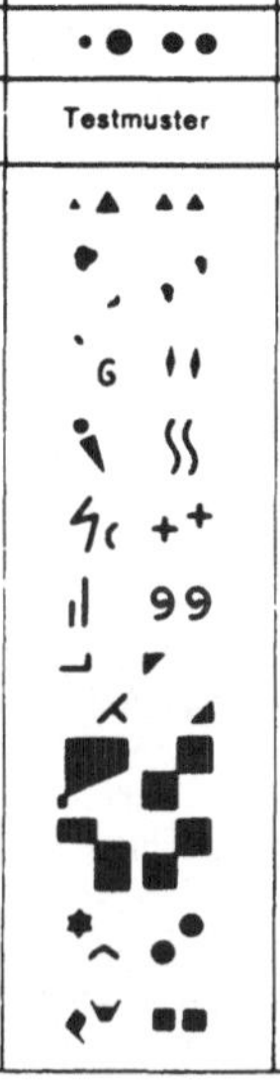

Nr.	Ausgangsmuster		
1.	• ● ●●		
	Testmuster	Anzahl der Tests	Prozentsatz der ,,Richtig-Wahlen"
2.		100	70
3.		95	87
4.		70	99
5.		50	90
6.		60	80
7.		60	85
8.		110	75
9.		50	78
10.		60	73
11.		50	90
12.		50	80

Abb. 66 (nach B. R e n s c h und G. D ü c k e r).
Generalisation einer Zibetkatze auf Ungleich gegen Gleich (Zweifachwahldressur). Nach Dressur auf die ersten beiden Musterpaare wurden die folgenden spontan (= Transposition) in den angegebenen Prozentsätzen richtig gewählt.

gen grobe Streifen, etwa 2 cm dick = negatives Muster. Häufig beobachtet man dabei, daß in einer neuen Situation, wenn z.B. ein Muster mit Streifen 0,5 cm dick gegen ein Muster mit 1 cm dicken Streifen überprüft wird, die Tiere nun den in Relation zum Gegenmuster dünneren Streifen wählen. Sie haben also die Relation engrammiert (= *relatives Lernen*) und nicht absolut die Streifendicke 1 cm mit Belohnung assoziiert (= *absolutes Lernen*) und transponieren die Erfahrung auf die neue Situation.

Das relative Lernen ist auch zu Sehschärfebestimmungen geeignet [247], (vgl. Versuch 19).

Im folgenden werden zwei einfache Transpositionsversuche vorgestellt und hinsichtlich komplexer Leistungen auf Filme verwiesen, z.B.: B 467, B 523 (IWF Göttingen).

▲ *Versuch 68.* Generalisation bei Hamstern

In einfachster Form liegt eine Generalisation vor [67], wenn nach einer Konditionierung ähnliche, aber mit dem bedingten Reiz nicht identische Reize mit gleichem Verhalten beantwortet werden [7], [8]. Wir führen Versuch 57 mit Hamstern durch und prüfen dann, ob ein ähnlicher Ton den gleichen Effekt hat. Ist das der Fall, liegt eine einfache Generalisation vor.

A n m e r k u n g e n. 1. Am besten läßt sich eine Generalisation nach erfolgter Konditionierung mit einer wie in Anmerkung 2 des Versuchs 58 vorgeschlagenen Testkombination nachweisen.

2. Transpositionen bei höher entwickelten Tieren sind wesentlich komplexer, obwohl prinzipiell ähnlich, z.B. Papageien, die auf eine bestimmte Anzahl von Punkten eine entsprechende Anzahl von Körnern aufnehmen, erkennen die Zahl spontan auch dann, wenn sie in Form von einzelnen Tönen signalisiert wird. Oder Affen, die bestimmte Formen haptisch erlernt haben, z.B. Kugel und Würfel, ohne sie zu sehen, erkennen die Gegenstände auch als Abbildungen [247]. ■

▲ *Versuch 69.* Labyrinthversuche mit Mäusen und Menschen

a) Ein weiterer einfacher *Transpositionsversuch* bietet sich mit Mäusen an [247].
B e n ö t i g t e T i e r e u n d M a t e r i a l i e n. 4 bis 8 Mäuse; ein Hochlabyrinth. Das Labyrinth besteht aus ca. 20 bis 25 Stegen (Abb. 67), 20 cm hoch, 20 cm lang, 4 cm breit, die einzeln mit Glasplatten abgedeckt sind und sich beliebig zusammenstellen lassen. Es ist vorteilhaft, für jeden Steg zwei Glasplatten herzustellen.
V e r s u c h s d u r c h f ü h r u n g. In einer Reihe von Vorversuchen werden die Mäuse an das Laufen „im" Labyrinth gewöhnt. Wir setzen sie am Start aufs Labyrinth und bieten am Ende als Belohnung den Haltekäfig oder Futter. Haben sich die Tiere an das Laufen „im" Labyrinth gewöhnt, stellt man ein neues Labyrinth zusammen und mißt die Zeit, die pro Lauf benötigt wird, oder die Fehleranzahl. Dabei ist es wichtig, nach jedem abgeschlossenen Lauf, die Glasplatten gegen neue, in Ajax-flüssig gewaschene und gut gespülte Platten auszuwechseln.

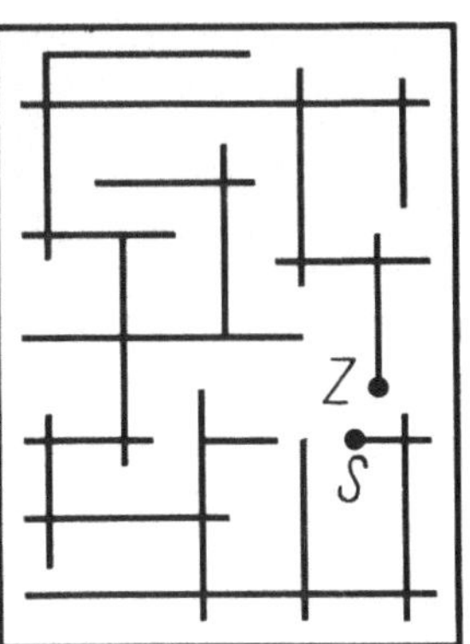

Abb. 67
Mäuselabyrinth.
Die einzelnen Laufstege sind aus Holz (ca.
20 cm hoch, 20 bis 25 cm lang und 4 cm
breit). Am Anfang und am Ende befindet
sich ein Podest (16 cm × 16 cm).

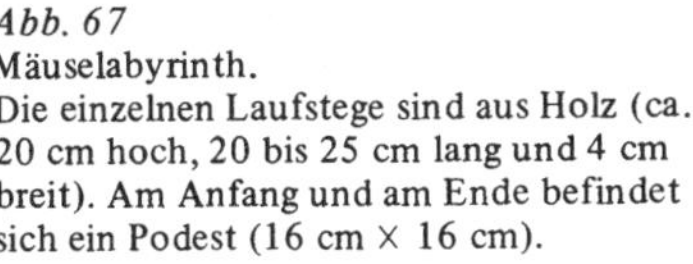

Abb. 68 Labyrinth.
Weitere Erklärungen siehe Text. H. C r u s e
[51] empfiehlt, die Wege durchzufräsen, so daß,
wenn man zur Aufgabe einen Bleistift benutzt
und Papier unter das Labyrinth legt, das Verhalten automatisch protokolliert wird.

Die Mäuse sind zwar kurzsichtig — sie sehen nur ca. 7 bis 10 cm weit [230] — aber sie
markieren den Weg, was eine bessere Lernleistung in einem folgenden Lauf vortäuschen kann.

Haben die Tiere die Aufgabe erlernt — geringe Fehlerzahl, optimale Zeit: Lernkurve —
wird die Länge der Labyrinthwege verdoppelt, aber die Anordnung nicht verändert,
und wiederholt das Verhalten der selben Tiere getestet.

A n m e r k u n g. In der Regel transponieren die Tiere das Erlernte auf das vergrö-
ßerte Labyrinth und machen entsprechend weniger Fehler und benötigen weniger Zeit.

Dieses Verhalten setzt eine Gedächtnisleistung voraus, für die in der Umgangssprache
Vorstellung verwendet wird. Obwohl sich die Leistung nicht mit der des Menschen im
Teil b des Versuchs ohne Einschränkung vergleichen läßt, ist sie häufig ähnlich kom-
plex: z. B. mein Papagei, der in der Regel frei auf dem Käfig sitzt, findet regelmäßig die
Käfigtür und dann die Schaukel im Käfig, wenn das Zimmer absolut verdunkelt wird.
Er sucht die Schaukel, auf der er schläft, obwohl er diese absolut nicht sehen kann. Die
dabei verursachten Geräusche erlauben eine Kontrolle seines Verhaltens. Ähnlich gut
behält er einzelne Worte, z.B. Krambamboli. Eine Woche lang vorgesagt, beginnt das
Tier zu üben: krambam, kram usw., bis das „Vorgestellte", also das Engrammierte
und das Nachgeahmte ohne Zwischenhilfe übereinstimmen.

b) Labyrinthversuch mit Menschen. In Anlehnung an A. C r u s e [51] wird folgendes
Labyrinth gebaut. Die in Abb. 68 gezeigte Figur wird auf einer Holzplatte (z.B. 10 mm
Sperrholz, 30 cm × 40 cm) 5 mm tief und 6 mm breit ausgefräst. Start = Punkt S und
Ziel = Z sind durchgebohrt, so daß die Versuchsperson eine haptische Kontrolle hat und
nach der Erklärung der Aufgabe jedes weitere Gespräch vermieden werden kann. Nun
soll die Vp mit verbundenen Augen etwa mit einem Bleistift von S nach Z den Weg finden. Das Labyrinth wird ihr vorher nicht gezeigt! Die Auswertung erfolgt ähnlich wie

im Mäuse-Versuch: Zeit messen oder Fehlerzahl. Ein Versuch mit entsprechend vergrößertem oder verkleinertem Labyrinth rundet die Aufgabe ab.

A n m e r k u n g. Der Versuch ist kaum zu einem vorbehaltlosen Vergleich der Leistungen von Maus und Mensch geeignet, aber er vermittelt dem Lernenden ein Gefühl für den Schwierigkeitsgrad von Labyrinthversuchen. Wer sich einmal in einer der modernen Beton-Pyramiden verlaufen hat, dürfte der Situation: Maus — Labyrinthaufgabe, wesentlich näher kommen. ■

5.3.2.8 Planhandlungen, Voraussicht

Die Fähigkeit zur Abstraktion und Generalisation kann bei höheren Organismen so weit entwickelt sein, daß diese in einer Kette assoziativer Vorstellungskomplexe einen zukünftigen Verhaltensakt und sein voraussichtliches Ergebnis in einem „Gedankenexperiment" überprüfen können und erst im Anschluß daran und in Abhängigkeit von dem Ergebnis dieser „Kalkulation" handeln.

Da beim Tier die Möglichkeit nicht besteht, Assoziationsprozesse, die einer Handlung vorangehen, direkt zu überprüfen, müssen Untersuchungen so angelegt sein, daß aus dem Verhalten sichere Rückschlüsse auf etwaige Leistungen dieser Art möglich sind. Die bekannteste Untersuchungsform ist der Umwegversuch, in dem das Versuchstier ein Ziel, z.B. eine Belohnung nicht direkt, sondern über einen Umweg erreicht. Dabei muß der Umweg derart gestaltet sein (vgl. Versuch 71), daß er zu einer Art Zwischenziel wird. Ein Chamäleon z.B., welches eine Beute anschleicht, ist nicht selten gezwungen, einen Umweg zu machen, um in eine bessere „Schuß-Position" zu gelangen. Dabei führt der Weg zunächst *von der Beute weg* (zurück zur Astverzweigung), und dann erst wieder zur Beute hin [75].

Besonders komplexe Leistungen von Planhandlungen konnten bei Schimpansen nachgewiesen werden. Von den zahlreichen Experimenten [157], [178], [247] sind die Labyrinthversuche von R e n s c h und D ö h l mit einer Schimpansin (Julia) besonders eindrucksvoll [60], [249].

Dabei mußte das Versuchstier mit Hilfe eines Magneten ein Eisenplättchen durch ein mit Plexiglas verschlossenes Labyrinth bis zu einer Öffnung führen. Hatte das Tier das Plättchen aus dem Labyrinth herausgezogen, konnte es mit ihm in einem Pseudoautomaten (wie mit einem Geldstück) eine Belohnung einlösen. Das Labyrinth war so konstruiert, daß das Versuchstier jeweils am Anfang des Versuchs zwischen zwei Wegen wählen konnte. Wurde einer der Wege eingeschlagen, verhinderte eine Automatik eine Umkehr. So mußte das Tier jeweils am Anfang des Versuchs die beiden möglichen Wege genau überprüfen, bevor es dann einen der beiden wählte.

Die Labyrinthwege, anfangs einfach gestaltet, wurden im Verlauf der experimentellen Arbeit immer komplexer und waren letztlich so kompliziert, daß es angemessen erschien, einige Studenten des Hauses im Vergleich zur Julia zu testen. Sie benötigten für die gedankliche Überprüfung der beiden möglichen Labyrinthwege etwas weniger als die Hälfte der Zeit von Julia, die für schwierige Aufgaben bis zu 75 s brauchte. „In 10 Fällen war aber die Planungszeit der Studenten um 1 bis 58 s länger (zit. R e n s c h [247]).

Damit soll nicht gesagt sein, daß tierisches und menschliches Denken immer vergleichbar wäre. Der Mensch denkt in der Regel mit verbalen Begriffen, was den Prozeß wesentlich vereinfacht, zumal in der Regel bewährte Denkschemata und Algorithmen, die kulturgeprägt sind, miteingeschaltet werden. Im einfachsten Fall denkt man sprachspezifisch. Ähnlich ist die Situation aber, wenn z.B. ein Kind feststellt, daß es mit einem Stock über das Hebelprinzip mehr Kraft entwickeln kann. Es setzt in entsprechenden Situationen dann den Hebel ein (Stock holen und Ziel erreichen). Ähnliche Leistungen einer Voraussicht, daß auf diesem Wege Dinge machbar sind, die man allein mit Muskelkraft nicht schafft, konnten bei einem Kapuzineraffen beobachtet werden [247]. Einmal entdeckt, löste er wiederholt einen festgeschraubten Futternapf mit einem Stiel von der Käfigwand.

Erst wesentlich später wird das Kind in der Schule lernen, welche mechanischen Gesetze dem Hebelprinzip zugrunde liegen. Dieses Zurückführen auf allgemeingültige Gesetze erscheint aber in letzter Konsequenz nur ein Höchstmaß an Abstraktion von Wechselbeziehungen zu sein, an dem Lernen von Generationen (vgl. z.B. Geschichte der Physik) beteiligt ist. Ein absolutes Verstehen, die Einsicht, warum die Hebelgesetze wirksam sind, fehlt uns auch. Wir können sie nur beobachten, messen und definieren.

Aus der Fülle bekannter und beschriebener Versuche für Planhandlungen und Voraussicht sind nur wenige geeignet, um in einer relativ kurzen Zeit und mit sicherem Erfolg, ohne großen experimentellen Aufwand durchgeführt werden zu können. Alle zeichnet aus, daß sie dann entsprechend einfach sind.

▲ *Versuch 70.* Planhandlungen bei Mäusen

Der Versuch 65 eignet sich auch, wie von L a n g h a n k e [173] vorgeschlagen, um eine einfache Form der Planhandlung zu demonstrieren. Besonders beim Öffnen der Tür d, Abb. 63, kann nicht ausgeschlossen werden, daß die Versuchstiere nach dem Erlernen der Aufgabe eine Art Voraussicht haben könnten — obwohl es sich auch um eine bedingte Aktion (vgl. Abschn. 5.3.2.5) handeln kann. Sie lösen zuerst die Verriegelung, um dann die Tür zu öffnen.

Mäuse bewältigen äußerst komplexe Aufgaben (vgl. z.B. [296]), bei denen schwer vorstellbar ist, daß es sich um bedingte Aktionen handelt — aber die im vorliegenden Versuch beobachteten Leistungen lassen ohne Zusatzkontrollen keine sichere Aussage zu. ■

▲ *Versuch 71.* Umwegversuch mit Hühnern und Hunden

Eine beliebte Methode, Planhandlungen und Voraussicht in einfachster Form zu testen, ist der Umwegversuch, bei dem eine Belohnung nur über einen Umweg erreicht wird.

B e n ö t i g t e   T i e r e   u n d   M a t e r i a l i e n. Hühner, ein Hund (besser eine Mischrasse als reinrassige Hunde, bei denen oft auf Kosten der Intelligenz äußere Merkmale herausgezüchtet werden); weiterhin eine Wiese oder anderes Gelände, das den Versuchstieren *vertraut* ist; ein etwa 5 bis 8 m langer Drahtzaun (1 m hoch) und Futter.

V e r s u c h s d u r c h f ü h r u n g. Wir locken einmal die Hühner mit Futter zum Zaun, werfen dann aber das Futter hinter den Zaun — zum anderen machen wir in einem Folgeversuch das gleiche mit dem Hund und vergleichen das Verhalten. Man kann die Aufgabe erschweren, indem man die Sicht durch den Zaun mit Tüchern verhindert [38], [47].

A n m e r k u n g. Die Tiere müssen auf alle Fälle mit dem Gelände, auch z.B. mit den Tüchern, die nicht flattern dürfen, und mit dem Experimentator vertraut sein. Das Futter muß anfangs für die Vt gut sichtbar sein; eventuell Unterlage benutzen. ∎

▲ *Versuch 72.* Voraussicht bei Affen

Ein relativ einfacher Versuch, der Voraussicht demonstriert, läßt sich in Verbindung mit einem Zoobesuch durchführen. Was benötigt wird, sind ein paar rohe Hühnereier und die Erlaubnis, daß man die Affen füttern darf, bzw. den Tierpfleger als Helfer. Für den Versuch gut geeignet sind z.B. Schweinsaffen. Wenn die Tiere rohe Eier nicht kennen, werden sie mit dem ersten ungeschickt umgehen, eventuell reinbeißen und häufig den größeren Teil des Inhalts verschütten. Das zweite Ei wird aber bereits vom selben Tier sehr vorsichtig geöffnet und verzehrt. Es hat bereits Erfahrung und sieht voraus, daß man es besser machen kann.

Anmerkungen. 1. Auch beim vorsichtigen Öffnen der Eier passiert es, daß etwas vom Eiinhalt z.B. auf die Hand ausfließt. Da die Tiere rohe Eier sehr schätzen, versuchen sie, den verschütteten Inhalt von der Hand abzulecken, wobei es dann häufig passiert, daß der größere Teil, der in der Schale verblieben ist, verschüttet wird. Die Voraussicht reicht also nur bis zu einem gewissen Grade und ist erfahrungsabhängig.

2. Bei Schweinsaffen bietet sich weiterhin ein Zusatzversuch über Mimik-Verstehen an (vgl. Versuch 78 und 82). Die Mimik, wie in Abb. 69 gezeigt, bedeutet: begrüßen, wiedererkennen; sie wird, wenn vom Menschen imitiert, verstanden. — Zähne entblößen bei halb geöffnetem Mund mit gutturalem chrrr : drohen; auch das wird verstanden (gute Unterhaltung!). ∎

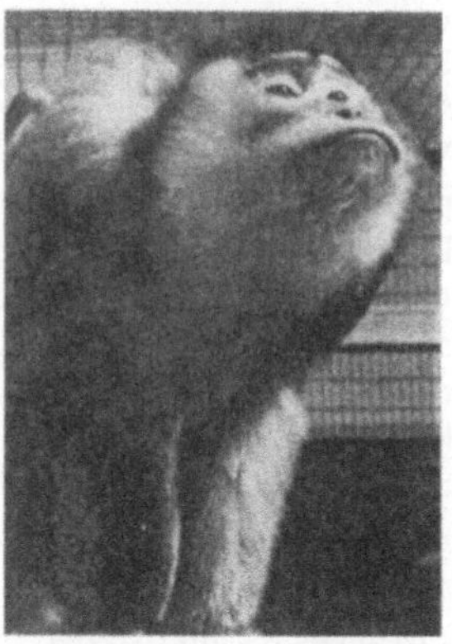

Abb. 69 (Aufnahme von C. W. O. H i l l [127]). Schweinsaffe. Begrüßungs-, Erkennungsmimik.

5.3.2.9 Der Ich-Begriff *Eine zentrale Stellung im erfahrbaren Bereich jedes Organismus nimmt der eigene Körper ein, vorausgesetzt, daß die Sinnesorgane und die zentralnervöse Struktur ausreichen, einen Vorstellungskomplex von sich selbst zu entwickeln* [244], [246]. Die Problematik, die mittelbar mit der Frage des Bewußtseins verknüpft ist, soll am Beispiel des Ich-Begriffs kurz skizziert werden.

Bewußtsein ist untrennbar an das subjektive Erleben des Einzelnen gebunden und in der Geschichte des Menschen so verschieden verstanden und definiert worden, daß eine Erörterung dieses Phänomens zu umfangreich wäre. Naturwissenschaftlich gesehen, ist Bewußtsein eine Funktion des ZNS (z.B. die Lobotomie führt u.a. zu Persönlichkeitsveränderungen, oder nur wenige Sekunden Sauerstoffentzug im Hirn (Ischämie) zur

Unterbrechung des Bewußtseins) und somit über den Analogieschluß (vgl. S.19) einem funktionellen Verständnis zugänglich (Psychophysik, Psychiatrie, Psychophysiologie). Der Ich-Begriff z.B. beim Menschen wird ähnlich wie andere Begriffe in zwei Phasen erlernt:

1. In der ersten Phase der Entwicklung, etwa bis zum 3. Lebensjahr, lernt das Kind durch die ständig vorhandenen Sinnesreize, Hören, Sehen usw. (z.B. Beißen in die eigenen Zehen, bzw. Ziehen an den eigenen Haaren) und das Wechselspiel von positiv und negativ gefühlsbetonten Wahrnehmungen anderer Art, je nach Antriebsaktivierung, z.B. Kontaktappetenz, Hunger, Müdigkeit, Angst, eine mehr oder weniger detaillierte Vorstellung von sich selbst zu entwickeln. Es „grenzt sich" gegen die Umwelt ab = individueller primärer Ich-Begriff. Parallel dazu wird dieser averbale Erfahrungskomplex beim Erlernen der Sprache mit dem eigenen Namen assoziiert.

2. In der zweiten Stufe der Abstraktion wird der primäre Vorstellungskomplex – Ich und die Umwelt – durch Erfahrungen mit dem Artgenossen, das Kennenlernen seiner Fähigkeiten, in Bezug zum Mitmenschen erweitert und relativiert – man erlernt den sekundären überindividuellen Ich-Begriff: Ich und die anderen „Ichs".

3. Psychologen und Pädagogen führen häufig noch einen tertiären Ich-Begriff an, der aber kulturbedingt ist (vgl. Abschn. 11.2) und eine Art Einordnen des Ichs in tradierte Normen darstellt. Die dabei postulierten Vorstellungen werden je nach Kulturentwicklung mehr oder weniger mit der empirisch faßbaren Welt in Einklang stehen. Der Buddhist versteht sich entsprechend als ein Teil des Alleinen, der Christ lernt, daß er eine unsterbliche Seele hat, usw.

Versucht man abzuschätzen, inwieweit Tiere einen analogen Vorstellungskomplex von sich selbst entwickeln, wird man mit einer weiten, noch kaum erforschten Folge immer komplexer werdender Lernleistungen konfrontiert. Zahlreiche Tiere zeigen ein Verhalten, das voraussetzt, daß sie einen Vorstellungskomplex von sich selbst, wie immer gestaltet, haben müssen: z.B. Rangordnungsverhalten setzt die „Kalkulierbarkeit" des eigenen Stellenwertes voraus. In neuerer Zeit ist eine Reihe von Spiegelversuchen mit Menschenaffen durchgeführt worden [95], [184], die beweisen, daß sie durchaus lernen, sich selbst im Spiegel zu erkennen.

Bei Versuchen dieser Art wird große Sorgfalt aufgeboten, um etwa eine bedingte Aktion (vgl. Abschn. 5.3.2.5), die eine entsprechende Leistung vortäuschen könnte, auszuschließen. Zum Beispiel: Schimpansen wird längere Zeit ein Spiegel geboten. Sie reagieren anfangs auf das Spiegelbild wie auf einen Artgenossen. Allmählich lernen sie über die strenge Zuordnung eigener Aktivitäten zur Aktivität des Spiegelbildes, z.B. Grimassen schneiden, daß sie selbst im Spiegel abgebildet werden. Eine Kontrolle liefert dann letzte Sicherheit. So narkotisierte G.G. Gallup seine Versuchstiere und malte ihnen ein Ohr rot an. Erneut vor dem Spiegel, griffen die Affen nicht nach dem roten Fleck „im Spiegel", sondern ans Ohr. In der Regel beobachtet man auch, daß die Tiere z.B. Körperstellen, die für sie normalerweise nicht sichtbar sind, unter Spiegelkontrolle untersuchen.

Der Lernakt, sowohl beim Menschenaffen wie beim Menschen, eine Vorstellung vom eigenen Körper zu entwickeln, ist ein langwieriger Prozeß. Soweit abschätzbar, bestätigen eigene Untersuchungen der Kinderzeichnung, daß auch das Kind erst allmählich eine Vorstellung vom menschlichen Körper und damit auch von sich selbst erlernt. Betrachtet man unter dem Aspekt der Begriffsbildung z.B. die Entwicklung der Kinderzeichnung (die Entwicklung der Motorik und der Fähigkeit zum Transponieren bleiben unberücksichtigt), so tauchen in abgestufter Reihenfolge die auffälligsten (akzentuierten) Teile auf. Der „Kopffüßler" hat das Gesicht (das Erlernen des Gesichts erfolgt in den ersten Lebensmonaten, das Erkennen des Augenpaares ist angeboren) und die beweglichen = mehr beachteten Extremitäten. Erst später kommt der Rumpf hinzu. Das Zeichnen angezogener Personen geht auch bei unseren Kleinkindern in der Entwicklung der Nacktzeichnung, entsprechend der Erfahrung, voraus. Gelegentlich wird bei der Aufgabe, einen Menschen nackt zu zeichnen, auch dann ein Kopffüßler gezeichnet, wenn die Zeichnung bekleideter Personen bereits aus dem Kopffüßlerstadium heraus ist.

Da Kinder allmählich lernen, das zu zeichnen, was sie sehen, und anfangs vorwiegend das zeichnen, was sie wissen [264], dürften die oben angeführten Ergebnisse dem allmählichen Erlernen des Vorstellungskomplexes Mensch entsprechen.

6 Ästhetische Grundprinzipien bei Mensch und Tier

Die vergleichende Verhaltenskunde wird wie viele andere Wissenschaften mit von dem antiken Auftrag „Mensch erkenne dich selbst" getragen, was erklärt, daß Fragestellungen bezüglich der Phylogenie menschlichen Verhaltens besonders intensiv erforscht werden. Dabei versucht man festzustellen, welche Verhaltensdispositionen der Mensch mit tierischen Organismen gemeinsam hat, was wichtige Hinweise für ein besseres Verständnis seiner kulturellen Weiterentwicklung liefert (vgl. Abschn. 11.1). Von den zahlreichen diesbezüglich durchgeführten Arbeiten (man vergl. z.B. die Zusammenfassungen in [76], [244], [319]) wird im folgenden der experimentelle Nachweis basaler ästhetischer Prinzipien im Verhalten höher entwickelter Tiere näher erörtert.

Ästhetische Wirkungen sind beim Menschen vornehmlich durch positive, d.h. angenehme Gefühle gekennzeichnet, wie sie als Eigenschaft auch anderer Empfindungen und Vorstellungen auftreten können [242], [331]. Bestimmte Reizmuster und Reizkombinationen oder Vorstellungen z.B. über den Inhalt eines Kunstwerks u.a. führen bei verschiedenen Individuen übereinstimmend zu positiven Gefühlsäußerungen, aus denen wir auf gleiche Empfindungen schließen können.

Da Empfindungen an das subjektive Erleben des Einzelnen gebunden sind, lassen sich empirische Daten über ästhetische Wirkungen am besten über einen Wahlversuch ermitteln. Man bietet einer Reihe von Versuchspersonen jeweils z.B. mehrere Farbkombinationen oder Ähnliches zur Wahl an und benutzt die Häufigkeit, mit der bestimmte Reizkombinationen bevorzugt gewählt werden, als Kriterium zur Beurteilung ihrer Wirkung auf den Wähler.

Die mündliche Auskunft erlaubt zwar eine nähere Beurteilung der Wahlkriterien, liefert aber nicht letzte Sicherheit, daß es sich um absolut gleiche Empfindungen handelt (Analogieschluß). Erst der physiologische Befund, etwa der Erregung bestimmter Bereiche des perzipierenden Systems usw. (Psychophysiologie, Psychophysik, vgl. z.B. S. 19), bietet die Möglichkeit eines exakteren Vergleichs.

Beim Menschen ist ein großer Teil ästhetischer Wirkungen von der Kultur mitbestimmt. Musik, Malerei usw. werden in einzelnen Kulturkreisen verschieden beurteilt, was darauf hindeutet, daß in solchen Fällen Lernprozesse eine erhebliche Rolle spielen. Klammern wir diese kulturgetragenen ästhetischen Empfindungen aus und konzentrieren uns auf den Bereich der unmittelbaren Wahrnehmung, so lassen sich z.B. anhand von Prüfungen ästhetischer Bevorzugung bei Kindern, sowie Analysen von Erzeugnissen von Naturvölkern, eine Reihe von spezifischen Grundelementen ästhetischer Bevorzugung aufweisen. R e n s ch [242] faßt diese wie folgt zusammen:

1. Im visuellen Bereich werden bestimmte Farben und Farbkombinationen wirksam. So werden z.B.schwarz und weiß in intensiven Sättigungsgraden Grautönen gegenüber, oder reine Farben rot, gelb, grün, blau gegenüber von Mischfarben violett, gelb-grün, braun oder oliv bevorzugt. Bei Farbkombinationen rangieren in der Regel mehr oder minder Komplementärfarben rot — grün, gelb — violett, blau — orange vor anderen Farbkombinationen.

2. Bei Formelementen werden im visuellen Bereich Rhythmus und Symmetrie, die Wiederkehr gleicher Komponenten, Punkte und Linien etc., im akustischen Bereich Takt und Rhythmus bevorzugt. Weiterhin werden Kreis, Spirale, Wellenlinien usw., ja selbst eine gerade Linie unregelmäßigen Linien vorgezogen (*Prinzip der guten Gestalt*). Ähnlich positiv gefühlsbetont wirkt sich die Eindeutigkeit einer Figur aus, etwa die Prägnanz der Konturierung (*Prinzip der Klarheit*).

3. In komplexen Darstellungen, z.B. bei Zeichnungen, wird ein Gleichgewicht von rechts und links gegenüber einer Überbetonung einer Bildhälfte bevorzugt.

Versucht man bei Tieren eine positive Gefühlsbetonung bei der Wahrnehmung bestimmter Reizmuster wahrscheinlich zu machen, bietet sich ebenfalls der Wahlversuch an, in dem man verschiedene Farbtafeln und Muster, bzw. Spielgegenstände anbietet und beobachtet, welche Muster, Farbkombinationen usw. bevorzugt gewählt werden. Bei Affen gibt es weiterhin die Möglichkeit, daß man die Tiere selbst zeichnen und malen läßt. Die Bilder lassen sich dann, ähnlich wie menschliche Erzeugnisse hinsichtlich der Farbwahl und Bildgestaltung, z.B. Füllen des Blattes etc., auswerten. Beide Methoden setzen voraus, daß die Tiere durch keine anderen Komponenten abgelenkt und ihre Handlungen nicht durch den Experimentator beeinflußt werden. Ausgedehnte Untersuchungen von B. R e n s c h und seiner Schule an höheren Tiere, z.B. Affen, Rabenvögeln u.a. ergaben, daß Tiere die gleichen Farb- und Formkombinationen wie die Menschen bevorzugt wählen, was Rückschlüsse auf die Wirksamkeit gleicher ästhetischer Grundprinzipien bei der Wahl wahrscheinlich macht [234], [236], [237], [294].

Zum Beispiel: Dohlen, denen jeweils drei verschiedene Doppelmuster zur Wahl geboten wurden — zwei gleichgroße nebeneinander stehende Kreise; zwei fast gleichgroße und zwei deutlich in der Größe unterschiedene Kreise; bzw. in ähnlicher Abwandlung ein Doppelmuster von Quadraten — handelten so wie Menschen nach dem *Prinzip der enttäuschten Erwartung*, sie vernachlässigten signifikant die fast gleichgroßen Musterpaare. Versuche mit höher entwickelten Tieren verliefen ähnlich positiv; Versuche mit Karauschen negativ.

Es ist in diesem Zusammenhang wichtig, daß die zur Wahl gebotenen Muster, Gegenstände etc. nicht angeborenen Auslöseschemata entsprechen.

Ohne auf zahlreiche weitere Ergebnisse einzugehen, soll kurz die Frage der physiologischen Begründung solchen Verhaltens behandelt werden. Soweit heute abschätzbar, werden solche Reizmuster vom Menschen und höher entwickelten Tieren bevorzugt, die, physiologisch gesehen, optimal perzipiert und verarbeitet werden können. Das zentralisierte Bild z.B. erlaubt eine ausgewogene Abtastung mit dem Bereich des schärfsten Sehens; rhythmisch wiederkehrende Elemente vereinfachen über die Mechanismen des Lernens die Erfaßbarkeit des Wahrgenommenen [242].

Besonders in der Rezeptorphysiologie werden heute diesbezüglich zahlreiche Phänomene besser verstanden als noch vor wenigen Jahren. So ist z.B. die erlebte Harmonie im Gleichklang von Grundton und Oktave ein Ergebnis neuronaler Verrechnung in der zentralen Hörbahn [146]. Hier wurden neben den durch Schallreiz aktivierbaren Zellen spontanaktive Zeitgeber nachgewiesen, die einen Frequenzbereich zwischen 30 bis 70 Hz überstreichen, d.h. etwas mehr als eine Oktave. Eine zweite Zellart wird durch Untersetzervorgänge beim Hören von Tönen höherer Frequenz in vergleichbaren Frequenzen aktiviert wie der Zeitgeber. Letzten Endes gibt es Neuronenverschaltungen, die die Erregung von den schallaktivierten und den Zeitgeberzellen miteinander in ihrer Frequenz vergleichen. Treten Interferenzen auf, so senden diese Zellen mehr Signale an die akustische Hirnrinde, als wenn eine Differenz zwischen Zeitgeber und Schallfrequenz besteht. Interferenzen treten immer dann auf, wenn die untersetzte Schallfrequenz und die Zeitgeberfrequenz in einem ganzzähligen Verhältnis zueinander stehen. Im einfachsten Fall wie 1 zu 2, also Grundton und erster Oberton oder Oktave. Darauf folgen Quinte usw.

Ähnlich läßt sich u.a. die Bevorzugung von Komplementärfarben auf physiologische Gesetzmäßigkeiten des Farbensehens zurückführen [105], [269], die bewirken, daß Komplementärfarben optimal perzipiert werden können.

7 Reifen des Verhaltens

Verhalten ist die Funktion des Organismus, und entsprechend beobachtet man, daß es jeweils in Abhängigkeit vom Entwicklungsstand des Individuums verschieden ausgeprägt ist – es reift heran. Dabei ist gleichermaßen die morphologische und physiologische Entwicklung des Organismus gemeint (die des ZNS, der Muskulatur, der Hormondrüsen usw.) sowie die individuelle Modifikation durch Lernen. Beide Prozesse sind eng miteinander verknüpft.

In der Regel unterscheidet man mehrere Phasen der Verhaltensentwicklung, wobei die Trennung in juveniles und adultes Verhalten die übliche ist. Dabei gilt als Faustregel, daß *mit dem Erlangen der Geschlechtsreife das angeborene Programm ausgereift und funktionsbereit ist.*

Parallel und mit dem Heranreifen der morphologisch-physiologischen Grundlagen verzahnt, entwickelt sich die Lernfähigkeit, wobei neben ontogenetischen Faktoren individuell gemachte Erfahrungen den Entwicklungsprozeß mitbestimmen.

Dieser komplexe Sachverhalt, der generell für alle höher entwickelten tierischen Organismen gültig ist, läßt sich am besten am Heranreifen des Lernverhaltens beim Menschen veranschaulichen. Ein Säugling ist ein reines Pallidum-Wesen, d.h., bei der Geburt ist primär der Hirnstamm funktionstüchtig, während z.B. die kortikalen Strukturen noch nicht ausgereift sind. Erst allmählich werden die kortikalen Faserzüge myelinisiert und in wechselseitiger Beeinflussung mit dem Verhalten die neuronale Cytoarchitektonik (Zellverzweigung und -verschaltung) weiter differenziert. Entsprechend erweitert sich das Verhaltensrepertoire.

Am besten läßt sich dieser Prozeß am Heranreifen der Pyramidenbahn erkennen. Er bedingt, daß je nach Reifungsgrad die Hals- und Schulterregion, später dann auch der Rumpf und die Beine, willkürlich motorisch kontrolliert werden können. Die früher so beliebten Säuglingsaufnahmen im 3 bis 4. Lebensmonat, bei denen das Kind, auf einem Fell liegend, den Kopf hochhält und sich mit den Unterarmen abstützt, sind nicht nur eine fotogene Pose, sondern werden primär davon bestimmt, daß das Kind in diesem Entwicklungsstadium in der Regel nur die obere Partie des Körpers willkürlich kontrollieren kann.

Lernen im weitesten Sinne, d.h., die Erfahrungen, die ein Kind während seiner Entwicklung macht, bestimmen parallel zur körperlichen Entwicklung die sukzessive Ausprägung der weiteren Lernfähigkeit (Vorschulreife, Schulreife, Vorbildung, Ausbildung). Dabei wird mit dem Älterwerden das Lernen immer mehr von dem vorangegangenen Einsatz abhängig. „Früh übt sich, wer ein Meister werden will.“ Ein Meister-Pianist z.B., der erst mit 10 Jahren zu üben begann, ist eine Ausnahme.

Fast jedes höher entwickelte Tier zeigt je nach Reifungsgrad Unterschiede im Verhalten, so daß es genügt, beispielhaft zwei Versuche vorzuschlagen.

▲ *Versuch 73.* Heranreifen des Verhaltens bei Grillen

Besonders gut zur Demonstration des Heranreifens von Verhalten eignen sich hemimetabole Insekten, z.B. Grillen, da sie besonders vor und nach der Imaginalhäutung gravierende Verhaltensunterschiede, ähnliches Aussehen und leichte Handhabe vereinen.

Benötigte Tiere und Materialien. Gryllus bimaculatus letztes Larvenstadium (= Tiere fast so groß wie Imagines, aber nur mit Flügelstummeln).

Versuchsdurchführung. Das Verhalten der Larvenstadien wird mit dem der Imagines, wie in den Versuchen 1 und 7 beschrieben, verglichen. ■

▲ *Versuch 74.* Lernverhalten bei Mäusen oder Meerschweinchen

Auch Lernverhalten ist entwicklungsabhängig, allerdings, da es mehr oder weniger streng an die sensible Phase im weitesten Sinne gebunden ist, besser bei jungen bzw. erwachsenen als bei alten Tieren ausgeprägt. Dies läßt sich sehr schön demonstrieren, wenn man etwa verschieden alte Mäuse, 4 Wochen, 3, 6, 9, 12 Monate alt, usw. – z.B. jeweils 6 Stück pro Altersstufe wie in Versuch 69 (vgl. auch Versuch 62, Anmerkung 2) testet und die Ergebnisse vergleicht.

A n m e r k u n g. Ähnliche Versuche lassen sich mit Meerschweinchen etwa 6 Wochen; 5 Monate; 3 Jahre alt durchführen. Man vergleicht die Lernleistung wie z.B. im Versuch 61. ■

8 Genetik des Verhaltens

In neuerer Zeit haben sich Ethologen verstärkt der Frage nach der genetischen Verankerung des Verhaltens, der Verhaltensgenetik, zugewendet, und es ist eine Reihe von Experimenten durchgeführt worden, bei denen zum Teil mendelnde Erbgänge bestimmter Verhaltenskomponenten nachgewiesen werden konnten.

Zum Beispiel: Die einheimische Feldgrille, Gryllus campestris, und die südländische Feldgrille, Gryllus bimaculatus, zeigen Unterschiede im Gesang. Kreuzungsexperimente deuten auf einen monofaktoriellen Erbgang hin [130]. Analysen des hygienischen Verhaltens bei Bienen haben gezeigt, daß das Öffnen der Wabenzellen und Herausschaffen der toten Tiere Komponenten sind, die getrennt vererbt werden können [258]. Untersuchungen eines Stammes von Mäusen (Fa. Jackson, USA), die Alkohol bevorzugten, ergaben, daß die Tiere neben einem Gen für Alkoholpräferenz, an anderer Stelle ein zweites tragen, welches den Stoffwechsel des Alkohols beeinflußt. Unter Ausnutzung des Faktorenaustausches in der Meiose wurden die Gene getrennt und Tiere gezüchtet, die Alkohol schnell abbauen können, ihn aber nicht mögen, und Mäuse, die Alkohol vorziehen, ihn aber nur langsam abbauen können [4].

Eine Zuordnung einzelner Verhaltenskomponenten zu jeweils einem Gen, entsprechend dem molekulargenetischen Konzept: ein Gen — ein Enzym [153], wäre besonders wünschenswert, dürfte aber bei der Komplexität des Verhaltens nur in wenigen Fällen möglich sein. In der Regel werden Pleiotropie und Polygenie vorliegen.

Zum Beispiel: Idiotie beim Menschen kann durch eine extreme Umweltmodifikation allein, durch eine zur Zeit nicht bei allen Formen näher faßbare, vererbte „Labilität" und Umweltbelastung (Häufung in bestimmten Familien), oder durch den Ausfall eines Enzyms, z.B. im Aminosäurestoffwechsel, verursacht werden [273], [303], [307], [312].

9 Beziehungen zur Umwelt

Über die Wechselbeziehungen zwischen Organismen und ihrer Umwelt ist wiederholt gesprochen worden (vgl. Abschn. 2 u. 3.1.2 u. 4.2.3. u. 5). *Unter Umwelt versteht der Verhaltensbiologe den unbelebten Biotop und die in dieser Umwelt lebenden Organismen: Pflanzen, Tiere und Artgenossen.*

Da in diesem Gefüge der Artgenosse eine Sonderstellung einnimt, wird er im nächsten Abschnitt gesondert behandelt.

*In der Evolution stellt die Umwelt die Basis für die Selektion dar. Nur die Arten über-
leben, deren Verhalten an die Umwelt angepaßt ist.* Nun ist aber die Umwelt nicht
konstant, sondern sie unterliegt neben geographischen und klimatischen Veränderungen, besonders durch die Dynamik des übrigen Lebens, einem für das Individuum
schnellen Wechsel von Selektionsfaktoren (Konkurrenz, z.B. Nahrungsangebot, Nist-
raum, Freßfeinde usw.).

Für das Überleben unter diesen Bedingungen bieten sich in der Phylogenie drei Wege
an, die eng miteinander verknüpft sind:

1. Optimale Anpassung an spezifische Biotope, und zwar derart, daß der Organismus
dem Konkurrenten in der „körperlichen" Spezialisierung voraus ist.

2. Steigerung der Flexibilität des Verhaltens, so daß bei einer Umweltveränderung Aus-
weichmöglichkeiten offen bleiben. Der Vorteil, der sich daraus ergibt, „erzwang" sehr
wahrscheinlich nicht nur die Generationsfolge und die Sexualität (Genrekombination
erhöht die potentielle Varianz der Art), sondern auch die *Spezialisierung zum Nicht-
spezialisiertsein* – das Lernverhalten (vgl. Abschn. 5).

3. Die aktive Beeinflussung der Umwelt, die Umweltveränderung, wie sie in der Phylogenie ihre Anfänge etwa in der Brutfürsorge hat und über die Brutpflege letztlich zu
solchen Leistungen wie Bienen-, Ameisen-, Termiten oder Biberbauten etc. führte, bzw.
wie wir sie in extremer Ausprägung in der Umweltbeeinflussung durch den Menschen
beobachten.

Jedes Biologiebuch enthält eine Vielzahl von Beispielen der Wechselbeziehungen zwischen den Organismen und ihrer Umwelt. Im folgenden werden aus der Fülle möglicher Versuche und Demonstrationen zwei herausgegriffen: der Netzbau von Zygiella
und die Brutfürsorge des Birkenwicklers, beides komplexe Anpassungen auf der Basis
instinktiven, d.h. angeborenen Verhaltens.

▲ *Versuch 75.* Netzbau von Zygiella

Eine der kompliziertesten Anpassungen an die Umwelt (Beuteerwerb) ist der Bau der
Fangnetze bei Spinnen [286], von denen die einheimische Sektorenspinne und Kreuzspinne am besten untersucht sind.

Die Tatsache, daß man die Spinnenart in vielen Fällen an der Gestalt des Netzes erkennen kann, sowie die Beobachtung, daß z.B. junge Kreuzspinnen nach der ersten
Häutung (ohne Erfahrung) sofort mit dem arttypischen Netzbau beginnen [75], lehren,
daß es sich hier um angeborene Verhaltensweisen handelt. Gleichzeitig konnte nachgewiesen werden, daß dieses Verhalten nie streng festgelegt ist. Es ist z.B. unmöglich,
dieses komplexe instinktive Verhalten in eine Reihe von Einzelreaktionen zu zerlegen,
von denen jede durch einen besonderen Reiz ausgelöst wird. Die Herstellung des Netzes wechselt von Fall zu Fall [219] und wird wesentlich durch Umweltfaktoren mitbestimmt. Man spricht deswegen auch von einem angeborenen „*Produktionsschema*".
Die Netzstruktur ist im einzelnen „nicht von Anfang an festgelegt, sondern ergibt sich
erst nach und nach mit dem Fortschreiten der Tätigkeit der Spinne. Versuche von
Peters lassen vermuten, daß zunächst gewisse Grundverhältnisse des Netzes festgelegt

werden. Diese ergeben sich aus den räumlichen Verhältnissen der Umgebung. Damit ist der weitere Ablauf bis zu einem gewissen Grade determiniert. Später richtet die Spinne ihr Verhalten immer mehr nach Daten des Netzes: Die Anpassung an Außenbedingungen hat nicht mehr die große Bedeutung. Die Motorik läuft jetzt immer mehr selbständig ab, indem sensorische Eindrücke fast nur noch der Kontrolle dienen" (zit. aus [328]).

Das Grundschema des Radnetzbaus am Beispiel der Kreuzspinne. Da die Herstellungsweise eines Radnetzes bei Zygiella litterata der der besser untersuchten Kreuzspinne in den Grundzügen ähnelt, werden im folgenden die einzelnen Baustufen des Netzes bei der Kreuzspinne beschrieben und auf die Abweichungen, wie sie bei Zygiella festgestellt wurden, jeweils hingewiesen. Das folgende Schema kann so häufig beobachtet werden, daß es als Grundschema in die Literatur eingegangen ist.

Die einzelnen Phasen des Netzbaus von Aranea diadema ♀ (nach [219]): Für das Verständnis der folgenden Punkte ist es wichtig, daran zu erinnern, daß die Spinne bei der Fortbewegung immer einen Faden hinter sich herzieht. Sie führt diesen Faden mit einem Hinterbein und läßt ihn durch dessen Tarsen wie über eine Rolle laufen. Wenn sie ihn irgendwo mit etwas Spinnstoff befestigt, geht vom Fixierungspunkt stets wieder ein neuer Faden aus, da die Spinndrüsen fortwährend tätig sind – *Sicherheitsfaden.*

1. Der Netzbau bei der Kreuzspinne beginnt mit der Anlage eines mehr oder weniger horizontalen Fadens, der eine Verbindung etwa zwischen zwei Punkten A und B darstellt (Abb. 70 a). Ist A und B durch Begehen zu erreichen, so kann die Spinne den Faden am Punkt A fixieren und von dort zu B laufen, um den Faden hier am zweiten Punkt ebenfalls zu befestigen. Ist von Punkt A der Punkt B nicht zu erreichen, so läßt die Spinne aus den Spinnwarzen einen Faden austreten, der dann vom Luftzug ergriffen, in der Umgebung, etwa im Punkt B, haften bleibt.

2. Nun wird der Faden gestrafft und begangen. Etwa an der Stelle x (Abb. 70 a) wird der erste Faden, der auch *„Brücke"* genannt wird, durchbissen, wobei das Tier das freie Ende mit den Vorderbeinen festhält (Abb. 70 c).

3. Beim Weiterlaufen wird der Faden vorn aufgeknäult und das andere Fadenende hinter dem Tier, entsprechend dem Fortschreiten der Bewegung, verlängert. Dabei läßt die Spinne etwas mehr Spinnseide aus den Spinndrüsen austreten als sie vorn aufknäult, wodurch sich die Verbindung A-B verlängert und das Tier herabsinkt.

4. Wenn das Tier im Punkt C (Abb. 70 b) beide Fäden wieder zusammenklebt, ist der ursprünglich horizontale Faden v-förmig eingeknickt. Von C läßt sich die Spinne auf einen Faden absinken bis sie eine feste Unterlage erreicht, dann fixiert sie den Faden im Punkt D und das y-förmige Grundgerüst ist hergestellt (Abb. 70 b). Das Zentrum des Grundgerüstes bezeichnet ungefähr den Mittelpunkt der späteren Netzfläche, während die zentralen Abschnitte der Fäden die ersten *Radialfäden* sind.

5. Von D klettert die Spinne wieder zu C zurück und beginnt mit dem Bau des Rahmens. Dabei wird jedesmal mit der Herstellung eines *Rahmenfadens* gleichzeitig ein weiterer Radialfaden hergestellt. Der ‚Sicherheitsfaden' wird z.B. von C nach E gelegt, so daß C-E einen doppelten Faden darstellt (den Faden C-E und den Faden C-F-E; vgl. Abb. 70 d). Von E läuft nun die Spinne bis etwa zum Punkt F, heftet da den Sicherheitsfaden fest und begibt sich nach G (Abb. 70 e). Indem sie das Stück F-G strafft, entsteht der Rahmenfaden E-F-G mit dem Radialfaden F-C. Das Stück E-F ist dabei ein Doppelfaden (vgl. Abb. 70 e, f)

6. Vom Punkt G kehrt die Spinne zum Punkt F zurück und verdoppelt auch dieses Stück des Rahmenfadens, wonach sie dann von F nach C geht; hier aber den Faden nicht verdoppelt (Abb. 70 f). Ein kurzes Stück vom Rahmenfaden entfernt (Abb. 70 f,

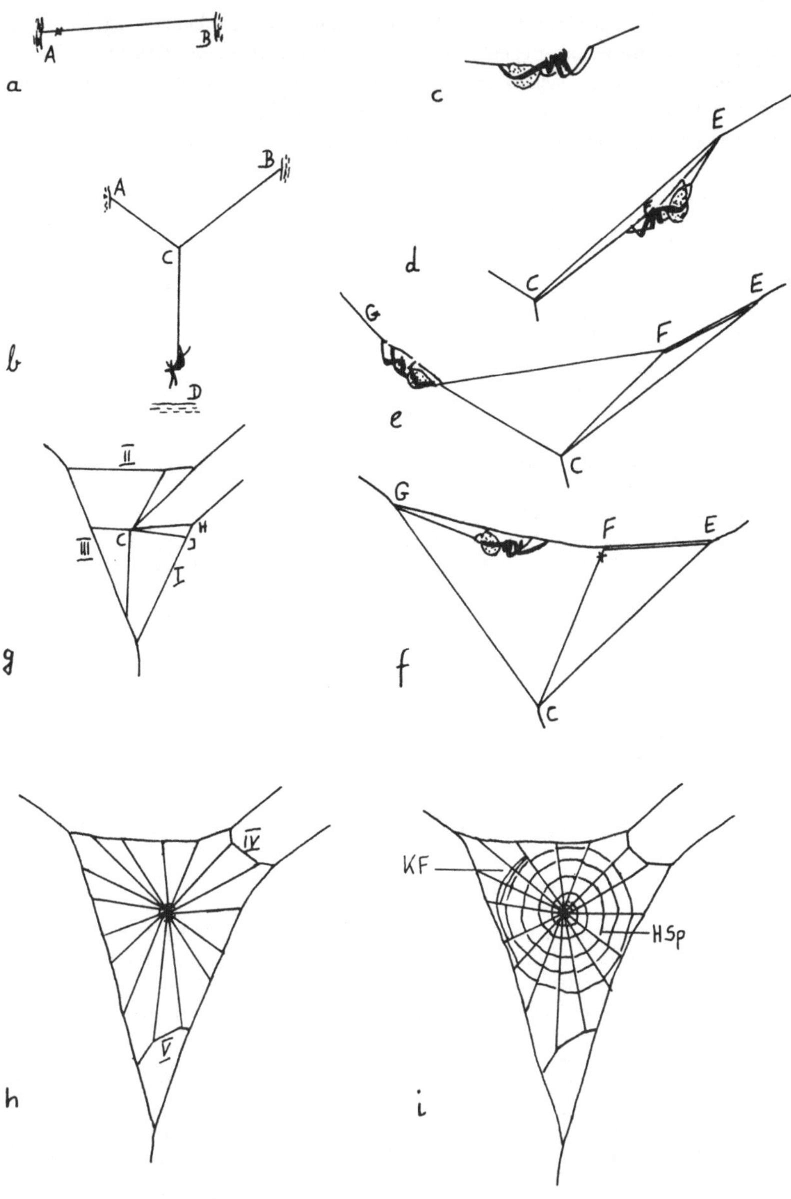

Abb. 70 (nach H. M. P e t e r s [219] verändert).
Schema der Herstellung eines Kreuzspinnennetzes.
Weitere Erklärungen s. Text.

Stelle x), wird der Faden vorher durchgebissen und gegen einen neuen in der bereits bekannten Weise ersetzt. Vom Punkt C werden die weiteren Rahmenfäden und Radialfäden des Netzes in ähnlicher Weise hergestellt.

7. Nach Fertigstellung dieser *primären Rahmenfäden* I, II und III ergänzt die Spinne die Radialfäden nach allen Richtungen (Abb. 70 g), wobei noch einige *sekundäre Rahmenfäden* in ähnlicher Weise hergestellt werden (IV, V; vgl. Abb. 70 h).

8. Bei der Herstellung weiterer einzelner Radialfäden = *Speichen* läuft das Tier etwa von C aus am Faden C-H nach J und befestigt dort den Faden C-J. Bei der Rückkehr in Richtung Zentrum über C-J beißt die Spinne jedoch den Faden C-J nahe dem Rahmen durch und ersetzt ihn durch einen neuen Faden. Erst dieser ist der endgültige Radialfaden. Dadurch bleiben die Speichen einfach (Abb. 70 g).

Bei Zygiella wird der neu gesetzte Faden (Speiche) nicht abgeräumt. Die Spinne zieht bei der Rückkehr einen Sicherheitsfaden von J nach C und befestigt diesen im Netzzentrum an der neuen Speiche J-C, wodurch diese verdoppelt wird [218].

Auf diese Weise entsteht das Gerüst von (einfachen) Radialfäden und verstärkten Rahmenfäden (Abb. 70 h).

Während bei der Kreuzspinne die durch die Speichen entstandenen Sektoren nahezu gleichgroß sind, bleibt *bei Zygiella* ein Sektor größer (vgl. Abb. 70 h und Abb. 2 a), in dem später der Signalfaden eingezogen wird.

Schon während dieses Bauabschnittes beginnt die Spinne, die im Zentrum zusammentreffenden Speichen miteinander zu verknüpfen, wodurch die *zentrale Befestigungszone* entsteht (Abb. 70 h und Abb. 2 a).

9. Sind alle Radialfäden hergestellt, beginnt die Spinne mit dem Anfertigen der *Hilfsspirale*. Diese ist eine Fortsetzung der Befestigungsfäden (der zentralen Zone), deren Umgang erweitert wird, so daß sie schnell gegen die Peripherie des Netzes fortschreitet (Abb. 70 i).

10. Am Ende der Hilfsspirale verharrt die Spinne einen Augenblick und beginnt dann mit dem Einsetzen der *Klebefäden*. Von der Peripherie ausgehend schreitet sie in eng gewundenen Spiralbahnen allmählich gegen das Zentrum vor. Hat die Spinne die Klebefäden jeweils eng genug an die Hilfsspirale herangebaut, wird diese in den entsprechenden Bereichen abgebaut. Die „Klebspirale" endet in einigem Abstand von der Befestigungszone.

Bei Zygiella wird die Hilfsspirale und später der Klebefaden nur bis zum freien Sektor herangeführt und von dort in umgekehrter Richtung jeweils weitergeführt bis das Netz ausgefüllt ist. Dabei entsteht im Gegensatz zum radiärsymmetrischen Kreuzspinnennetz ein bilaterales Netz, dessen Symmetrieebene etwa in der Verlängerung des späteren Signalfadens verläuft (vgl. Abb. 2 a). Ist das Netz vollendet, wird der freie Sektor von einigen eventuell dennoch eingezogenen Fäden befreit und der Signalfaden durch den Sektor hindurch gezogen und im Schlupfwinkel befestigt [218]. Obwohl der freie Sektor im Radnetz von Zygiella so charakteristisch ist, spinnen die Tiere auch Vollnetze und zwar dann, wenn der Schlupfwinkel so liegt, daß der Signalfaden einen größeren Winkel als 40° mit der Netzebene bilden muß [321].

B e n ö t i g t e   T i e r e ,   M a t e r i a l i e n   u n d   V e r s u c h s d u r c h f ü h - r u n g. Benötigt werden mehrere Sektorenspinnen. Zygiella litterata, die ab Juni bis September praktisch überall an Zäunen, Kellerfenstern (Kulturfolger), aber auch an Nadelbäumen usw. zu finden sind.

Die Tiere werden eingefangen und an Baurähmchen, die aus Holzleisten hergestellt werden (Abb. 71), adaptiert. Dazu ist es vorteilhaft, eine Ecke des Rahmens bis auf eine 0,5 cm × 1 cm Öffnung zu schließen, etwa mit Karton, und die Tiere dorthin

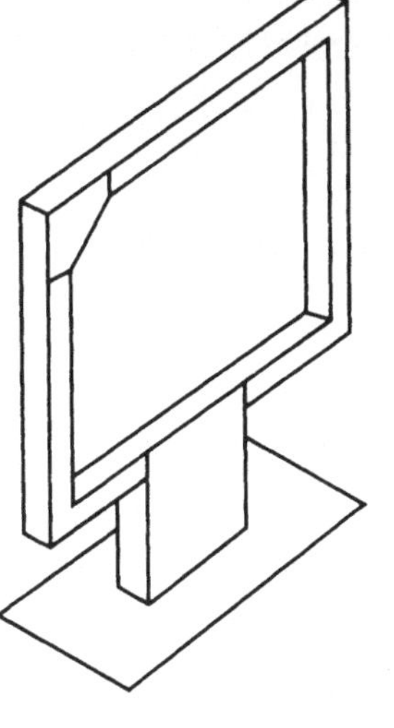

vorsichtig „fliehen" zu lassen. Ca. 60% der Tiere nehmen den Schlupfwinkel an und bauen bei normalem Tag-Nacht-Rhythmus in der Nacht, kurz vor der Morgendämmerung ihr Netz (vgl. Versuch 2).

A n m e r k u n g. Täglich das Netz mit Wasser ansprühen; Spinnen 1mal in 2 bis 3 Tagen mit einem lebenden Insekt füttern. ■

Abb. 71
Netzrähmchen für Sektorenspinne.
Der Rahmen ist aus Leisten (1 × 1 cm) mit einer Seitenlänge von 20 cm. Eine Ecke ist beidseitig mit Pappdeckeldreiecken abgeklebt, etwa Schenkellänge 4 cm, und von vorn mit Pappdeckel bis auf eine Öffnung von 0,5 × 1 cm an der oberen Rahmenunterseite verschlossen. Weitere Erklärungen siehe Text.

▲ *Versuch 76.* Brutfürsorge des Birkenwicklers, Deporaus betulae

Die Brutfürsorge ist weit verbreitet und sowohl bei Evertebraten als auch Vertebraten nachweisbar (z.B. Eiablage der Riesenschildkröte auf den Galapagos-Inseln).

B e n ö t i g t e   T i e r e   u n d   M a t e r i a l i e n. Der Birkenwickler kann im Mai fast an allen Birkenpopulationen gefunden werden. Verfehlt man die Zeit, ist er in höheren Lagen des Mittelgebirges auch noch später zu fangen. Sicheres Zeichen seines Vorkommens sind die Blattrollen. Er kommt nur an Pflanzen vor, die genügend Tageslicht (Sonne) empfangen. An Bäumen, die kein direktes Sonnenlicht erhalten, trifft man sie nicht an [35], [52].

Biologie der Tiere   Der schwarze Rüsselkäfer ist der kleinste aller beobachteten Blattroller. Die Länge der Tiere (vom Rüssel bis zum Ende der Elytren) schwankt zwischen 3 bis 5,1 mm. Die Männchen sind von den Weibchen durch die auffallend verdickten Schenkel der Hinterbeine (Geschlechtsdimorphismus) leicht zu unterscheiden.

1. *Brutfürsorge,* die kurze Zeit nach dem Erscheinen der Käfer (Kopula) aktiviert wird, stellt eine äußerst komplizierte instinktive Verhaltensweise dar, die zur Anfertigung einer Blattrolle führt, in die die Eier abgelegt werden. Sie wurde von zahlreichen Autoren untersucht, die zum Teil zu unterschiedlichen Ergebnissen kamen. Die im folgenden skizzierte Beschreibung des Verhaltens stützt sich u.a. auf die Arbeiten von R o s s k o t h e n [256], [257], B u c k [35] und D a a n j e [52], ohne genauer auf die im einzelnen vorhandenen Kontroversen einzugehen.

a) *Das Auswählen eines Blattes:* Die Weibchen von Deporaus verwenden zum Anfertigen der Rolle nur junge Blätter, d.h. sie müssen imstande sein, nicht nur die Pflanzenart, sondern auch junge und alte Blätter zu unterscheiden. Ob sich die Weibchen dabei nach spezifischen Pflanzendüften richten, konnte bislang nicht entschieden werden.

b) *Die Orientierung auf dem Blatt:* Hat der Käfer ein Blatt ausgesucht, werden in stereotyper Weise Orientierungsgänge auf dem Blatt durchgeführt. Sie beginnen am Ende

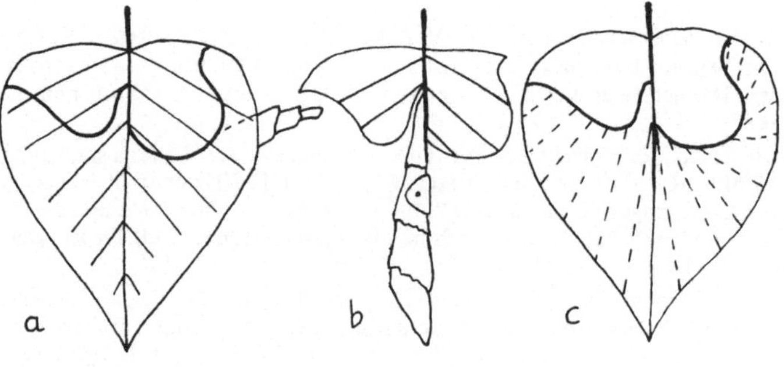

Abb. 72 (nach P. R o s s k o t h e n).
Normalschnitt des Trichterwicklers am Birkenblatt.
a) Anfang der Tüte, eingezeichnet wie er beim Rollen entsteht.
b) fertige Blattrolle.
c) Verlauf der Wicklungslinien (gestrichelt), die in der Rolle Geraden bleiben.

des Hauptnerven, an der physiologischen Blattunterseite, und verlaufen von hier auf dem Hauptnerv ein Stück in Richtung Blattbasis. Anschließend laufen die Weibchen seitwärts, quer zur Hauptnervrichtung bis zum Blattrand. Hier angekommen, klettert das Weibchen auf die Blattoberseite. In einigen Fällen wird der Orientierungslauf unterbrochen. Das Weibchen frißt ein wenig, begibt sich aber bald wieder zur Blattunterseite, um längs des Blattrandes dem Hauptnerv zuzulaufen. Wiederum folgt das Weibchen rittlings dem Hauptnerv bis annäherend zur gleichen Endstelle des ersten Laufes, begibt sich aber nun in der oben beschriebenen Weise zu dem gegenüberliegenden Blattrand. Inwieweit die Orientierungsgänge, die von Daanje und Rosskothen beschrieben, von Buck aber nicht beobachtet wurden, für den späteren Schnitt von Bedeutung sind, muß dahingestellt bleiben. Interessant in diesem Zusammenhang ist die Beobachtung von Rosskothen, derzufolge der Blattabschnitt, der jeweils zu Rollen verarbeitet wird, kleiner bei großen Blättern ist und größer bei kleinen, im Verhältnis zum Gesamtblatt, woraus der Autor schließt, daß im Verhalten der Tiere ein „Sicherheitsmechanismus" programmiert ist, der die jeweilige Schnittführung dem Blatt dahin anpaßt, daß die für die Rolle zurechtgeschnittene Fläche nicht zu groß wird, so daß die Tiere sie nicht aufrollen könnten.

c) *Das Anfertigen des Schnittes:* Nach den Orientierungsgängen fertigt der Käfer den Schnitt an, der im Normalfall (Abb. 72) aus zwei an der Mittelrippe versetzen „S"-förmigen Kurven besteht. Das Weibchen schneidet, links oder rechts vom oberen Blattrand beginnend (an der Ober- oder Unterseite), eine stehende S-förmige Kurve bis zur Mittelrippe (in Abb. 72 von rechts oben beginnend). Wenn der Schnittbogen den Hauptnerv trifft, führt das Tier eine leicht schräg aufwärts führende Kerbung aus und schneidet von der Mittelrippe aus in Richtung Blattrand die andere Blatthälfte in Gestalt eines liegenden, flacheren „S" ein. Beim Schneiden läuft das Tier seitwärts zum Schnittverlauf auf dem Blatteil, der später zur Rolle verarbeitet wird; also mit dem Kopf in Richtung Blattbasis. Ist der Schnitt zu Ende geführt, läuft das Weibchen seitwärts entlang des Schnittes bis zum Hauptnerv zurück und drückt mit dem Rüssel die Blattbasis vom übrigen gelösten Blatteil, der am Rande mit den Vorderbeinen gehalten wird, ab (Schereffekt). Beim Hauptnerv angelangt, wird die Hauptnervkerbe vertieft, und das Tier läuft noch ein Stückchen den Rüssel zwischen den Blatt-Teilen führend, in Richtung Schnittanfang, um dann mit dem Perforieren zu beginnen.

Schnittdauer: ca 1/2 h bis 1,5 h.

d) *Das Perforieren:* Nach dem Verlassen des Schnittes läuft der Käfer wieder vorwärts und beginnt besonders intensiv die erste Blatthälfte mit den Tarsenklauen zu perforieren. Danach begibt sich das Tier an die Blattunterseite, um mit dem Einrollen zu beginnen.

Die Zeitdauer zwischen Schnittende und Beginn des Rollens schwankt zwischen 2 bis 30 min. R o s s k o t h e n und U l b r i c h [299] geben übereinstimmend an, daß die Tiere längere Zeit „warten", bis zu ca. 30 min, bevor sie mit dem Einrollen beginnen, wodurch das Rollen durch den fortgeschrittenen Welkprozeß des Blattes erleichtert wird.

e) *Das Rollen:* Von der Blattunterseite aus beginnt das Tier das Blatt einzurollen, wobei sich der Drehpunkt der Rolle entlang der Schnittlinie fortbewegt (vgl. Abb. 72 c mit eingezeichneten Wicklungslinien). Wenn die Rolle am Hauptnerv vorbeigekommen ist, wird die zweite Blatthälfte „um die Rolle geschlagen" und in einem Zuge weitergerollt bis der Endlappen erreicht wird, der einige Zeit vom Käfer mit dem Rüssel an die Rolle gedrückt wird − etwa 1 min lang. Danach läßt er los, und die Lamelle breitet sich infolge der verbliebenen Elastizität etwas aus. Erster Rollversuch: 3 bis 15 min. Oft geht das Weibchen im Anschluß daran in die Nähe des Hauptnerven des Blattes und frißt dort. Dann begibt sich das Tier in das Rolleninnere, dringt bis zum Anfangspunkt vor und beginnt von neuem, die Rolle fest einzuwickeln.

f) *Die Eiablage:* Wenn das Deporaus Weibchen in der oben beschriebenen Weise das Blatt mehrmals hintereinander aufgerollt hat, federt das Blatt nach dem Loslassen nicht mehr so weit auseinander, sondern bleibt weitgehend zusammengerollt. Nun begibt sich der Käfer ins Innere der Rolle, beißt in die Blattinnenseite 2 bis 5 taschenförmige Vertiefungen (*Eitaschen*) und legt in diese jeweils ein Ei ab. Der Vorgang dauert ca. 3 bis 6 min.

g) Das Verschließen der Rolle: Nachdem das letzte Ei gelegt ist, wird die Rolle noch ein- oder zweimal „von \neuem" aufgerollt und beim letzten Mal der Endlappen mit einem tiefen Stich festgelegt. Dabei kann der Käfer den Endlappen mit ein wenig abgeschabtem Blattmaterial festkleben [52]. Danach wird die Rolle nochmal kontrolliert und eventuell angetroffene Lücken zwischen den Blattschichten ebenfalls verschlossen.

h) *Das Zudrücken des unteren Rollenteils:* Nach dem Verschließen wird der untere Rollenteil zugedrückt. Bei Birkenblättern werden die Spitzen oft gefaltet und nach oben geschlagen befestigt.

i) *Das Abschneiden der Rolle:* Nach dem Zudrücken klettert der Käfer auf der Außenwand der Rolle nach oben und beißt den Hauptnerv ganz durch. Das Abschneiden findet nicht immer statt und wird von Tieren in Gefangenschaft häufig unterlassen. Bereits einige Zeit später (kürzeste Zeit: 12 min), beginnt das Weibchen mit der Herstellung eines neuen Trichters. Die Brutfürsorgetätigkeit der Tiere läßt sich auch noch nach Sonnenuntergang beobachten, und sie kommt erst beim natürlichen Taufall zum Stillstand. Bei Wiederaufnahme der Tätigkeit beginnen die Tiere immer mit der Phase, bei der die Unterbrechung stattfand [35]. Nach Buck beansprucht das Herstellen einer Rolle 3 bis 4 Stunden. Der schnellste beobachtete Rollvorgang bis zum Festsetzen des Endlappens betrug 84 Minuten.

j) *Das Verhalten der Männchen beim Rollen:* Eine charakteristische Verhaltensweise des Männchens (das übrigens ausgeprägtes Revierverhalten hat) ist die Imitation des Weibchens beim Anfertigen des Trichters. In dieser Imitationsperiode, in der das Tier die Einrollbewegung „nachahmt" wird niemals ein Kopulationsversuch unternommen. Ein differenzierteres Verhalten, wie z.B. Schneiden und Verschließen des Trichters, wurde beim Männchen nicht beobachtet [35].

2. *Die Haltung des Birkenwicklers:* Nach dem Fang werden die Tiere in Färberöhrchen (Glas Ø 3 cm, 10 cm hoch) mit einem Gazeverschluß 2 Tage lang gehalten. Während

dieser Zeit bekommen sie täglich frische, fein zerschnittene Birkenblätter als Futter (Triebstau).

V e r s u c h s d u r c h f ü h r u n g. Zur Beobachtung werden die Tiere auf Birkenzweige gesetzt (vom gleichen Baum, auf dem sie eingefangen wurden), die durch eine Styroporplatte gesteckt, in Wasserbehältern stehen. Von oben wird ein 5 ℓ Einmachglas, dessen Wände mit Paraffinöl eingerieben werden (damit die Tiere nicht an den Wänden umherlaufen können), abgedeckt. Bereits nach kurzer Zeit beginnen die Tiere zu schneiden.

A n m e r k u n g. Man kann auch, wenn genügend Versuchstiere vorhanden sind, mit Erfolg die Birkenzweigsträuße auf die Fensterbank (geschlossene Fenster) stellen und die Tiere frei darauf setzen, was die Beobachtung erleichtert — Achtung, Totstellreflex. ∎

10 Beziehungen zum Artgenossen

In den Beziehungen zur Umwelt nimmt das Verhalten gegenüber dem Artgenossen eine Sonderstellung ein. Es bietet die Möglichkeit, durch die phylogenetische Formung der Wechselbeziehungen der Artgenossen zueinander die Chancen der Art zum Überleben zu optimieren.

Aus der umfangreichen Problematik sollen folgende Aspekte herausgegriffen werden: Aggression; Paarbildung, Brutpflege; Paarbindung und der soziale Verband.

10.1 Aggression

Aggression ist ein Phänomen, das sowohl psychologisch wie verhaltensbiologisch wiederholt definiert wurde. Dabei verwendete man je nach Wissensstand verschiedene Kriterien, was zu einer verwirrenden Fülle von Definitionen geführt hat [221], die heute (teils auch in der Verhaltensbiologie) nebeneinander benutzt werden.

In der deskriptiven Phase der vergleichenden Verhaltenskunde faßte man unter Aggression Kampf- und Drohverhalten zusammen, die in der Regel gemeinsam auftreten und für den Beobachter gut erkennbar sind. Daneben zählten einige Autoren zu Aggression auch Beutefangverhalten, weil es zumindest äußerlich in einigen Fällen bei einem der beteiligten Organismen angriffsähnliche Bewegungsabläufe erkennen läßt. Mit zunehmendem Verständnis der Funktion dieses Verhaltens für die Arterhaltung und infolge von genaueren Beobachtungen der Aggression und der besseren Kenntnis ihrer physiologischen Charakteristika erwiesen sich Definitionen dieser Art als unbefriedigend. So leitet z.B. Drohverhalten in der Regel einen Kampf ein, aber häufig verhindert es ihn (z.B. Drohen bei Affen), wodurch motorische Energie eingespart und u.a. auch die Verletzungsgefahr vermindert wird, bzw. Beutefangverhalten zeigt nur in Ausnahmefällen

Charakteristika des Kampfverhaltens. So wird z.B. Beutefangverhalten in der Regel nicht durch Drohgesten eingeleitet u.a..

Es wird deshalb im folgenden zunächst die Funktion der Aggression beschrieben und danach das Verhalten definiert. Die Aggression bei sozialen Organismen wird der besseren Übersicht wegen erst im folgenden Abschnitt besprochen.

Der größte Konkurrent eines jeden Individuums ist in der Regel sein Artgenosse, da er mit ähnlich starkem „Überlebenstrieb" die gleiche Nahrung, den gleichen Lebensraum und andere Faktoren (je nach Art) beansprucht, die nur begrenzt vorhanden sein können. Dieser Sachverhalt bildet die Selektionsbasis für die Entwicklung der Intoleranz gegenüber dem Artgenossen.

Die arterhaltende Bedeutung dieser Intoleranz (die mit Aggression gleichgesetzt werden kann) besteht im wesentlichen im Folgenden [76]:

1. Das Gleichgewicht – Individuenzahl, Nahrungs- und Raumangebot – wird in biologisch tragbaren Relationen gehalten. Man beansprucht ein Revier (z.B. nur während der Fortpflanzungszeit, oder das ganze Leben lang), das die eigenen Lebens- und Fortpflanzungschancen sichert.

2. Die daraus sich ergebende innerartliche Konkurrenz beschleunigt den Anpassungsprozeß der Art an den Biotop. Die besser angepaßten haben in der Regel größere Fortpflanzungschancen.

3. Durch die Regulation der Indivudendichte wird die Population gezwungen, ein Biotop optimal zu nutzen; sie verteilt sich bis in die Randgebiete. Hier liegen zwei weitere Vorteile für die Arterhaltung: der *Rückbesiedlungs*- und der *Verteilungseffekt*. Fallen Tiere in den optimalen Biotopregionen aus, so werden andere aus den Randgebieten wieder einwandern. Überzählige Organismen sind gezwungen, neue geeignete Biotope zu besiedeln.

Rückbesiedlungs- und Verteilungseffekt sind besonders dann wirksam, wenn im Konkurrenzkampf eine gleichzeitige Schonung des Artgenossen sichergestellt ist. Besonders bei bewaffneten Arten ist die Entwicklung von Kommentkämpfen und tötungshemmenden Auslösern zu beobachten, die neben der Flucht die innerartliche Schonung garantieren.

Die Aggression ist wahrscheinlich ein essentieller Selektionsvorteil. Sie hat sich in der Phylogenie konvergent sowohl bei Vertebraten wie Evertebraten entwickelt.

Versucht man unter Berücksichtigung des oben Gesagten, Aggression zu definieren, gelangt man zur folgenden Charakteristik: *Aggression ist Verhalten, das im Dienste der eigenen Überlebens- und Fortpflanzungschancen die Überlebens- und Fortpflanzungschancen des Artgenossen in direkter oder indirekter (z.B. Planhandlungen beim Menschen) Konfrontation schmälert.*

Berücksichtigt man die beim aggressiven Verhalten auftretenden physiologischen Prozesse: Enthemmung bestimmter „Hirnzentren"; Veränderungen des Hormonspiegels, des Muskeltonus usw.; tritt Aggression zwischenartlich nur in Ausnahmesituationen auf, z.B.

1. Bei irrtümlichen Angriffen auf artfremde, aber ähnliche Organismen, wie bei Korallenfischen.

2. Beim Beutetier, wenn es sich nach Unterschreitung der kritischen Distanz wehrt.

3. Bei einigen Arten, wenn ein Aggressionsstau vorliegt, wobei es sich dann um Verhalten am Ersatzobjekt handelt. Kampfhähne greifen sogar ihren eigenen Schwanz an [8]; und

4. überall dort, wo über Lernprozesse die Möglichkeit gegeben ist, daß der artfremde Organismus als Artgenosse akzeptiert wird, z.B. Hund – Mensch; bzw. wenn über Transpositionsprozesse, wie beim Menschen in einer Ersatzhandlung, der artfremde Organismus an die Stelle des Artgenossen tritt.

Wenden wir uns abschließend der Frage zu, ob Aggression angeboren oder erlernt ist.

In aufsteigender Stammesreihe wurden zwar immer größere Verhaltensbereiche durch Lernen modifizierbar, aber ihre angeborenen Antriebe wurden nicht abgebaut, weil es dafür keine zwingende Notwendigkeit gab.

Zum Beispiel: Die höherentwickelten Affen, sowohl Tier- wie Menschenaffen, müssen einen Großteil des Verhaltens gegenüber dem Artgenossen erlernen, das betrifft sowohl die „Kinderpflege", das Aufreiten bei der Kopulation, wie das Kennenlernen der Rangordnung, obwohl die Motivation, der Antrieb, angeboren ist.

Entsprechend dürfte für die Aggression gelten, daß sie angeborene Dispositionen hat und je nach Entwicklungsstand in einem starren oder durch Lernen modifizierbaren Verhaltensprogramm vorliegt.

Betrachtet man die Phylogenie des Menschen, fällt auf, daß z.B. kein Vertreter der zahlreichen Seitenzweige des Stammbaumes [156], [313], soweit belegt, überlebt hat. Beobachtet man das Schicksal der Amazonasindianer, der Pygmäen oder der Ureinwohner Australiens, fällt es dem Verhaltensbiologen schwer, andere Gründe dafür anzunehmen als innerartliche Intoleranz. Die Abdrängung in Randgebiete, gepaart mit anderen Selektionsfaktoren, z.B. Nahrungsmangel, Krankheit, könnte den Tatbestand ausreichend erklären, ohne Aggression im umgangssprachlichen Sinne oder z.B. gar den Kannibalismus heranzuziehen, was gelegentlich getan wird. So dürfte die innerartliche Intoleranz von Anfang an die Entwicklung des Menschen mitbestimmt und eine nicht unerhebliche Rolle in der Höherentwicklung gespielt haben. Die Überlebenschancen der jeweils kulturell technisch höher entwickelten Menschengruppen waren größer, wodurch ihre Weiterentwicklung begünstigt wurde.

Soweit heute rekonstruierbar [78], [92], [244], ist die Geschichte des Menschen auch eine Geschichte der innerartlichen Konkurrenz und Auseinandersetzungen, was besonders die letzten 2 bis 7 000 Jahre, die relativ gut dokumentiert sind, zur Genüge belegen. Analysieren wir menschliches Verhalten der Gegenwart, ist nicht von der Hand zu weisen, daß die Konkurrenz und die damit verbundene Intoleranz auch heute ein wesentlicher, die kulturell-technische Entwicklung mitantreibender Faktor ist. Dabei wurden die Rivalisierungsformen je nach Integrationsebene und Rahmenbedingungen, z.B. Interessenverbände, Vereine, Parteien, Staaten, verschieden stark ritualisiert (man vergleiche z.B. Zivilrecht und Völkerrecht). Die heute intensiv diskutierte Gefahr dieser Verhaltensdisposition für den Menschen ruht also nicht darin, daß es dieses Verhalten (gleich, ob angeboren oder erlernt) gibt, sondern darin, daß es in Folge der Divergenz zwischen kulturell technischer Entwicklung und biologischen Verhaltensdispositionen in der heutigen Welt nicht selten Formen annimmt, die gemessen an unseren ethischen Forderungen untragbar sind und die durchaus so eskalieren könnten, daß das Überleben unserer Art in Frage gestellt wird.

▲ *Versuch 77.* Aggressives Verhalten der Taufliege, Drosophila

Die bereits an anderer Stelle besprochenen Demonstrationsmöglichkeiten aggressiven Verhaltens bei Grillen, Kampffischen und Meerschweinchen (vgl. Versuch 7, 9, 55) werden im folgenden durch einen Drosophila Versuch ergänzt. Bei Drosophila wurde aggressives Verhalten erst vor wenigen Jahren zum ersten Mal beobachtet, und es ist noch wenig untersucht. Erste experimentelle Arbeiten ([15], [63], [111], [163], [209], [283]) unterstützen die Vermutung, daß zumindest die männlichen Tiere, wenn sie aggressiv sind, größere Kopulationschancen haben. Des weiteren deutet sich an, daß die Aktivierung der Aggression in der Regel nur dann erfolgt, wenn die Tiere auf Futterbrei sitzen, was vermuten läßt, daß damit auch die Nahrungsversorgung für das Individuum sichergestellt wird [111], [163].

Balz und Aggression bei Drosophila: Die Drosophila-*Balz* läßt sich in der Regel in mehrere Phasen zerlegen [14], [15], [111], [163]:

1. Betasten der Weibchen durch die Männchen mit den Tarsen der Vorderbeine.

2. Wird das Weibchen erkannt, wird es vom Männchen umkreist, immer mit dem Kopf dem Weibchen zugewandt. Dabei wird der zum Weibchen hin gelegene Flügel im rechten Winkel vom Körper abgewinkelt und in Vibration gebracht.

3. Weist das Weibchen das Männchen nicht ab, folgt Stimulation der äußeren Genitalien des Weibchens mit schnellen Bewegungen des Rüssels.

4. Ist das Weibchen paarungsbereit, spreizt es die Flügel und die Genitalien; das Männchen besteigt das Weibchen und kopuliert.

Nichtpaarungsbereite Weibchen vibrieren mit den Flügeln. Besamte Tiere „treten" auch mit den Hinterbeinen oder strecken den Ovipositor aus, so daß eine Kopula unmöglich wird, bzw. drehen sich gelegentlich um und wehren die Männchen mit den Vorderbeinen ab.

Aggressives Verhalten [111], [163]: 1. Treffen zwei aggressive Männchen aufeinander, so beobachtet man nicht selten bei beiden Tieren Flügelschlagen.

2. Eines der Tiere schnellt dann vor, richtet sich auf und „boxt" den Gegner mit den Vorderbeinen.

3. Je nach Vitalität der Tiere, und vor allem des Gegners, kann sich daraus ein mehrminütiger Zweikampf ergeben, bei dem dann beide Tiere in aufgerichteter Haltung aufeinander „einschlagen" und sich abwechselnd „umklammern". Es kommen auch seitliche Angriffe vor (s. Abb. 73), bei denen beide Tiere ihre Abdomina betrommeln; bzw. Angriffe von hinten. Hier hemmt Flügelschlagen des angegriffenen Tieres in der Regel den Angreifer.

4. Das unterlegene Tier flieht — es folgt Flügelschlagen, sowohl beim dominanten Tier wie beim Verlierer.

Benötigte Tiere und Materialien. Eine Drosophila Zucht, z.B. die Stämme Abeele oder *Berlin.*

Haltung der Tiere: Drosophilae werden in Flaschen kultiviert, z.B. in Milchflaschen oder Säuglingstrinkflaschen, deren Boden mit einer ca. 2 cm hohen Futterbreischicht versehen wird.

Futterbreiherstellung: Zutaten: 2 u.1/2 Eßlöffel Maismehl, 1 ltr Wasser + 0,6 g Nipagin (Apotheke), 1 1/3 Würfel Backhefe, 1 Eßlöffel Agar-Agar, 1 Eßlöffel Zuckerrübenkraut (Sirup).

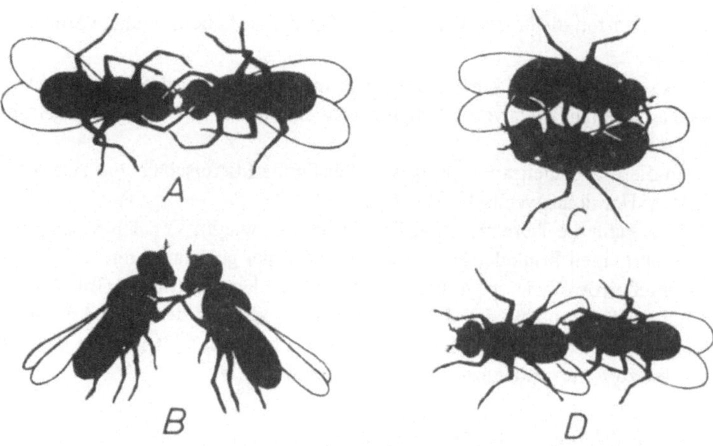

Abb. 73 (nach B. K r ö n e r).
Kampfverhalten bei Drosophila.
A Angriff frontal, von oben gesehen. B Angriff frontal von der Seite gesehen.
C seitlicher Angriff (wie im Zweikampf relativ häufig beobachtbar). D Angriff von
hinten.

Zubereitung: die 2 u.1/2 Eßlöffel Maismehl werden kalt mit Wasser angerührt. Der
Rest des Wassers wird mit 1 Würfel Backhefe und 1 Eßlöffel Agar-Agar aufgekocht.
Sobald das Gemisch schäumend kocht, wird 1 Eßlöffel Sirup eingerührt, nochmals
kurz aufgekocht und dann das verquollene Maismehl untergerührt. Das Ganze läßt man
(bei starker Flamme) 15 bis 20 min kochen. Hin und wieder das Rühren nicht vergessen, um ein Ansetzen des Breies zu vermeiden. Der heiße Brei wird in die vorher be-
reitgestellten Flaschen eingefüllt. Die Breiflaschen läßt man, mit einem sauberen
Tuch abgedeckt, auskühlen. Sobald der Brei abgekühlt ist, wird eine Hefesuspension
zugegeben, die jedes Mal frisch in einer Pipettenflasche angesetzt wird. Man zerkrüm-
melt etwa 1/3 Würfel Backhefe, füllt mit aqua dest. auf ca. 50 ml und schüttelt das
ganze gut durch (pro Breiflasche eine Pipettenfüllung). Die Zuchtflaschen werden mit
Schaumgummistopfen verschlossen und einen Tag lang kühl aufbewahrt. Am nächsten
Tag werden ca. 3 bis 8 Drosophila-Pärchen in eine kleine Filterpapiertüte (die Tiere
werden mit Äther betäubt und unter dem Binokular aussortiert) eingebracht; nach ca.
14 Tagen ist die neue Generation geschlüpft.

Versuchsgefäße: Plastikpetrischalen ∅ 3,5 cm, in die jeweils auf 3 mm Höhe gestutzte
Plastikverschlüsse von Tablettenröhrchen ∅ 1 cm, mit Futterbrei gefüllt, gestellt
werden.

V e r s u c h s d u r c h f ü h r u n g. In jeweils 1 Beobachtungsgefäß werden 15 bis 20
frisch geschlüpfte Männchen eingebracht (man erkennt die Männchen am dunkel pig-
mentierten, runden Abdomenende; Äther- oder besser CO_2-Narkose) und dann 2 bis 6
Tage lang beobachtet. Am besten vormittags eine Stunde lang, oder den ganzen Tag
hindurch jeweils 5 min zu Beginn jeder Stunde (vgl. Versuch 32).

A n m e r k u n g e n. 1. Es ist wegen des Circadianrhythmus der Tiere notwendig, in
einem Vorversuch festzustellen, wann die Aktivität unter den vorhandenen Versuchsbedingungen (relative Luftfeuchtigkeit, Temperatur, Tageslänge) optimal ausgeprägt

ist. Wir hatten die besten Ergebnisse in der ersten Lebenswoche, vormittags [111], [163].

2. Es sollten mehrere Schalen angesetzt werden, da es vorkommt, daß extrem aggressive Tiere fehlen. Etwa von 5 Schalen wird eine in der Regel zur Beobachtung gut geeignet sein.

3. In dieser Versuchsanordnung wird häufig die Futterschale von einem Tier besetzt gehalten. Dominanzwechsel kommt vor.

4. Man kann die Tiere mit einer Farbmischung, wie im Versuch 59 angegeben, und einer auf einen Rouladenspieß geklebten Wimper gut markieren und das Verhalten individuell protokollieren; Achtung — nicht die Flügel verkleben (Binokular).

5. Quantifizieren läßt sich das Verhalten entweder mit der Anzahl der beobachteten Kämpfe pro Zeiteinheit, oder der Kampfzeit insgesamt (Stoppuhr); z.B. wurden von uns bis zu 5 min andauernde Kämpfe beobachtet. ■

10.2 Paarbildung, Brutpflege, Paarbindung

In der Phylogenie innerartlichen Verhaltens sind Paarbildung, Paarbindung, Brutpflege und der soziale Verband wichtige Stufen der Entwicklung. Die Paarbildung verbesserte die Fortpflanzungschancen geschlechtlicher Organismen, indem sie die Wahrscheinlichkeit einer Befruchtung erhöhte. Die Paarbindung, Brutpflege und der soziale Verband verbesserten die Überlebenschancen der Nachkommen.

Während für die Paarung allein eine Reihe sexueller, die Aggression gleichzeitig hemmender Auslöser ausreicht, konnte eine langfristigere Neutralisation aggressiven Verhaltens, wie sie bei der Brutpflege und der Paarbindung notwendig wird, nur über zusätzliche aggressionshemmende Verhaltenskomponenten garantiert werden, die auch über die Brunst hinaus wirksam sind. Man vermutet, daß die Mutter-Kind-Beziehung der Entwicklung vorausging. Die langfristige Bindung und die zu ihrer Realisierung in diesem Funktionskreis entwickelten aggressionshemmenden Verhaltensweisen wurden in der Phylogenie nicht nur zur Paarbindung genutzt (Funktionswechsel, Ritualisierung), sondern die Mutter-Kind-Beziehung (Brutpflege) bildet wahrscheinlich auch den Ausgangspunkt der Sozietät.

Der Selektionsvorteil der Paarbindung liegt primär in der Verbesserung der Brutpflege (Arbeitsteilung), z.B. in der Saison-Ehe. Bei Dauer-Ehen werden in der nächsten Brutperiode die Partnersuche und die Abstimmung der Partner aufeinander vor und während der Brutpflege eingespart und so weitere Selektionsvorteile gewonnen [317]. Die Dauer-Ehe ist nur möglich, wenn die Ehepartner sich persönlich kennen. Dieses persönliche Kennen wird zum bindenden Faktor. Er kann besonders bei langandauernden Ehen so stark sein, daß neue Verbindungen, nach dem Tod eines der Partner, erschwert sind (z.B. bei Graugänsen).

Von den zahlreichen Formen der Paarbindung sind die bekanntesten:

1. die *Saisonehe* — für die Dauer einer Brutperiode, z.B. Amsel. Sonderform: Ortsehe der Störche. Der Storch erkennt die Störchin als Partnerin an, die das gleiche Nest aufsucht.

2. *Dauerehe*, z.B. Graugans. Die Tiere bleiben in der Regel zeitlebens zusammen.

3. *Polygamie*, z.B. der Haremsverband der Hühner; ein Männchen hat mehrere Weibchen.

4. *Polyandrie*, z.B. Kampfwachteln (Turnicidae). Ein Weibchen paart sich mit mehreren Männchen. Die Männchen brüten die Eier aus und pflegen die Jungtiere.

5. *Kommune*, z.B. einige Pinguinarten. Die extremen klimatischen Verhältnisse bedingen, daß die Eltern abwechselnd die Eier ausbrüten und die Jungtiere eher oder später von der ganzen Kolonie betreut werden.

▲ *Versuch 78.* Brutpflege

Die Brutpflege ist weit verbreitet. Sie kann bereits beim Entenegel (Theromyzon tessulatum) nachgewiesen werden. Im Zuge der Höherentwicklung werden besonders bei den Vertebraten die Elternindividuen von der Brutpflege immer mehr in Anspruch genommen (im weitesten Sinne dauert sie beim Menschen häufig genug bis ins dritte Lebensjahrzehnt, indem die Eltern ihre Kinder unterstützen und so die Selektionsfaktoren reduzieren). Besonders interessant ist die Brutpflege bei Affen ausgeprägt (vgl. z.B. [178]), und man sollte auf alle Fälle dieses Thema mit einem Lehrausflug in den Zoo verbinden. Hier werden sich sicherlich Affen mit Jungtieren finden lassen; am aussichtsreichsten etwa in Paviangruppen [168], [196], (vgl. Versuch 11). Junge Paviane tragen ein Jugendkleid: Schwarzfärbung, das ihnen die „Narrenfreiheit" im Spiel und Erkunden sichert.

Man kann eventuell die Thematik mit zahlreichen weiteren Problemkreisen ausbauen, z.B.:

1. Spielverhalten der Jungtiere und halbwüchsigen Tiere.

2. Rangordnung und Familienverband (Ein-Mann-Gruppen); werden z.B. Paviane gefüttert, so ist es nicht selten, daß das Futter nur vom ranghöchsten angenommen wird und die anderen Tiere sich nicht trauen.

3. Mimikverstehen (vgl. Versuch 72 u. 82): wird ein rangniedrigerer Pavian drohend angestarrt, schaut er weg und räumt das Feld. Häufig kann man ihn so davon abhalten, etwa ein ins Gehege geworfenes Futterstückchen aufzunehmen. Ranghöchste Tiere, häufig an der Mähne erkennbar, werden beim Anstarren gelegentlich aggressiv.

4. Weiterhin können beobachtet werden: Drohgähnen, Angstmimik, Angstschreien, Wegschauen, Kleinmachen, Flucht, gesichertes Drohen, Präsentieren usw.

5. Nicht zuletzt ist die Demonstration hospitalisierter Affen, die gelegentlich in Zoos gehalten werden, lehrreich, da sie die Bedeutung sozialer Erfahrung in der Entwicklung aufzeigen.

A n m e r k u n g. Man sollte den Zoobesuch beim Wärter anmelden und verabreden, daß die Tiere während der Besuchszeit gefüttert werden. ■

10.3 Sozialer Verband

Die komplexeste verhaltensbiologische Funktionseinheit stellt der soziale Verband dar. Er zeichnet sich gegenüber anderen Aggregationen von Individuen gleicher Art durch altruistisches Verhalten aus. *Altruistisches Verhalten ist Verhalten im Dienste der Mitglieder des sozialen Verbandes. Es erhöht die Überlebens- und Fortpflanzungschancen des sozialen Partners, auch unter Gefährdung des eigenen Lebens: „Gemeinnutz geht vor Eigennutz".*

Betrachten wir zunächst die Selektionsvorteile altruistischen Verhaltens, so ist es wichtig, sich zu vergegenwärtigen: *nicht das Individuum, sondern die genetische Information, die es trägt, ist für die Arterhaltung von Bedeutung.* Damit kann die Gefährdung des Einen für den Anderen nur dann von Vorteil sein, wenn dadurch die Überlebenschancen der „eigenen" Erbinformation verbessert werden [196]. Entsprechend ist altruistisches Verhalten maximal dort ausgeprägt, wo diese Bedingungen erfüllt sind: bei der Verteidigung der Brut und engster Familienmitglieder (also in Bezug zu denjenigen, die das „gleiche" genetische Material haben) und in der Sozietät, die in der Regel aus eng miteinander verwandten Mitgliedern besteht (vgl. Versuch 11).

Dieser Vorteil wird beim Vergleich mit der nichtsozialen Lebensweise anderer Arten deutlich. Einmal in der Phylogenie „ausprobiert", werden zwangsweise weitere Vorteile wie Kooperation, Arbeitsteilung, Spezialisierung und gemeinsames Lernen (vgl. Abschn. 5.3.2.6) die eingeschlagene Entwicklungsrichtung stabilisieren und forcieren. Entsprechend paßt sich das Verhaltensprogramm den neuen Situationen an, die Kommunikation wird verfeinert und in den Dienst der Kooperation gestellt. Das aggressionshemmende Verhaltensrepertoire wird, soweit notwendig, erweitert: die Verhaltenselemente aus der Mutter-Kind-Beziehung, wie z.B. Füttern, Infantilismen etc., werden durch andere Elemente, z.B. sexuellen Verhaltens, wie bei den Affen, erweitert. Hinzu kommen soziale Appetenz und Mechanismen, die für gruppenkonformes Verhalten sorgen (Aversion gegenüber von der Norm abweichenden Individuen – *Ausstoßungsreaktion*) usw., die das Funktionsgefüge und den Zusammenhalt stabilisieren. Die Aggression wird über gelegentlich nur gruppeninterne Tötungshemmung und Rangordnungsverhalten entschärft. So bleibt die für die Fitness der Art so wichtige innerartliche Konkurrenz und ihre Funktion erhalten. Die bestangepaßten, ranghöchsten Tiere haben die größten Fortpflanzungschancen. Die Relation: Individuenzahl – Biotop, wird über den sozialen Streß (Verlust der Individualdistanz, keine Ausweichmöglichkeit) und den damit verbundenen Abbau sozialen Verhaltens (z.B. Störung der Pflegeinstinkte oder gar Kannibalismus, aber auch andere Faktoren, wie Verzögerung der Geschlechtsreife, Unfruchtbarkeit, Abortus, Absorption der Embryonen u.a., je nach Art verschieden) geregelt.

Nach außen wirkt der soziale Verband als Einheit, und die bei der Aggression besprochenen, arterhaltenden Faktoren werden nun in der Wechselbeziehung zwischen sozialen Verbänden wirksam, wodurch die Formen des sozialen Zusammenlebens in der Phylogenie gefördert werden.

In dieser Konkurrenzsituation ist z.B. die Sozietät bevorteilt, deren Zusammenleben, also *gruppenintern auch die Kontrolle der Aggression,* besser funktioniert. Daß diese

Entwicklung sowohl auf der Ebene des genetischen Lernens wie individuellen und sozialen Lernens erfolgt ist, wurde bereits im Versuch 11 erwähnt.

Je nach den Mechanismen des Zusammenhalts unterscheidet man verschiedene Formen sozialer Verbände, von denen die wichtigsten sind:

1. *Der anonyme offene Verband*, z.B. Fischschwarm. Der Zusammenhalt ist durch Schwarmverhalten gegeben. Das Individuum folgt dem Artgenossen, der oft sozial attraktive Merkmale trägt. Selektionsvorteile: Konfusionseffekt gegenüber Freßfeinden; strömungstechnisch Energieersparnis beim Schwimmen in Formation. Es gibt keine Mechanismen, die verbandsfremde Tiere von Schwarmmitgliedern trennen.

2. *Der anonyme geschlossene Verband.* Der Verband ist so groß, daß die Individuen sich nicht gegenseitig kennen.

Die Zugehörigkeit zur Sozietät wird meistens über Geruch, beim Menschen auch über die Sprache und andere Faktoren, gesichert: z.B. Bienen, Ameisen, Mäuse, Ratten usw.

3. *Der individualisierte geschlossene Verband.* Die Mitglieder der Gemeinschaft kennen sich persönlich, z.B. Haremsgruppen, Familienverbände, Sippen, Trupps usw. (vgl. Versuch 11). Er ist die biologische Basis menschlicher Sozietäten und kultureller Weiterentwicklung.

Erwähnenswert ist, daß die biologischen Dispositionen des Zusammenlebens im Verband ihre Wirksamkeit verlieren können, wenn die Organisationsform, an die sie über einen phylogenetischen Prozeß angepaßt sind, gesprengt wird. Besonders der moderne Mensch ist durch den Verlust der individualisierten Gemeinschaft — er lebt heute häufig in einem anonymen geschlossenen Verband — in die Situation versetzt, daß sich gruppeninternes und gruppenexternes Verhalten vermischen und eine Fülle von Konfliktsituationen induzieren, die nur über verordnete Verhaltensregeln, Gesetze, entschärft werden können. (Was in einer Dorfgemeinschaft selten ist, z.B. daß man betrogen wird, ist in einer anonymen Gesellschaft einer der häufigsten Verstöße gegen die Regeln sozialen Zusammenlebens.)

▲ *Versuch 79.* Anonymer offener Verband bei Fischen

In fast jeder Schule oder jedem Institut sind Aquarien vorhanden, so daß eine Demonstration des Schwarmverhaltens sehr einfach ist.

T i e r e , M a t e r i a l i e n u n d V e r s u c h s d u r c h f ü h r u n g: Wir setzen in ein 60 bis 100 l Aquarium ca. 15 bis 20 Neonfische (Paracheirodon innesi) und einen Roten Neonfisch (Cheirodon axelrodi) hinzu. Das Tier wird beobachtet; man protokolliert, ob es mit der Gruppe schwimmt oder nicht.

A n m e r k u n g. Neons sind Schwarzwasserfische, d.h. sie kommen in von Humussäure braungefärbten Gewässern vor, die in der Regel durch einen dichten Vegetationsmantel vor direktem Sonneneinfall geschützt sind (z.B. Amazonas). Die Schillerfarben sind in diesem Biotop gut sichtbar und sichern den Zusammenhalt des Schwarms. Die Tiere haben eine Schwarmappetenz. ■

▲ *Versuch 80.* Geschlossener anonymer Verband bei Insekten.

Besonders einprägsame Beispiele für geschlossene anonyme Verbände liefern unsere sozialen Insekten: Bienen, Wespen, Hummeln, Ameisen usw., von denen die Ameisen jederzeit, auch im Winter, bei entsprechender Haltung beobachtet werden können.

B e n ö t i g t e T i e r e , M a t e r i a l i e n u n d V e r s u c h s d u r c h f ü h r u n g.
Wir benötigen zwei Nester der Knotenameise Myrmica ruginodis, die leicht unter Steinen, Brettern etc., etwa im Garten oder Grünanlage zu finden sind. Beim Fang ist darauf zu achten, daß auch 1 bis 8 Königinnen miteingesammelt werden: die Tiere sind größer als die Arbeiterinnen und, bei ein wenig Übung, leicht zu erkennen.
Die gefangenen Ameisen, etwa 50 bis 200 Stück pro Nest, werden in Formikaren untergebracht, und täglich mit Zuckerwasser, Obst- und Mehlwurmstückchen gefüttert und beobachtet. Sie halten sich, sorgfältig gepflegt, jahrelang [20], [23], [195].

Herstellung der Formikare nach K.H. Bier: Käufliche Kühlschrankdosen, etwa 20 cm × 20 cm × 6 cm, werden mit einer 2 cm dicken Gipsschicht versehen, in deren Mitte eine etwa streichholzschachtelgroße und 0,5 bis 1 cm tiefe Grube ausgehoben wird. Diese wird nach dem Aushärten der Gipsmischung mit einer Scheibe, und z.B. einem Stück Plastik (lichtundurchlässig) abgedeckt. Die Gipseinlage wird täglich leicht angefeuchtet, so daß die Tiere das künstliche Nest, das seitlich eine ϕ 4 mm^2 Öffnung bekommt, nicht verlassen. Die Seitenwände werden mit Fett (Margarine, Öl oder Paraffinöl) eingerieben und damit die Tiere am Herausklettern gehindert.

D u r c h f ü h r u n g d e r B e o b a c h t u n g. Wird der Deckel abgehoben, kann man durch die Scheibe ins Nest sehen. Arbeitsteilung: Königin und die die Königin pflegenden Innendiensttiere können gut von anderen Außendiensstieren unterschieden werden. Soziales Füttern, Fühlertrillern sind ebenfalls gut zu sehen.

Weiterhin können Nestmitglieder herausgenommen und nach kurzer oder längerer Zeit wieder eingebracht und beobachtet werden, ob, wie und nach welcher Zeit sie noch erkannt werden. Um die Geschlossenheit der Gruppe zu verdeutlichen, bringt man nestfremde Artgenossen ein.

A n m e r k u n g. Die Versuche lassen sich mit fast allen anderen Arten durchführen — allerdings sind besonders die Formica-Arten geschützt und häufig schwer zu beschaffen. ■

▲ *Versuch 81.* Geschlossener anonymer Verband bei Vertebraten

Das Verhalten von Vertebraten, die in anonymen geschlossenen Verbänden leben, z.B. Mäuse und Ratten [73], [74], ist ähnlich komplex wie das der in sozialen Verbänden lebenden Evertebraten. Es läßt sich eine Reihe von Versuchen durchführen, welche verschiedene Funktionskreise der sozialen Verbände demonstrieren, z.B.:

Das Markieren als Mittel der Informationsübertragung: Mäuse markieren nicht nur die Gruppenmitglieder, sondern auch die „Wege" im Revier derart, daß die Duftspur für die Gruppenmitglieder zum entscheidenden Faktor der Orientierung wird.

Um das zu verdeutlichen, wird Versuch 69 wie folgt verändert:

1. Das Labyrinth wird von einer Maus aus einer Gruppe von 4 bis 6 Tieren erlernt; die Scheiben dabei aber nicht ausgewechselt. Nun folgen die anderen Tiere nacheinander, ohne daß die Scheiben gewechselt werden. Fehlerzahl und benötigte Zeit werden registriert.

2. Eine zweite Gruppe wird genauso behandelt mit dem Unterschied, daß die Glasabdeckung nach jedem Lauf regelmäßig wie im Versuch 69 gereinigt wird.

Die Ergebnisse werden verglichen.

A n m e r k u n g. Die absolute Fehleranzahl bzw. die benötigte Zeit ist bei markierten Labyrinthen kleiner. ■

11 Verhalten des Menschen

Gemessen an der Dauer der Existenz und Individuenzahl ist der Mensch in der Phylogenie ein verschwindend kleiner Bruchteil erfolgreichen Lebens. Er taucht in der letzten Phase der bislang erfolgten Entwicklung auf — aber als deren komplexestes Ergebnis.

Will man menschliches Verhalten kausal verstehen, ist man gezwungen, neben den kulturellen Einflüssen seine Entstehungsgeschichte zu analysieren — das ist, streng genommen, die gesamte Geschichte des Lebens.

Angefangen mit den von den Urorganismen geerbten Bausteinen des Lebens (ca. 20 Aminosäuren, Nukleinsäuren, Teile des enzymatischen Bestecks usw.) und dem funktionellen Prinzip der Rückkoppelung bis zu den von den menschlichen Vorstufen ererbten Dispositionen, wie z.B. räumliches Vorstellungsvermögen (die Vorfahren des Menschen waren Baumbewohner mit frontal gestellten Augen) oder die zur Werkzeugherstellung geeignete und im Gesichtsfeld agierende Hand und viele weitere Faktoren, sind wir Zeugnis eines phylogenetischen Prozesses. So ist der Mensch ein Kompromiß aus phylogenetischer Vorgabe (den als Ausgangspunkt dienenden Formen) und Anpassung. Das betrifft sowohl die anatomisch-physiologische Organisation des Körpers wie seine Funktion, das Verhalten.

Das Gesagte wird verdeutlicht durch eine ebenso unbefangene wie zutreffende Bemerkung eines mit mir befreundeten Maschinenbau-Ingenieurs: „Die konstruktive Verbindung von Luft- und Speiseröhre beim Menschen ist wegen der durch diesen Umstand möglichen Funktionsstörungen eine Fehlkonstruktion." Der Biologe ist gewohnt, solche konstruktiven Lösungen in Relation zu phylogenetischen Ausgangsformen zu sehen, und dann ist die Lösung tragbar, ein konstruktiver Kompromiß.

Will man biologische Dispositionen menschlichen Verhaltens verständlich machen, erscheint eine Auflistung angeborener und erlernter Verhaltensweisen des Menschen wenig erfolgversprechend. Die bislang erörterten Gesetzmäßigkeiten des Verhaltens haben auch Gültigkeit für den Menschen, und es erscheint sinnvoller, auf die spezifischen, nur dem Menschen eigenen Verhaltensmuster einzugehen.

11.1 Artspezifisches Verhalten des Menschen

Wie im Abschn. 1 ausgeführt, ist zu erwarten, daß jede Stufe der Höherentwicklung auch prinzipell neue Funktionsleistungen aufweisen kann. Die Schwierigkeit liegt darin, prinzipielle Unterschiede zwischen tierischem und menschlichem Verhalten aufzuspüren und eine begrenzte Anzahl spezifisch menschlicher Verhaltensweisen auszuwählen, um den Bedürfnissen der Leser und dem Anspruch einer generellen Behandlung des Themas gerecht zu werden.

a) Werkzeugherstellung. Lange Zeit waren Biologen und Anthropologen überzeugt, daß der Mensch als einzige Art Werkzeuge herstellt. Spätestens seit den Beobachtungen von L a w i c k - G o o d a l l [178] an Schimpansen wissen wir jedoch, daß der Mensch diese Fähigkeit mit anderen Arten teilt — allerdings hat er sie im Verlauf der Evolution zu einer sonst unbekannten Höhe weiterentwickelt. So ist bislang nur vom Menschen bekannt, daß *er Werkzeuge herstellt, um damit Werkzeuge herzustellen.*

b) Abstraktes Denken, Planhandlungen, Voraussicht. Die im vorangegangenen Punkt angeführte Leistung des Menschen ist zweifelsohne an das äußerst komplex entwickelte Abstraktions-, Generalisations- und assoziative Kombinationsvermögen geknüpft. Dieses wurde durch die Evolution soweit entwickelt, daß der Mensch vor die Mehrzahl seiner Verhaltensweisen das Gedankenexperiment — die assoziative Verknüpfung vorgestellter Teilhandlungen — stellt. Er handelt in der Regel erst nach der vorausschauenden Überprüfung des Zwischen- und Endergebnisses. Auch diese Fähigkeit ist nicht prinzipiell neu beim Menschen (vgl. Abschn. 5.3.2.8), *aber sie ist durch die Sprache und kulturell erworbenen Algorithmen qualitativ und quantitativ enorm gesteigert* (vgl. Abschn. 5 u. 11.2).

Unsere Voraussicht versucht sogar die Schwelle der eigenen Existenz zu überschreiten, was in vielen Fällen dazu führt, daß wir uns ein absolutes Existenzende mit dem Tode nicht vorstellen können. Dies ist insofern verständlich, weil in der Phylogenie die Entwicklung des Denkes auf Überleben ausgerichtet ist. So ist Denken an Leben angepaßt und nicht an das Danach.

Entsprechend waren und sind die Vorstellungen zur Frage, was passiert mit dem Menschen nach dem Tode, häufig lebensanalog. Die Neandertaler z.B. gaben den Toten Speisen, Schmuck, Werkzeuge und Waffen mit, d.h. sie erwarteten, daß Empfindungen, Wahrnehmungen, Bedürfnisse verschiedenster Art, aber auch Gefahren usw. und die eigene körperliche Existenz nach dem Tode erhalten bleiben.

c) Kommunikation mittels abstrakter Symbole, die Sprache. Der Mensch ist nicht das einzige Lebewesen, das Symbole zur Kommunikation benutzt. Bereits die Bienensprache verwendet echte Symbole, die aber auf der Ebene des „genetischen Lernens" erworben werden.

Bei Menschenaffen sind Mimik und Lautäußerungen gleichermaßen in den Dienst der Kommunikation gestellt. Ihre Vokalisation aber ist kaum mit menschlichen Leistungen vergleichbar. Was immer den Anstoß zur evolutiven Vervollkommnung des akustischen Signalsystems gegeben hat (es bietet sich der Vorteil zur Kommunikation ohne Sichtkontakt an), *die Sprache ist ein entscheidender Faktor der Menschwerdung.*

Ihr verstärkter Einsatz induzierte die Entwicklung motorischer Sprachzentren, und diese — in Wechselwirkung mit ihnen — die Entwicklung der Sprache.

Weitere Vorteile dieses Kommunikationssystems kommen im Laufe der Entwicklung zum Tragen:

Das Gedankenexperiment kann von dem teils aufwendigen Assoziieren von Vorstellungskomplexen losgelöst werden, es läuft primär mittels einer Verknüpfung von Sprachbegriffen ab und wird teilweise durch Sprachalgorithmen erleichtert.

Wir denken in der Regel mit Sprachbegriffen und so, wie es uns unsere Sprache erlaubt.

Informationsübermittlung wird vom unmittelbaren Beobachten, d.h. vom Vorexerzieren und Nachahmen losgelöst, vereinfacht und beschleunigt. *Soziales Lernen und soziales Gedächtnis* (vgl. Abschn. 5.3.2.6) kommen stärker zum Tragen, und die Gedächtniskapazität des Menschen kann besser ausgeschöpft werden.

In diesem Zusammenhang sind folgende Überlegungen erwähnenswert; 1. P o r z i g [225] weist darauf hin, daß die Sprache (gemeint sind alle Sprachen) Unanschauliches ins Räumliche übersetzt, z.B.: „vor oder nach Ostern". Dies könnte ein Indiz dafür sein, daß unser Denken durch räumliche Vorstellungen geprägt ist, eine Fähigkeit, die wir von unseren Vorfahren geerbt und weiterentwickelt haben. 2. Dies erleichtert auch, die experimentell wiederholt festgestellte Sprachbegabung der Schimpansen besser zu verstehen. Schimpansen haben keine motorischen Sprachzentren entwickelt und auch ihre Kehlkopfkonstruktion ist zur Vokalisation ungeeignet. Erst bei Versuchen mit der Zeichensprache, wie sie Taubstumme benutzen, bzw. bei Verwendung von anderen Symbolen wurde ihre „Sprachbegabung" entdeckt. Das dazu benötigte Abstraktions- und Kombinationsvermögen ist offenbar vorhanden. Das bedeutet, auch die Sprache (ausgenommen die komplexe Vokalisation) beruht nicht auf prinzipiell neuen, sondern extrem entwickelten Fähigkeiten, die die Abstraktionsleistung des Menschen soweit gesteigert haben, daß *er mit Sprache über Sprache Aussagen trifft.*

d) Die symbolische Darstellung — das Nachgestalten erfahrener oder vorgestellter Sachverhalte. Soweit mir bekannt, ist es bislang nicht gelungen, Schimpansen gegenständliches Malen zu lehren, obwohl sie Bilder erkennen [181]. Der Mensch hingegen erlernt das bildhafte Gestalten im Verlaufe der Individualentwicklung. Diese Fähigkeit wurde irgendwann während der Evolution des Menschen entdeckt und entwickelt (man denke z.B. an die Höhlenmalereien der Steinzeitmenschen).

Damit war auch die *Voraussetzung* einer *Schriftenentwicklung* gegeben. Die Darstellung wurde stilisiert und ihre Handhabung soweit vereinfacht, daß wir sie heute in relativ kurzer Zeit erlernen können. Schrift, Druck usw. haben aber *die Information vom Individuum gelöst* und verselbständigt. Speicherkapazität und Informationsausbreitung werden perfektioniert, *soziales Gedächtnis durch „sekundäres Gedächtnis"* der Bibliothek — wie B. Rensch sagt — wirkungsvoll erweitert.

Man könnte fortfahren, weitere Dispositionen für spezifisch menschliches Verhalten zu besprechen, aber das Wesentliche tritt bereits in den wenigen Beispielen hervor:

Nicht die prinzipiellen Unterschiede, sondern die Summe der Faktoren und ihre über die Kulturevolution erfolgte Leistungssteigerung trennen den Menschen von seinen nächsten Verwandten im Tierreich. *Der Mensch ist ein Kulturwesen und sein Verhalten sowohl von biologischen als auch kulturellen Faktoren bestimmt.*

▲ *Versuch 82.* Mimikverstehen beim Menschen

Menschliches Verhalten ist in den meisten Fällen derart komplex, daß eine erschöpfende Verhaltensanalyse im Rahmen der Verhaltensbiologie nicht möglich ist. *Erst die Zusammenarbeit von Psychologie, Soziologie, Pädagogik, Psychiatrie und Verhaltensbiologie wird hier eine befriedigend kausal begründete Auskunft über die Wechselbeziehung Verhalten des Menschen — Kulturumwelt geben können.*

Für Versuche eignen sich entsprechend nur einfache, basale Verhaltensdispositionen, die, soweit heute bekannt, zu einem großen Teil angeboren sind. So ist z.B. die menschliche Mimik und ihr Verstehen nachgewiesenermaßen in einigen Ausprägungen angeboren [77], und es bietet sich folgender Versuch an:

Die *Praktikumsteilnehmer* werden angehalten, ohne Sprachgebrauch, auch ohne lautloses Sprechen, nur mit der Mimik Information zu übertragen.

Sehr schnell stellt man dabei fest, daß Lächeln und Drohmimik (vgl. auch Abb. 34) basale und einfachste Signale sind, die nicht nur vom Mitmenschen, sondern sogar teilweise zwischenartlich (vgl. Versuch 72 und 78) verstanden werden.

A n m e r k u n g e n. 1. Dieses Kommunikationssystem wird durch Lernen und entsprechend tradierte Modifikation des Verhaltens erweitert, z.B. Kopfnicken und -schütteln [77].
2. Man kann auch z. B. das Drohstarren in einem Rivalenversuch (wer wendet den Blick eher ab?) testen und eine „Rangordnung" aufstellen. Diese vergleicht man mit dem Soziogramm der Gruppe und den kulturellen Faktoren; Gruppensprecher, Gruppenbester etc. ■

▲ *Versuch 83.* Sprache des Menschen

Im Schulunterricht wird die Muttersprache schwerpunktmäßig unterrichtet. Trotzdem wird dabei in den seltensten Fällen darauf aufmerksam gemacht, daß die Sprache des Menschen die zentralnervöse Funktion einiger Hirngebiete widerspiegelt, die ein Ergebnis phylogenetischer Anpassung sind. Da beim Menschen das räumliche Vorstellungsvermögen sowohl im Verlauf seiner evolutiven wie individuellen Entwicklung eine wichtige Rolle spielt, ist es in der Regel gut ausgebildet. Dementsprechend werden unanschauliche Dinge, ins Räumliche übersetzt, besser verstanden.

V e r s u c h s d u r c h f ü h r u n g. Wir wählen einen bekannten Text, der etwa einen Gemützustand beschreibt, und untersuchen die Transposition des Unanschaulichen ins Räumliche.

A n m e r k u n g. Diese „*Veranschaulichung*" übrigens ist nicht nur in der Belletristik weit verbreitet, sondern auch im wissenschaftlichen Buch. Man vergleiche z.B. das Bohrsche Atommodell und die neuen entwickelten Theorien atomaren Aufbaus. ■

▲ *Versuch 84.* Bedeutung der geschriebenen Information

Um die Bedeutung der Schrift zu verdeutlichen, kann Versuch 67 derart abgewandelt durchgeführt werden, daß man einer Gruppe eine detaillierte Lösungsvorschrift (am besten Zeichnung) der Aufgabe gibt, der anderen nur die Lösung demonstriert.
A n m e r k u n g . Am besten geeignet ist hier das Figurenzusammensetzen des Spiels „Verhext". ■

11.2 Kulturevolution

Mit zunehmendem Verständnis für die Kausalität der biotischen Evolution [246] wandten sich Biologen der Frage zu, ob auch die Kulturentwicklung des Menschen ähnlichen Gesetzen unterliegt, wie die Evolution der Organismen. Dabei stellte man zunächst fest, daß kulturelle Entwicklungen in der Regel ähnlich verlaufen wie stammesgeschichtliche. Es lag nahe, die Erklärung dieser Analogien in der Wirksamkeit gleicher Gesetzmäßigkeiten und Selektionsprinzipien (wie in der biotischen Evolution beobachtet) zu suchen.

Um die im folgenden skizzierten Übereinstimmungen zwischen kultureller und biotischer Entwicklung zu veranschaulichen, wird zunächst der Anpassungsmechanismus der biotischen Evolution kurz in Erinnerung gebracht.

Die stammesgeschichtliche Entwicklung ist letztlich eine Akkumulation adaptiver Mutationen (Informationen über die Umwelt) im Genom der Arten, die eine Anpassung der Organismen an die Umwelt zur Folge hat. Dabei sind zwei antagonistische Mechanismen wirksam, die in Wechselwirkung mit der Selektion diesen Anpassungsprozeß ermöglichen.

1. Die Reproduktion des Genoms, d.h. die Vererbung bewährter Information an die Folgegeneration.
2. Die Mutation, d.h. zufällige und richtungslose Veränderungen der Erbinformation.
In Verbindung mit einer Überproduktion und dem Umstand, daß die Selektion günstige Mutanten bevorteilt, werden im Verlauf der Phylogenie im Genom der jeweiligen Art adaptive Allele angereichert (genetisches Lernen). Entsprechend verändert sich die Konstruktion der Organismen. Dabei läßt sich feststellen, daß in der Regel ökonomischer funktionierende Konstruktionslösungen (aufgrund ihrer besseren Energiebilanz) durch die Selektion bevorteilt werden.

Rensch projizierte diesen Sachverhalt auf die Kulturentwicklung des Menschen. Dabei verglich er die richtungslosen Mutationen mit neuen Vorstellungskomplexen (Ideen), die in einer Gesellschaft auftreten; und das Genom mit der Tradition – und stellte fest, daß mit dieser Annahme, kulturelle Entwicklungen evolutionsanalog erklärt werden können.

So betrachtet, werden, ähnlich wie in der biotischen Evolution, Ideen, die z.B. die Funktion von Geräten oder gesellschaftlichen Institutionen usw. optimieren, in der Regel akkumuliert, tradiert, während weniger gute oder sogar negative Veränderungen, langfristig gesehen, ausgemerzt werden. Diese analoge Entwicklung ist durch den Umstand, daß Ideen durch Nachahmung (Sprache, Schrift, Druck) schneller übernommen werden können, sowie die Tatsache, daß sie im Gegensatz zum Erbmerkmal an den Einzelnen nicht gebunden sind, beschleunigt und kompliziert.

Zwei Beispiele mögen das Gesagte verdeutlichen.

1. Wann das Rad erfunden wurde und wie, läßt sich heute mit Sicherheit nicht sagen, aber bereits im 4. Jahrhundert v.u.Z. gab es primitive Karren mit zwei vollhölzernen Radscheiben. Nun ist bezeichnend, daß die Entwicklung, z.B. moderner Verkehrsmittel, sich nicht in einem Schritt (Neukonstruktion), sondern analog wie in der biotischen Evolution allmählich vollzogen hat, und zwar in dem Maße, wie neue Ideen, die die Funktion dieses Gerätes rationalisierten, auftraten [244]. Es werden Radnabe und Speichen erfunden, Radbeschlag und Schmierfett. Durch gedankliche oder tatsächliche Kopplung zweier zweirädiger Karren entstand dann der zweckmäßigere vierrädige Wagen (z.B. in Ägypten). Dieser wurde weiter verbessert. In der Entwicklungsrichtung „Personentransport" kamen Trittbrett, Federung, Verdeck, Fenster, Tür, Beleuchtung usw. hinzu, und es entstand die Kutsche. Hier zweigt sich die Entwicklungsreihe auf, einerseits entsteht aus der Kutsche der Eisenbahnwaggon (die Antriebsmaschine bleibt außerhalb des Wagens) (vgl. Versuch 85), zum anderen das Auto usw. (die Antriebsmaschine wird nach innen verlegt). Daneben zweigen von den einzelnen Entwicklungsstufen Seitenzweige ab, die ähnlich wie in der biotischen Evolution die Vertreter einzelner aufeinander folgender Konstruktionstypen, z.B. Fische, Amphibien, Reptilien usw., sich zwar weiterentwickelten, aber die „klassenspezifischen" Konstruktionsmerkmale beibehalten haben. So gibt es nach wie vor Kutschen und zweirädrige Wagen, die jeder für sich eigene Entwicklungen durchgemacht haben, z.B. die Reihe der zweirädrigen Karren: hethitischer Kampfwagen, römischer Prunk- oder Rennwagen usw. bis zum modernen Sulky.

2. Eine andere von vielen Analogien zeichnet sich in der Entwicklung menschlicher Gesellschaftsstrukturen ab. Da gesellschaftliche Strukturen ähnlich kompliziert wie die verschiedenen Entwicklungsreihen von Organismen sind, werden sie im folgenden aus Platzgründen nur summarisch skizziert. Ähnlich wie bei der Entwicklung vielzelliger Organismen eine Arbeitsteilung und Zentralisierung spezialisierter Zellen zu Organen stattfand, beobachtet man auch in der Entwicklung menschlicher Gesellschaften eine Spezialisierung einzelner Individuen und ihre Zusammenfassung in Funktionseinheiten. So entstanden Werkstätten, Fabriken, Schulen und Universitäten, Kliniken und Ministerien. Dabei wird die Gesamtfunktion einer Gesellschaft, ähnlich wie bei den Organismen, durch eine hierarchische Staffelung der Steuerfunktionen und zentrale Koordination ermöglicht (vgl. auch Versuch 11).

Welche Beispiele kultureller Entwicklungen bislang auch immer unter diesem Aspekt analysiert wurden, die Entwicklungsanalogien sind unverkennbar.

Mit der Intensivierung phylogenetischer und ethologischer Foschung wandte man sich der Frage zu, welche artspezifischen Verhaltensdispositionen des Menschen die kulturelle Entwicklung ermöglichen. Dabei stellte man fest, daß ähnlich wie in der biotischen Evolution das Genom und die Mutation einen antagonistischen Wirkungsmechanismus der Informationsakkumulation bilden, auch im menschlichen Kulturverhalten zwei miteinander im Widerstreit stehende Verhaltensdispositionen die kulturelle Entwicklung ermöglichen.

So neigt der Mensch dazu, am Gewohnten (d.h. dem bereits ohne ersichtlichen Schaden Praktizierten) in der Regel zäh festzuhalten und diese „Normen" zu tradieren. Damit ist weitgehend sichergestellt, daß der jeweils erreichte Entwicklungsstand der Folgegeneration erhalten bleibt. Weiterhin garantiert diese Verhaltensdisposition, daß das Funktionsgefüge einer Kulturgemeinschaft stabilisiert und vor nicht genügend intensiv überprüften Neuerungen, die diese Struktur gefährden könnten, geschützt wird.

Jede Veränderung in einem Kulturgefüge zeichnet sich dadurch aus, daß man mit ihr keine Erfahrung hat und ihre Auswirkungen, ob sie vorteilhaft ist oder nicht, sich nur bedingt abschätzen lassen. Dieser prinzipielle Sachverhalt ist besonders heute für die Zukunftsplanung von größter Bedeutung. In der Regel lassen sich z.B. induzierte Veränderungen in der kulturellen Entwicklung erst nach längerer Zeit des Erfahrungssammelns ausreichend beurteilen; häufig erst in den folgenden Generationen, was zu besonderer Vorsicht mahnt. Man denke z.B. an die Zukunftsprognosen über das Benzinauto heute und am Anfang des 20sten Jahrhunderts.

Entsprechend der wichtigen Funktion ist die Neigung des Menschen, am Gewohnten festzuhalten, stark ausgeprägt und ihre Wirkung in allen Bereichen kultureller Entwicklungen nachweisbar. Bisweilen kann sie sogar eine Weiterentwicklung behindern.

Die zweite (antagonistisch zur ersten wirkende) Verhaltensdisposition ist die Neigung des Menschen, neuen Erkenntnissen gegenüber aufgeschlossen zu sein, sie auszuprobieren und, wenn sie sich bewähren, sein Verhalten entsprechend zu verändern. Das ausgewogene Zusammenwirken dieser beiden „Kräfte" garantiert, wie K. L o r e n z sagt, den kulturellen Fortschritt. Er weist in diesem Zusammenhang darauf hin, daß im allgemeinen die älteren Menschen einer Kulturgemeinschaft die konservativen, die jüngeren die progressiven Kräfte in diesem Adaptationsmechanismus bilden. Deren Wechselwirkung ist allgemein als Generationskonflikt bekannt [78], [191].

Bei Analysen kultureller Entwicklungen ist besonders das zähe Festhalten des Menschen am Gewohnten augenscheinlich und vielfältig dokumentiert. Selbst in der Naturwissenschaft führt es gelegentlich dazu, daß neue Erkenntnisse durch tradierte Vorstellungen an ihrer Ausbreitung behindert werden. Dies ist besonders dann zu beobachten, wenn die Beibehaltung tradierter Normen nicht mit offensichtlichen Nachteilen für ihre Vertreter verbunden ist. So resümiert z.B. der Physiker und Nobelpreisträger M a x P l a n c k (1858 bis 1947) seine diesbezüglich gemachten Erfahrungen wie folgt: *„Eine neue wissenschaftliche Wahrheit pflegt sich nicht in der Weise durchzusetzen, daß ihre Gegner überzeugt werden und sich als belehrt erklären, sondern vielmehr dadurch, daß die Gegner aussterben und daß die heranwachsende Generation von vornherein mit der Wahrheit vertraut gemacht ist"* [222].

Nun sind Entwicklungen besonders im Bereich der Wissenschaften in der Regel derartig komplex, daß Phänomene dieser Art nur bei eingehendem Studium ihrer schriftlichen Dokumentation sichtbar werden und wenig anschaulich sind. Demgegenüber sind kulturelle Gebrauchsgegenstände etc., die als Präparate menschlichen Kulturverhaltens angesehen werden können, wesentlich leichter zu untersuchen und ihre Entwicklung leichter zu überschauen. Auch hier zeigt sich, daß die Ergebnisse bei Berücksichtigung der Verhaltensdisposition des Menschen, daß er zäh am Gewohnten festhält, befriedigend erklärt werden können. Ein Beispiel von O. K ö n i g, die Geschichte der Hutschnur, verdeutlicht das besonders eindrucksvoll: Die Befestigungsschnur der Kopfbedeckung ungarischer Husaren wird nach dem Wegfall ihrer Funktion nicht etwa abgenommen, sondern als Zierschnur über dem Schild weitergetragen (Funktionswechsel). Als später wieder eine Befestigung der Kopfbedeckung notwendig wird, wird diese Schnur nicht etwa ihrem ursprünglichen Verwendungszweck zugeführt, sondern es kommt ein Halteriemen hinzu. Verfolgt man die Entwicklung weiter, bleibt die Schnur später selbst bei

Hüten mit hochgehobenen Krempen, wo sie gar nicht mehr sichtbar ist, erhalten (ein echtes Rudiment), was die menschliche Verhaltensdisposition des Beharrens am Gewohnten eindrucksvoll demonstriert. „Zum Hut gehört eben eine Hutschnur", wie es E i b l – E i b e s f e l d t kurz sagt [76]. Ähnliches läßt sich an Entwicklungsreihen der Uniformen, Autos oder in der Entwicklung der Sprache, Kunst, Religions- und Wissenschaftstheorien [155], [244], [248] usw. aufzeigen.

Diese seitens der Phylogenetiker und Ethologen entdeckten Übereinstimmungen kultureller Entwicklungsprozesse mit phylogenetischen Entwicklungsvorgängen wurden von der Systemforschung um weitere Ergebnisse ergänzt. So vermutete L. v. B e r t a l a n f f y, daß menschliche Gesellschaften den gleichen Systemgesetzen unterliegen wie Organismen. Die Ergebnisse kybernetischer Analysen kultureller Entwicklungsprozesse haben dies weitgehend bestätigt. Sie lassen sich mit Eibl-Eibesfeldt [78], wie folgt zusammenfassen: „*Sie* (gemeint sind kulturelle Strukturen) *leben als energieerwerbende Systeme* (Energone; s. H a s s [112]) *nur auf Grund ihrer positiven Energiebilanz. Aufbaukosten, Erhaltungskosten, Kosten des Energieerwerbs, Kosten für Anlagen von Reserven und für die Erschließung neuer Märkte und dergleichen Investitionen dürften nie mehr ausmachen als eingenommen wird. Energieerwerbende Systeme werden von der Selektion nach grundsätzlich gleichen Prinzipien geformt.*" Wenn diese Aussage auf den ersten Blick auch nur wirtschaftliche Entwicklungen zu berücksichtigen scheint, darf nicht verkannt werden, daß z.B. die Schönen Künste nur dann sich entwickeln können, wenn sie, ähnlich wie luxurierende Organe vom Organismus, durch die Gesamtenergiebilanz der sie pflegenden Gesellschaft getragen werden.

Diese erdrückende Fülle von Analogien in der biotischen und kulturellen Entwicklung führte dazu, daß Biologen von einer Evolution der Kultur, kurz der *Kulturevolution*, sprechen. Dabei haben viele Forscher darauf hingewiesen, daß die biotische Evolution in der Entwicklungsreihe zum Menschen von der kulturellen Evolution überlagert wurde. Das bedeutet aber nicht, daß der Mensch den allgemeingültigen Gesetzmäßigkeiten der Wechselwirkung Umwelt – Leben, also letztlich dem Zwang zur Anpassung im weiteren Sinne nicht mehr unterliegt.

Wann die Kulturentwicklung des Menschen begann, läßt sich nicht sagen. Die Anfänge des Werkzeuggebrauchs sind fließend und dürften mit dem Werkzeuggebrauch rezenter Schimpansen durchaus vergleichbar sein. Die Zeit des grobbehauenen Steins, das *Paleolithikum*, reicht von den Australopithecinen im afrikanischen Raum (in Europa erste Funde ca. 600000 Jahre alt) bis in die Zeit des Homo sapiens. Es folgen im europäischen Raum ca. 10000 Jahre des *Mesolithikums*, der Zeit des feiner behauenen Steins, in der auch die Kultivierung von Pflanzen und Domestikation von Haustieren beginnt. Es schließen sich ca. 3000 Jahre des *Neolithikums* an, der Zeit des fein geschliffenen Steins, und ca. 2000 Jahre dauert das *Metallzeitalter* v.u.Z.[88] (es werden auch etwas abweichende Datierungen vorgenommen) [91], [152], [183], [248], [314], [329]. In der Neuzeit bedurfte es noch Generationen für Veränderungen entscheidender Art. Spätestens mit dem Ausbruch des *Maschinenzeitalters* wird die Entwicklung unverkennbar beschleunigt, und knapp ein paar Hundert Jahre später begann das *Atomzeitalter* und die *Zeit der informationsverarbeitenden Maschinen*, von der Experten meinen, daß sich das Wissen in ihr in ca. 10 Jahren verdoppelt.

Die oben skizzierte Entwicklung verdeutlicht, daß es einen abrupten Beginn der Kultur im strengen Sinne nicht gibt, und daß die Höherentwicklung, ähnlich wie in der biotischen Evolution, sukzessive beschleunigt wird, aber sie täuscht gleichzeitig eine Zielstrebigkeit vor, die nur dadurch zustande kommt, daß wir sie zurückschauend hineininterpretieren. So muß zum besseren Verständnis hervorgehoben werden, daß die Kulturevolution, ähnlich wie die biotische Evolution, viele Beispiele für Entwicklungsrückschläge oder gar Aussterben von Entwicklungsreihen aufweist. Man denke z.B. an Griechenland, Ägypten, Mesopotamien usw., oder an das Schicksal solcher Kulturen wie die megalithische Kultur oder die Kultur der Inkas und Mayas u.a.. Weiterhin ist bezeichnend, daß die Kulturevolution (ähnlich wie die biotische Evolution) in Folge der sie steuernden Mechanismen eine adaptive Radiation aufweist (Anpassung an verschiedene ökologische Nischen [246]). Dieses Phänomen, das durch die *Pseudospeziation* räumlich isolierter Volksgruppen dokumentiert wird, ist noch deutlicher sichtbar, wenn wir die Ergebnisse langfristig voneinander isolierter Kulturentwicklungen betrachten, die häufig erhebliche Divergenzen aufweisen.

So läßt sich z.B. wahrscheinlich machen, daß in bestimmten Regionen der Erde die Kulturentwicklung, ähnlich wie für das Lernverhalten beschrieben (vgl. S. 123), in eine wechselseitige Abhängigkeit zu konkurrierenden Gruppen gelangt ist, was ihren Verlauf wesentlich mitbestimmt hat. In anderen Regionen hingegen, wo dies nicht erfolgt ist, sind die Entwicklungsergebnisse entsprechend verschieden. So lebten z.B. die 1956 auf Mindanao entdeckten Tasaday auf der Entwicklungsstufe der Steinzeit [205]. Dabei ist es nebensächlich, ob dies ein Ergebnis eines Entwicklungsstillstands oder eines Entwicklungsrückschlages ist, beides läßt sich mit den besprochenen Mechanismen der Kulturevolution erklären und ist übrigens in der biotischen Evolution analog hinreichend dokumentiert.

Dem Autor erscheint es wichtig hervorzuheben, *daß Kultur* (siehe auch soziales Gedächtnis, S. 156), *ähnlich wie das individuelle Gedächtnis und das Genom, einer von drei Informationsspeichern* (mit verschiedenen Mechanismen der Informationsfixierung und -verarbeitung) *ist, die im Dienste der Lebenserhaltung in der menschlichen Entwicklungsreihe stehen. Streng genommen, ist Kultur nur die sichtbare Spur von Kulturverhalten des Menschen. Entsprechend ist eine kulturell-technische Entwicklung nur solange möglich, wie die durch diese Entwicklung verursachten Veränderungen ihren Träger, die Kulturgemeinschaft, nicht ernsthaft gefährden.* Dies erscheint auf den ersten Blick insofern schwer verständlich, weil Kultur dem Individuum Autonomie vortäuscht, einmal weil sie vom Leben des Einzelnen unabhängig ist, zum anderen weil sie externe Informationsspeicher benutzt, die z.B. auch einem vergleichbar intelligenten Wesen aus dem All zugänglich wären. So ist es auch uns möglich, Informationen vergangener Kulturen, soweit dokumentiert, zu nutzen und mit ihrer Hilfe die Gesetzmäßigkeiten menschlichen Kulturverhaltens zu erforschen. Die gewonnenen Erkenntnisse lassen den relativ häufig beobachteten blinden Glauben an unbegrenzte Möglichkeiten unserer kulturell-technischen Entwicklung eher emotional als rational begründet erscheinen.

Jede Entwicklung „sich-selbst-erhaltender" Systeme, auch die kulturell-technische Entwicklung des Menschen, ist nur durch Informationszunahme über die Umwelt (besonders dann, wenn die Umwelt im Dienste der Selbsterhaltung aktiv verändert wird) möglich, d.h. ein Anpassungsprozeß. Eine Informationszunahme hat zur Folge, daß das Funktionsgefüge des Informationsträgers komplexer und damit störanfälliger wird. Hinzu kommt, daß der Mensch in dem Maße, wie er die Umwelt verändert, nicht umweltunabhängiger wird , sondern in eine immer größere Abhängigkeit von ihr gerät, weil es für ihn praktisch keine Ausweichmöglichkeit in andere ökologische Nischen mehr gibt.

Zum Beispiel: Eine immer größer werdende Kulturgemeinschaft benötigt immer mehr Nahrung, die von der Umwelt produziert werden muß. Die Funktion der Gemeinschaft ist nicht nur abhängig von einer reibungslosen Funktion der Nahrungsverteilung (z.B. Transport etc.), sondern auch von der umweltabhängigen Nahrungsproduktion.

Entsprechend der zunehmenden Komplexität dieser Entwicklung erfordert die Planung von Veränderungen eine immer umsichtigere Überprüfung ihrer möglichen Auswirkungen, will man den Fortbestand kultureller Gemeinschaften nicht leichtfertig gefährden.

So ist ein unkritischer Optimismus in unserer Zeit insofern fehl am Platze, daß er nicht selten der gebotenen Vorsicht bei der Zukunftsplanung entgegensteht.

▲ *Versuch 85.* Anregung zum Auffinden von Regeln in der Kulturevolution

Die Kulturumwelt des Menschen bietet unzählige Beispiele für die Kulturevolution. Hausgegenstände, Kunst, Technik, Wissenschaft usw. dokumentieren eindrucksvoll ihren Entwicklungsverlauf und die diese Entwicklung bestimmenden Gesetzmäßigkeiten. Seltsamerweise haben die Wissenschaften, die sich mit diesem Phänomen befassen, bis auf die Linguistik, die analogen Entwicklungsgesetze der Kultur im Vergleich zur biotischen Evolution nicht erkannt. So sind es die Biologen, die seit ca. 30 Jahren dieses Phänomen erforschen und mittlerweile eine Fülle von Beweisen für diese Hypothesen zusammengestellt haben. Am besten läßt sich die Kulturevolution an „Präparaten" menschlichen Verhaltens, also z.B. an Entwicklungsreihen von Kleiderstücken, Werkzeugen, industriellen Erzeugnissen und ähnlichem verdeutlichen, und jeder, der ein wenig in dieser Richtung interessiert ist, z.B. ein passionierter Modellbauer, wird sicher eine Reihe solcher Beispiele zur Hand haben; die Entwicklung des Flugzeugs, des Autos oder der Eisenbahn und anderes, die zur Demonstration geeignet sind.

Ein sehr schönes Beispiel führt K. L o r e n z [191] an: Der Eisenbahnwaggon stammt von der Kutsche ab. So waren die ersten Waggons „Kutschen", bei denen die Räder und die Kupplung verändert waren. (Die Eisenbahnspur geht auf den Radabstand englischer Kutschen zurück!) Mit dem Fortschreiten der Entwicklung wurden die Waggons größer — man setzte also mehrere „Kutschen" zusammen. (Analog vergleichbar z.B. die Erhöhung der Segmentzahl bei den Anneliden.) Die Radzahl wurde reduziert, die Kupplung verstärkt und Puffer entwickelt, um dem größeren Trägheitsmoment gerecht zu werden. Im Zuge der Entwicklung wurde dieses Modell allmählich verändert; aber lange Zeit waren die Waggons ohne Durchgang, aus einzelnen Abteilen zusammengesetzt, das jedes für sich eine Tür hatte. Die Kontrolleure mußten entsprechend auf Trittbrettern von einem Abteil zum anderen turnen, um ihrem Dienst nachzukommen.

Es wurde weiter angepaßt und rationalisiert. Ein Mittelgang wird entwickelt, und die Anzahl der Türen reduziert, aber außen wird noch in verschiedenen Ländern die optische Aufteilung der Wand, jeweils in drei Fenstereinheiten, also kutschenartig, beibehalten. Letztlich geht auch dieses Rudiment im Zuge der Ökonomisierung verloren. Die Wagen werden größer, fester usw., aber solange sie nicht von einer „höherentwikkelten Art" verdrängt werden (etwa Fahrzeuge auf Luft- oder Magnetpolstern), ist ähnlich wie bei der Entwicklung biologischer Konstruktionsmodelle *Bewährtes* und nicht weiter Optimierbares beibehalten worden: die Räder und ihre Federung, die geschlossene Kastenform, Türen und Fenster, die Puffer, die Kupplung und vieles mehr.

Solche Rudimentationen überraschen immer wieder, weil sie selbst dann auftreten können, wenn anzunehmen ist, daß ökonomische Zielsetzungen sie verhindern. ■

Schlußwort

„Lernen ist wie Rudern gegen den Strom,
hört man auf, treibt man zurück".

Dieses alte chinesische Sprichwort soll die vorangegangenen Ausführungen thematisch gegen das Schlußwort abgrenzen, da der Autor annimmt, daß die hier aufgegriffene Frage, die ihm Studenten wiederholt gestellt haben, nur jeder für sich selbst verpflichtend beantworten kann.

„Wenn die Selektion einen so weitreichenden Einfluß auf das Schicksal unserer Art hat, was können wir dann tun?"

Zunächst muß bemerkt werden, daß auch der Biologe, emotional gesehen, große Schwierigkeiten hat, zu akzeptieren — was tragbar ist, überlebt; was nicht tragbar ist, stirbt aus.

Die vielen ausgestorbenen Arten aber, und nicht zuletzt das bedrohte Schicksal unserer eigenen Art in der heutigen Zeit, verbieten Illusionen. Gefahren lassen sich nur wirksam abwenden, wenn man ihre Ursachen kennt. *Hieraus erwächst uns die Pflicht, die Wahrheit zu suchen und zu bekennen.*

Angesichts der vielen existenziellen Probleme in der Welt unserer Zeit ist dies aber wenig im Vergleich zu der (wie mir scheint) realisierbaren Aufgabe, besonders dem jungen Menschen die generell bei sozialen Lebewesen höchst entwickelte Form innerartlichen Verhaltens, die Toleranz in Bezug auf *alle* Menschen, näherzubringen.

„Achte deinen Nächsten wie dich selbst."

Dies erscheint Sinn genug, denn wir werden mit dem Mitmenschen im Artgenossen belohnt, und Aufgabe genug, denn es schließt ein: Achte ihn auch dann, wenn du meinst, einen Teil der Wahrheit gefunden zu haben und sie nicht akzeptiert wird.

Literaturverzeichnis

Weiterführende zusammenfassende Schriften sind mit einem * gekennzeichnet.

[1] A d a m s , A. E.: Informationstheorie und Psychopathologie des Gedächtnisses. Berlin, Heidelberg, New York 1971. – [2] A g r a n o f f , B.W.: Memory and protein synthesis. Scientific Amer. 216 (1967) 115 bis 122. – [3] A l e x a n d e r, R. D.: Aggressiveness, territoriality, and sexual behavior in field crickets (Orthoptera: Gryllidae). Behaviour 17 (1961) 130 bis 223. – [4] A l l a n d , A.: Evolution und menschliches Verhalten. Frankfurt 1970. – [5] A n d r e s , G.; R ö s s l e r , E.: Transplantation von Verhalten. Umschau 74 (1974) 144 bis 147. – [6] A n d r e w a r t h a , H.G.; B i r c h , L. C.: The Distribution and Abundance of Animals. Chicago, London 1954. – *[7] A n g e r m e i e r, W. F.: Kontrolle des Verhaltens. 2. Aufl. Berlin, Heidelberg, New York 1976. – *[8] A n g e r m e i e r , W. F.; P e t e r s, M.: Bedingte Reaktionen. Berlin, Heidelberg, New York 1973. – [9] A s c h o f f , J.; M e y e r - L o h m a n n , M.: Die 24-Stunden-Periodik von Nagern im natürlichen und künstlichen Belichtungswechsel. Z. f. Tierpsychol. 11 (1954) 467 bis 485.– [10] A s c h o f f , J.; W e v e r , R.: Resynchronisation der Tagesperiodik von Vögeln. Z. f. vgl. Physiol. 46 (1963) 321 bis 325. – [11] B a e u m e r , E.: Das „dumme" Huhn. Stuttgart 1964. – [12] B a r t - m a n n , W. D.: Die Maulbrutpflege bei Buntbarsch-Weibchen (Cichlidae, Telelostei) und ihre endokrinen Grundlagen. Univ. Frankfurt 1968 Diss. – [13] B a s t i n, H.: Das Leben im Insektenstaat. Wiesbaden 1957. – [14] B a s t o k, M.: Das Liebeswerben der , Tiere. Stuttgart 1969. – [15] B a s t o k , M.; M a n n i n g , A.: The Courtship of Drosophila Melanogaster. Behavior, Leiden 8 (1975) 85 bis 111. – [16] B e c k , H.: Bionik Biol. in uns. Zeit. 5 (1975) 1 bis 10. – [17] B e r c k, K.H.: Tier- und Humanpsychologie – eine methodische Anleitung für den Unterricht. Heidelberg 1968. – [18] B e r n h a r d t , V.: Verhaltensversuche mit Salticiden. RWTH Aachen 1975 Staatsarb. Inst. f. Zool. – [19] B e r t a l a n f f y , L. v.: . . . aber vom Menschen wissen wir nichts. Düsseldorf, Wien 1970. – [20] B i e r , K.H.: Über den Einfluß der Königin auf die Arbeiterinnen-Fertilität im Ameisenstaat 1. Ins. Soc. I (1954) 7 bis 19. – [21] B i e r, K. H.: Über den Saisondimorphismus der Oogenese von Formica rufa rufo-pratensis minor Gößwald und dessen Bedeutung für die Kastendetermination. Biol. Zentbl. 73 (1954) 170 bis 190. – [22] B i e r , K. H.: Arbeiterinnenfertilität und Aufzucht von Geschlechtstieren als Regulationsleistung des Ameisenstaates. Ins. Soc. III (1956) 177 bis 184. – [23] B i e r , K. H.: Die Bedeutung der Jungarbeiterinnen für die Geschlechtstieraufzucht im Ameisenstaat. Biol. Zentbl. 77 (1958) 257 bis 265. – [24] B i e r , K.H.: Die Regulation der Sexualität in den Insektenstaaten. Ergeb. d. Biol. 20 (1958) 97 bis 126. – [25] B l a k e m o r e , C.: (1972) zit. n. Vester 304. – [26] B l o o m , F. E.; I v e r s o n , L. L.; S c h m i t t , F. O.: Macromolecules in Synaptic Function. Neurosciences Res. Progr. Bull. 8 (1970) 324 bis 455. – [27] B l o u g h , D. S.; M c B r i d e B l o u g h , P.: Psychologische Experimente mit Tieren. Frankfurt 1970. – [28] B l ü m, V.: Zur hormonalen Steuerung der Brutpflege einiger Cichliden. Zool. Jb. Physiol. 72 (1966) 264 bis 290. – [29] B o b a t h , B.: Abnorme Haltungsreflexe bei Gehirnschäden 2. Aufl. Stuttgart 1971. – [30] B o e c k h, J.: Nervensysteme und Sinnesorgane der Tiere. Freiburg, Basel, Wien 1975. – [31] B o t s c h , D.: Dressur- und Transpositionsversuche bei Karauschen (Carassius, Teleostei) nach partieller Exstirpation des Tectum opticum. Z. f. vgl. Physiol. 43 (1960) 173 bis 230. – [32] B r a d d o c k , J. C.; B r a d - d o c k, Z. I.: The Development of Nesting Behaviour in the Siamese Fighting Fish, Betta splendens. Anim. Behav. 7 (1959) 222 bis 232. – [33] B r u n , E.: Zur Psychologie der künstlichen Allianzkolonien bei den Ameisen. Biol. Zentbl. 32 (1912) zit. n. Lorenz 191. – *[34] B u c h h o l t z , C.: Das Lernen bei Tieren. Stuttgart 1973. – [35] B u c k , H.: Untersuchungen und Beobachtungen über den Lebensablauf und das Ver-

halten des Trichterwicklers Deporaus betulae. Zool. Jb. *63* (1952) 153 bis 236. – [36]
B u e t o w, D. E.; ed.: The Biology of Euglena Vol. I. New York, London 1968. – [37]
B u l l o c k , T. H.; H o r r i d g e, G.A.: Strucutre and Function in the Nervous Systems of Invertebrates. Vol. I. San Francisco, London 1965. – [38] B u n k , B.;
T a u s c h , J.: Grundlagen der Verhaltenslehre. Braunschweig 1975. – [39] B u r k -
h a r d t , D.: Wörterbuch der Neurophysiologie 2. Aufl. Jena 1971. – [40] B u r n e t t ,
A. L.; ed.: Biology of Hydra.New York, London 1973. – [41] C a m p e n h a u s e n ,
C. v.: Über die Farben der Benhamschen Scheibe. Z. f. vergl. Physiol. *60* (1968) 351
bis 374. – [42] C a m p e n h a u s e n , C. v.: Über den Ursprungsort von musterinduzierten Flickerfarben im visuellen System des Menschen. Z. f. vergl. Physiol. *61* (1968)
355 bis 360. – [43] C a m p e n h a u s e n , C. v.: Farbig sehen ohne Farbe. VDI
Nachrichten *23* (1969) Nr. 15. – [44] C a m p e n h a u s e n , C. v.: Musterinduzierte
Flickerfarben. Phys. i. uns. Zeit *3* (1972) 138 bis 145. – [45] C a m p e n h a u s e n ,
C. v.: Kurze Zeitdifferenzen in der Netzhaut registrierbar. Die Naturwiss. *59* (1972) 367
bis 368. – [46] C a s o n , H.: The Conditioned Pupillary Reaction. J. exp. Psychol. *5*
(1922) 108 bis 146. – [47] C l a u s s e n, R.: Beobachtungen und Experimente zur Ethologie von Canis familaris. Univ. Oldenburg 1974. 1. Staatsarb. f. d. Lehramt an Volksschulen. – [48] C o l e s , J.: Erlebte Steinzeit. München, Gütersloh, Wien 1976. – [49]
C o n e l , J.L.: Life as revealed by the microscope. 1970, cit.n. Vester 304. – [50] C o s s,
R. G.: The Ethological Command in Art. Great Britain 1968. – [51] C r u s e , H.: Das
Experiment: Lernversuche am Menschen. Biol. i. uns. Zeit. *6* (1976) 183 bis 185. – [52]
D a a n j e , A.: Über die Ethologie und Blattrolltechnik von Deporaus betulae L. und
ein Vergleich mit anderen blattrollenden Rhynchitinen und Attelabinen (Coleoptera,
Attelabinae). Verhandl. Koninkl. Nederlandse; AFD Natuurkunde LVI No 1, (1964). –
[53] D a m b a c h, M.: Beobachtungen und Experimente zur Ethologie der Grillen. in
Stokes [*288*] 76 bis 83. – [54] D a n n e e l, R.: Klima und Geburtenhäufigkeit. Naturwiss. Rdsch. *23* (1970) 504. – [55] D a u l , G.: Krallenfrösche. Aquarien- u. Terrarien
Zeitschr. *29* (1976) 210 bis 213. – [56] D i a m o n d , M.: Hormone und Verhalten
bei Nagetieren. in Stokes [*288*]132 bis 142. – [57] D i e t e r l e n, F.: Das Verhalten
des Goldhamsters, Mesocricetus auratus Waterhouse. Z. f. Tierpsychol. *16* (1959) 47 bis
103. – [58] D i e t l e , H.: Das Mikroskop in der Schule. 2 Aufl. Stuttgart 1975. – [59]
Documenta Geigy: Wissenschaftliche Tabellen. 7. Aufl. Basel 1973. – [60] D ö h l, J.:
Über die Fähigkeit einer Schimpansin, Umwege mit selbständigen Zwischenzielen zu
überblicken. Z. f. Tierpsychol. *25* (1968) 89 bis 103. – [61] D o m a g k, G. F.; Zippe l , H.: Biochemie der Gedächtnisspeicherung. Naturwiss. *54* (1970) 152 bis 162. –
[62] D o r n f e l d t , K.: Eine Elementaranalyse des Wirkungsgefüges des Heimfindevermögens der Trichterspinne Agelena labyrinthica (Cl.). Z. f. Tierpsychol. *38* (1975) 267
bis 293. – [63] D o w , M. A.; S c h i l c h e r , F.v.: Aggression and Mating Success in
Drosophila melanogaster. Nature *254* (1975) 511 bis 512. – [64] D r e e s , O.: Verhaltensphysiologische Untersuchungen über instinktive Verhaltensweisen bei Salticiden.
Verh. Dtsch. Zool. (1950) 186 bis 192. – [65] D r e e s , O.: Untersuchungen über die
angeborenen Verhaltensweisen bei Springspinnen (Salticidae). Z. f. Tierpsychol. *9*
(1952) 169 bis 207. – [66] D ü c k e r , G.: Welche Säugetiere sehen ihre Umwelt farbig?
Kosmos *57* (1960) 420 bis 423. – [67] D ü c k e r , G.: Praktikum der vergleichenden
Verhaltenskunde – 1972 bis 1973. Freundlicherweise zur Verfügung gestelltes Skriptum
– keine Publikation; und mündliche Mitteilung. Publik.: Z. f. Tierpsychol. *45* (1977). –
[68] D ü c k e r , G.; R e n s c h , B.: Die visuelle Lernkapazität von Lacerta viridis und
Agama agama. Z. f. Tierpsychol. *32* (1973) 209 bis 214. – [69] E a t o n , G.: The Social Order of Japanese Macaques. Scientif. Americ. *235* (1976) 96 bis 106. – [70]
E c c l e s , J. C.: The Neurophysiological Basis of Mind. Oxford 1953. – [71] E c c l e s,
J. C. ; I t o , M.; S z e n t a g o t h a i , J.: The Cerebellum as a Neuronal Machine.
Berlin, Heidelberg, New York 1967. – [72] E i b l - E i b e s f e l d t , I.: Nahrungs-

erwerb und Beuteschema der Erdkröte. Behaviour 4 (1951) 1 bis 35. – [73] E i b l - E i b e s f e l d t , I.: Vergleichende Studien an Ratten und Mäusen. Prakt. Desinfektor 45 (1953) 166 bis 168. – [74] E i b l - E i b e s f e l d t , I.: Ethologische Unterschiede zwischen Hausratte und Wanderratte. Zool. Anz. Suppl. 16 (1953) 169 bis 180. – *[75] E i b l - E i b e l f e l d t, I.: Grundriß der vergleichenden Verhaltensforschung, 2. Aufl. München 1969. – [76] E i b l - E i b e s f e l d t , I.: Liebe und Haß, 4. Aufl. München 1970. – * [77] E i b l - E i b e s f e l d t , I.: Der vorprogrammierte Mensch, 3. Aufl. Wien, München, Zürich 1973. – [78] E i b l - E i b e s f e l d t , I.: Krieg und Frieden. München, Zürich 1975. – [79] E w e r t , J. P.: Aufnahme und Verarbeitung visueller Informationen im Beutefang- und Fluchtverhalten der Erdkröte Bufo bufo (L.). Verhandlg. Dtsch. Zool. Ges. 64 (1970) 218 bis 226. – *[80] E w e r t , J. P.: Neuro-Ethologie. Berlin, Heidelberg, New York 1976. – [81] F a b e r , H. v.; H a i d , H.: Endokrinologie. Stuttgart 1972. – [82] F a n t z , R. L.: The Origin of Form Perception. in: Psychobiology, Eds. McGaugh et al. (1966) 308 bis 314. – [83] F i e d e l- m e i e r , L.: Mein Goldhamster. Minden 1968. – [84] F i s c h e l , W.: Grundzüge des Zentralnervensystems des Menschen, 3. Aufl. Stuttgart 1972. – [85] F i s h e r , A. E.: Chemical Stimulation of the Brain, in: Psychobiology, Eds. McGaugh et al. (1966) 66 bis 74. – [86] F l o r e y , E.: Lehrbuch der Tierphysiologie, 2. Aufl. Stuttgart 1970. – [87] F r a n k , H.; H r s g.: Kybernetik, 5. Aufl. Frankfurt 1965. – [88] F r i e s e , F.: Die letzten zwei Minuten. Kosmos 66 (1970) 190 bis 192. – [89] F r i s c h, K. v.: Aus dem Leben der Bienen, 7. Aufl. Berlin, Göttingen, Heidelberg 1964. – [90] F r i s c h , K. v.: Tanzsprache und Orientierung der Bienen. Berlin, Heidelberg, New York 1965. – [91] F r i s c h a u e r, P.: Kleine Kulturgeschichte. München, Berlin 1976. – [92] F r o m m , E.: Anatomie der menschlichen Destruktivität. Stuttgart 1974. – [93] F r o m m h o l d , E.: Lurche und Kriechtiere. Radebeul 1959. – [94] G a d a m e r , H. G.; V o g l e r, P.: H r s g.: Neue Anthropologie: Biologische Anthropologie Bd. 1, Bd. 2. Stuttgart 1972. – [95] G a l l u p, G. G.: Selbsterkennen bei Schimpansen. Umschau 6 (1971) 209. – [96] G a r d n e r , B.: Hunger and sequential responses in the hunting behavior of Salticid Spiders. J. comp. Physiol. Psychol. 58 (1964) 167 bis 173. – [97] G a r d n e r , B.: Observations on three species of Phidippus jumping spiders (Araneae: Salticidae). Psyche 52 (1965) 133 bis 147. – [98] G a r d n e r , B.: Hunger and characteristics of the prey in the hunting behavior of Salticid Spiders. J. comp. Physiol. Psychol. 62 (1966) 457 bis 478. – [99] G a r d n e r , B.: The life-cycle of the spider Phidippus coccineus (Salticidae) under laboratory conditions. Psyche 74 (1967) 104 bis 106. – [100] G l e e s , P.: Das menschliche Gehirn, 2. Aufl. Stuttgart 1968. – [101] G l u c k m a n n, M.: Politische Institutionen. in: Institutionen in primitiven Gesellschaften. (1968) 76 bis 92. – [102] G o t t w a l d , P.: Kybernetische Analyse von Lernprozessen. München, Wien 1971. – [103] G o y , R. W.; Y o u n g , W. C.: Strain Differences in the Behavioral Responses of Female Guinea Pigs to Alpha-Estradiol Benzoate and Progesterone. Behavior X (1957) 340 bis 354. – [104] G r a n t , E. C.; M a c k i n t o s h , J. H.: A comparison of the social postures of some common laboratory rodents. Behavior 21 (1963) 246 bis 260. – [105] G r e g o r y , R. L.: Eye and Brain. London 1966. – [106] G r o s s m a n n , S. P.: Behavioral effects of chemical stimulation of the ventral amaygdala. J. comp. Physiol. Psychol. 57 (1964) 29 bis 36. – [107] Grzimeks Tierleben Bd. XI, Säugetiere 2. 1969 Kindler, Zürich. – [108] G u i- k i n g , A.: Über den Einfluß von Schall auf die tagesperiodische Aktivität des Goldhamsters. Göttingen 1968. – [109] G ü n t h e r , E.: Grundriß der Genetik, 2. Aufl. Stuttgart 1971. – *[110] G u t t m a n n , G.: Einführung in die Neurophysiologie. Bern, Stuttgart, Wien 1972. – [111] H a g e r , H.: Zur Frage: Aggression bei Drosophila-II. RWTH Aachen. 1977 Staatsarb. am Inst. f. Zool. – [112] H a s s , H.: Das Energon. Wien 1970. – [113] H a s s e n s t e i n , B.: Aggression und Information. Göttinger Bl. f. Kultur u. Erziehung 8 (1968) 399 bis 421. – [114] H a s s e n s t e i n , B.: Biologische Kybernetik. Heidelberg 1970. – [115] H a s s e n s t e i n , B.: Vergleichende Verhaltenskunde (1972–1973); freundlicherweise zur Verfügung gestelltes Vorlesungskript = keine Publikation. – *[116] Ha s s e n s t e i n , B.: Verhaltensbiologie des Kindes. München, Zürich 1973. – [117] H a s s e n s t e i n , B.: Verhalten. in: Biologie, Czihak et al. Hrsg.:; (1976) 629 bis 670. – [118] H a y e s , W. N.: Optisch ausgelöste Schreckreaktionen. in: Stokes, Hrsg.: Praktikum der Verhaltensforschung, 33 bis 36. – [119] H e b e r e r , G.; H r s g. : Menschliche Abstammungslehre. Stuttgart 1965. – [120] H e b e r e r , G.; H r s g.: Die Evolution der Organismen. Bd II/1. Stuttgart 1974. – [121] H e i l , K. H.: Beiträge zur Physiologie und Psychologie der Springspinnen. Z. f. vergl. Physiol. 23 (1936) 1 bis 25. – [122] H e l v e r s e n , O. v.: Zur spektralen Unterschiedsempfindlichkeit der Honigbiene. J. comp. Physiol. 80 (1972) 439 bis 472. – [123] H e r m a n n s , M.: Versuche über menschliche „Auslösermerkmale" beider Geschlechter in Abhängigkeit vom Alter (Schulkinder der Jahre 1967–1963). RWTH Aachen, 1974. Staatsarbeit,Inst. f. Zool. – [124] H e r t e r , K.: Die Fischdressuren und ihre sinnesphysiologischen Grundlagen. Berlin 1953. – *[125] H e s s , R.: Prägung. München 1973. – [126] H e s s , W. R.: Das Zwischenhirn, 2. Aufl. Basel 1954. – [127] H i l l , C. W. O.: Verständigungsmittel bei Affen, in: Rensch Hrsg.: Handgebrauch und Verständigung bei Affen und Frühmenschen. (1968) 31 bis 58. – *[128] H i n d e , R.: Das Verhalten der Tiere. Bd. 1 u. Bd. 2 Frankfurt 1973. – [129] H i n s c h e , G.: Ein Schnappreflex nach „Nichts" bei Anuren. Zool. Anzeiger 111 (1935) 113 bis 122. – [130] H ö r m a n n - H e c k , S. v.: Untersuchungen über den Erbgang einiger Verhaltensweisen bei Grillenbastarden (Gryllus campestris x Gryllus bimaculatus). Z. f. Tierpsychol. 14 (1957) 137 bis 183. – *[131] H o l s t , E. v.: Zur Verhaltensphysiologie bei Tieren und Menschen. B.d I u. Bd. II. München 1969–1970. – [132] H o l s t , E. v.; M i t t e l s t a e d t , H.: Das Reafferenzprinzip. Naturwiss. 37 (1950) 464 bis 476. – [133] H o l s t , E. v.; S a i n t P a u l , U. v.: Electrically Controlled Behavior. in: Psychobiology, McGaugh et al. Eds. (1966) 56 bis 65. – [134] H o m a n n , H.: Beiträge zur Physiologie der Spinnenaugen. I u. II. Z. f. vergl. Physiol. 7 (1928) 201 bis 268. – [135] H u b e r , F.: Gesänge, die „Sprache" der Grillen und Heuschrecken. Umschau 58 (1958) 42 bis 44. – [136] H u d g i n s , C. V.: Conditioning and the Voluntary Control of the Pupillary Light Reflex. J. gen. Physiol. 8 (1933) 3 bis 51. – [137] H ü c k s t e d t , B.: Experimentelle Untersuchungen zum „Kindchenschema". Z. f. exp. angew. Psychol. 12 (1965) 421 bis 450. – [138] J e n n i n g s , H. S.: Das Verhalten der niederen Organismen. Berlin 1910. – [139] J u n g , S.: Grundlagen für die Zucht und Haltung der wichtigsten Versuchstiere. Stuttgart 1962. – [140] K a e s t n e r , A.: Reaktion der Hüpfspinnen (Salticidae) auf unbewegte farblose und farbige Gesichtsreize. Zool. Beitr. NF 1 (Berlin) (1950–1955) 12 bis 50. – [141] K a e s t n e r , A.: Lehrbuch der Speziellen Zoologie. Bd. 1, 3. Aufl. Stuttgart 1969. – [142] K a l m u s , H.: Paramecium. Jena 1931. – [143] K a p l a n , R. W.: Der Ursprung des Lebens. Stuttgart 1972. – [144] K a r l s o n , P.: Kurzes Lehrbuch der Biochemie, 9. Aufl. Stuttgart 1974. – [145] K a t z , B.: Nerv., Muskel und Synapse. Stuttgart 1971. – [146] K e i d e l , W. D.: Optische und akustische Zeichenerkennung beim Menschen. Naturw. Rdsch. 23 (1970) 491 bis 498. – [147] K e i d e l , W. D.: Kurzgefaßtes Lehrbuch der Physiologie, 4. Aufl. Stuttgart 1975. – [148] K h a l i f a , A.: Sexual behaviour in Gryllus domesticus L. Behaviour 2 (1950) 264 bis 274. – [149] K i m b l e , G. A.; E d i t .: Foundation of Conditioning and Learning. New York 1967. – [150] K i t c h i n g , J. A.: Contractile Vacuoles, Ionic Regulation, and Excretion. in: Res. in Protozoology; Chen, ed.: (1967) 307 bis 336. Bd. I. – [151] K l i n g e l h ö f e r , W.: Terrarienkunde. Bd. 1 bis 4. Stuttgart 1955–1959. – [152] K n a u t h , P.: Die Entdeckung des Metalls. in: Time-Life: Die Frühzeit des Menschen. Nederld. 1974.– [153] K n i p p e r s , R.: Molekulare Genetik. Stuttgart 1971. – [154] K o c h , M.: Wir bestimmen Schmetterlinge. Bd. 1 bis 4. Radebeul, Berlin 1958–1964. *[155] K o e n i g , O.: Kultur und Verhaltensforschung. München 1970. – [156] K o e -

n i g s w a l d , G. H. R. v.: Die Geschichte des Menschen, 2. Aufl. Berlin, Heidelberg, New York 1968. − *[157] K ö h l e r , W.: Intelligenzprüfungen an Menschenaffen, 3. Aufl. Berlin, Heidelberg, New York 1973. − [158] K o l l e r , S.: Neue graphische Tafeln zur Beurteilung statistischer Zahlen, 4. Aufl. Darmstadt 1969. − [159] K o m i - s a r u k , B. R.; O l d s , J.: Neuronal correlates of behaviour in freely moving rats. Science 161 (1968) 810 bis 812. − [160] K o n o r s k i , J.: Integracyjna dziłalność mózgu. Warszawa 1969. − [161] K o n z e t t , H.; R o t h l i n , E.: Die Wirkung synaptotroper Substanzen auf gewisse efferente und afferente Strukturen des autonomen Nervensystems. Experientia 9 (1953) 405 bis 412. − [162] K r e y s z i g, F.: Statistische Methoden und ihre Anwendungen, 3. Aufl. Göttingen 1968−1970. − [163] K r ö n e r , B.: Zur Frage: Aggression bei Drosophila − Laboruntersuchung. I. RWTH Aachen. 1977 Staatsarbeit am Inst. f. Zool. − [164] K ü h m e , W.: Verhaltensstudien am maulbrütenden (Betta anabatoides Bleeker) und am nestbauenden Kampffisch (B. splendens Regan). Z. f. Tierpsychol. 18 (1961) 33 bis 55. − [165] K ü h n , A.: Grundriß der Allgemeinen Zoologie, 13. Aufl. Stuttgart 1959. − [166] K u m m e r , H.: Rang-Kriterien bei Mantelpavianen. Rev. Suisse Zool. 63 (1956) 288 bis 297. − [167] K u m m e r , H.: Soziales Verhalten einer Mantelpaviangruppe. Z. f. Psychol. u. i. Anwendg. Beiheft (Bern) 33 (1957). − [168] K u m m e r , H.: Ursachen von Gesellschaftsformen bei Primaten. Umschau 72 (1972) 481 bis 484. − [169] K u m m e r, H.: Sozialverhalten der Primaten. Berlin, Heidelberg, New York 1975. − [170] K u n - k e l , P. u. I.: Beiträge zur Ethologie des Hausmeerschweinchens, Cavia aperea f. porcellus L. Z. f. Tierpsychol. 21 (1964) 602 bis 641. − [171] K u s c h i n s k y , G.; L ü l l m a n n , H.: Kurzes Lehrbuch der Pharmakologie, 6. Aufl. Stuttgart 1974. − [172] K u t s c h , R.: Zur Frage menschlicher Auslösermerkmale (Untersuchungen mit Versuchspersonen der Jahrgänge 1965−1946). RWTH Aachen. 1976 Staatsarbeit am Inst. f. Zool. − [173] L a n g h a n k e , W. D.: Untersuchungen über das Lernvermögen weißer Mäuse. Der Biologieunterricht 11 (1975) 47 bis 81. − [174] L a r s o n , P. P.; L a r s o n , M. W.: Insektenstaaten. Hamburg,Berlin 1971. − [175] L a s h l e y , K. S.: Brain Mechanisms and Intelligence. A Quantitative Study of Injuries to the Brain. Chicago 1929. − [176] L a u d i e n , H.: Untersuchungen über das Kampfverhalten der Männchen von Betta splendens Regan (Anabantidae, Pisces). Z. f. wiss. Zool. 172 (1964) 134 bis 178. − [177] L a u s c h , E.: Manipulation. Stuttgart 1972. − [178] L a w i c k - G o o d a l l , J. v.: Wilde Schimpansen. Hamburg 1971. − [179] L a y a r d , J.: Familie und Sippe, in: Institutionen in primitiven Gesellschaften. (1968) 59 bis 75. − [180] L e h n a r t z , E.: Einführung in die chemische Physiologie, 11. Aufl. Berlin, Göttingen, Heidelberg 1959. − [181] L e h r , E.: Experimentelle Untersuchungen an Affen und Halbaffen über Generalisation von Insekten - und Blütenabbildungen. Z. f. Tierpsychol. 24 (1967) 208 bis 244. − [182] L e M a g n e n , J.: Les phénomenes olfacto-sexuals chez l'homme. Arch. Sci. Physiol. 6 (1952) 125 bis 160. − [183] L e o n h a r d , J. N.: Die ersten Ackerbauer. Time-Life: Die Frühzeit des Menschen. Nederld. 1974. − [184] L e t h m a t e , J.; D ü c k e r , G.: Untersuchungen zum Selbsterkennen im Spiegel bei Orang-Utans und einigen anderen Affenarten. Z. f. Tierpsychol. 33 (1973) 248 bis 269. − [185] L i n d a u e r , M.: Lernen und Gedächtnis. Math. naturwiss. Unterr. 26 (1973) 412 bis 419. − [186] L i s s - m a n n , H. W.: Die Umwelt des Kampffisches (Betta splendens Regan) . Z. f. vergl. Physiol. 18 (1933) 65 bis 111. − [187] L ö b s a c k , T.: Die unheimlichen Möglichkeiten oder die manipulierte Seele. Econ, Düsseldorf, Wien 1967. − [188] L o c h - b r u n n e r , A.: Beiträge zur Biologie des Goldhamsters. Zool. Jb. 66 (1956) 389 bis 428. − [189] L o r e n z , K.: Die angeborenen Formen möglicher Erfahrung. Z. f. Tierpsychol. 5 (1943) 235 bis 409. − *[190] L o r e n z , K.: Über tierisches und menschliches Verhalten. Bd. I u. Bd. II. München 1965. − [191] L o r e n z , K.: Die Rückseite des Spiegels. München, Zürich 1973. − [192] L o r e n z , K.: Die acht Todsünden der zivilisierten Menschheit. München 1973. − [193] M a i r , L.: An Introduction to Social Anthropology. Oxford 1972. – *[194] M a l e r - S i e b e r , G.: Das Verhalten des Menschen. Aktuelles Wissen; Hrsg. Proske, R. Gütersloh 1976. – [195] M a m s c h , E.: Zur Regulation der Fertilität von Ameisen-Arbeiterinnen (Untersuchungen an Myrmica ruginodis Nyl.). Dissert. Univ. Münster 1966. – [196] Markl, H.: Vom Eigennutz des Uneigennützigen. Naturwiss. Rdsch. 24 (1971) 281 bis 289. – [197] M a r u s z e w s k i , M.: Mowa a Mózg. Warszawa 1970. – [198] M a s s e c k , E.: Zur Frage menschlicher Auslösermerkmale, Untersuchungen mit Mädchen und Frauen. RWTH Aachen. 1975 Diplomarb. am Inst. f. Zool. – [199] M a t t h e s , D.; W e n z e l , F.: Die Wimpertiere, Ciliata. Stuttgart 1966. – [200] M a t t h e s , E.: Geruchsdressuren an Meerschweinchen. Z. f. vergl. Physiol. (Berlin) 16 (1932) 766 bis 788. – [201] M a y n a r d , D. M.: Circulation and Heart Function. in: The Physiology of Crustacea. Vol. I.; Waterman, ed.; (1960) 161 bis 226. – [202] M a z o c h i n - P o r s h n y a k o v , G. A.: Die Fähigkeit der Bienen, visuelle Reize zu generalisieren. Z. f. vergl. Physiol. 65 (1969) 15 bis 28. – [203] M c C o n n e l l , J. V.: Memory transfer through cannibalism in planarians. J. Neuropsychiatry Suppl. 3 (1962) 42 bis 48. – [204] M c G a u g h , L.: W e i n b e r g e r , N. M.; W h a l e n , R. E. (E d i t.): Psychobiology – The Biological Bases of Behavior. San Francisco, London 1967. – [205] M c L e i s h , K.; L a u n o i s , J.: The Tasadays – Stone Age Caveman of Mindanao. Natl. Geographic 142 (1972) 218 bis 249. – [206] M e h n e r , A.: Das Buch vom Huhn. Stuttgart 1968. – [207] M e v e s , C.: Zur Tiefenpsychologie des Kindes. 6. Teil. in: Behler, Hrsg.: Das Kind. Freiburg, Basel 1971. – [208] M e y e r , P.: Taschenlexikon der Verhaltenskunde. Paderborn 1976. – [209] M i l a n i , R.: Relations between courting and fighthing behaviour in some Drosophila species (obscura group). Sel. sci. papers Ist. Super. di Sanita 1 (1956) 213 bis 224. – [210] M i l g r a m , S.: Einige Bedingungen von Autoritätsgehorsam und seiner Verweigerung. Z. f. exp. angew. Psychol. 13 (1966) 433 bis 463. – [211] M i l g r a m , S.: Das Milgram-Experiment. Zur Gehorsamsbereitschaftgegenüber Autorität. Hamburg 1974. – [212] M u m e n t h a l e r , M.: Neurologie, 3. Aufl. Stuttgart 1970. – [213] N e u m a n n , G. H.: Über das Vorhandensein von „Wertvorstellungen“ bei Papageien und Meerkatzen. Praxis Naturw. Biol. 26 (1973) 165 bis 168. – [214] N e u - w e i l e r , G.: Die Echoortung der Fledermäuse. Umschau 76 (1976) 237 bis 243. – [215] O l i g s c h l ä g e r , U.: Versuche über menschliche Auslösermerkmale beider Geschlechter in Abhängigkeit von der Entwicklung. RWTH Aachen. 1974 Staatsarbeit am Inst. f. Zool. – [216] O s c h e , G.: Evolution Freiburg, Basel, Wien 1974. – [217] P e n z l i n , H.: Kurzes Lehrbuch der Tierphysiologie. Jena 1970. – [218] P e t e r s , H.: Studien am Netz der Kreuzspinne (Aranea diadema L.) II. Z. fr. Morph. Ökol. Tiere 33 (1937) 128 bis 150. – [219] P e t e r s , H. M.: Grundfragen der Tierpsychologie. Stuttgart 1948. – [220] P e t e r s, H. M.; W i t t , P. N.; W o l f f , D.: Die Beeinflussung des Netzbaues der Spinnen durch neurotrope Substanzen. Z. f. vergl. Physiol. 32 (1950) 29 bis 45. – [221] P i l z , G.; M o e s c h , H.: Der Mensch und die Graugans, Frankfurt 1975. – [222] P l a n c k , M.: Wissenschaftliche Selbstbiographie. Leipzig 1948. – [223] P l e t t , A.: Untersuchungen zum Appetenzverhalten der Springspinne Epiblemum scenicum Cl. (Salticidae) und des Ameisenlöwen Euroleon nostras Fourcr. (Myrmeleonidae). Zool. Anz. (Leipzig) 169 (1962) 280 bis 291. – [224] P l e t t , A.: Beobachtungen und Versuche zum Revier- und Sexualverhalten von Epiblemum scenicum Cl. und Evarcha blancardi Scop. (Salticidae). Zool. Anz. 169 (1962) 292 bis 298. – [225] P o r z i g , W.: Das Wunder der Sprache. München, Bern 1971. – [226] P r e c h t , H.: Über das angeborene Verhalten von Tieren. Versuche an Springspinnen (Salticidae). Z. f. Tierpsychol. 9 (1952) 207 bis 230. – [227] P r e c h t , H.; F r e y t a g , G.: Über Ermüdung und Hemmung angeborener Verhaltensweisen bei Springspinnen (Salticidae). Zugleich ein Beitrag zum Triebproblem. Behaviour 13 (1957) 143 bis 211. – [228] P r o k a s y , W. F.; A l l e n, C. K.: Instructional Sets in Human Differential Eyelid Conditioning. J. exp. Psychol.

80 (1969) 271 bis 278. – [229] R a t h s , P.; B i e w a l d , G. A.: Tiere im Experiment. Köln 1971. – [230] R e e t z , W.: Unterschiedliches visuelles Lernvermögen von Ratten und Mäusen. Z. f. Tierpsychol. *14* (1958) 347 bis 361. – [231] *Remane, A.*: Sozialleben der Tiere, 2. Aufl. Stuttgart 1971. – [232] R e n s c h , B.: Psychische Komponenten der Sinnesorgane. Stuttgart 1952. – [233] R e n s c h , B.: Hirngröße und Lernfähigkeit. Arbeitsgemein. Forschg. Nordrh.-Westf. (1955) 597 bis 609. – [234] R e n s c h , B.: Ästhetische Faktoren bei Farb- und Formbevorzugungen von Affen. Z. f. Tierpsychol. *14* (1957) 71 bis 99. – [235] R e n s c h , B.: Die Abhängigkeit der Struktur und der Leistungen tierischer Gehirne von ihrer Größe. Naturwiss. *45* (1958) 145 bis 154. – [236] R e n s c h , B.: Die Wirksamkeit ästhetischer Faktoren bei Wirbeltieren. Z. f. Tierpsychol. *15* (1958) 447 bis 461. – [237] R e n s c h , B.: Malversuche mit Affen. Z. f. Tierpsychol. *18* (1961) 347 bis 364. – [238] R e n s c h , B.: Gedächtnis, Abstraktion und Generalisation bei Tieren. 1962 Arb. Forschg. Nordrh-Westf. Heft 114. – [239] R e n s c h , B.: Versuche über menschliche Auslöser-Merkmale beider Geschlechter. Z. f. Morph. Anthrop. *53* (1963) 139 bis 164. – [240] R e n s c h , B.: Handgebrauch und Verständigung bei Affen und Frühmenschen. Bern, Stuttgart 1968. – [241] R e n s c h , B.: Biophilosophie. Stuttgart 1968. – [242] R e n s c h , B.: Ästhetische Grundprinzipen bei Mensch und Tier. in: Altner, Hrsg.: Kreatur Mensch. 134 bis 144, München 1969. – [243] R e n s c h , B.: Die stammesgeschichtliche Entwicklung der Hirnleistungen. Naturwiss. u. Medizin *7* (1970) 23 bis 31. – [244] R e n s c h , B.: Homo sapiens. Vom Tier zum Halbgott Göttingen 1970. – *[245] R e n s c h , B.: Probleme der Gedächtnisspuren. Rhein.-Westf. Akadem. Wissensch. Vortrag N 211. 1971. – [246] R e n s c h , B.: Neuere Probleme der Abstammungslehre. Die transspezifische Evolution. Stuttgart 1972. – *[247] R e n s c h , B.: Gedächtnis, Begriffsbildung und Planhandlungen bei Tieren. Berlin, Hamburg 1973. – [248] R e n s c h , B.: Das universale Weltbild. Evolution und Naturphilosophie. Frankfurt 1977. – [249] R e n s c h , B.; D ö h l , J.: Wahlen zwischen zwei überschaubaren Labyrinthwegen durch einen Schimpansen. Z. f. Tierpsychol. *25* (1968) 216 bis 231. – [250] R e n s c h , B.; D ü c k e r , G.: Versuche über visuelle Generalisation bei einer Schleichkatze. Z.f. Tierpsychol. *16* (1959) 671 bis 692. – [251] R e n s c h , B.; D ü c k e r , G.: Verzögerung des Vergessens erlernter visueller Aufgaben bei Tieren durch Chlorpromazin. Pflügers Arch. *289* (1966) 200 bis 214. – [252] R e n s c h , B.; D ü c k e r , G.: Discrimination of Patterns Indicating Four and Five Degrees of Reward by Birds. J. Behavioral Biol. *9* (1973) 279 bis 288. – *[253] R e n s i n g , L.: Biologische Rhythmen und Regulation. Stuttgart 1973. – [254] R i e d l , R.: Die Ordnung des Lebendigen. Hamburg, Berlin 1975. – [255] R ö s s l e r , E.: Übertragung von Verhaltensweisen durch Transplantation von Anlagen neuroanatomischer Strukturen bei Amphibienlarven. I. Z. f. Tierpsychol. *41* (1976) 244 bis 265. – [256] R o s s k o t h e n , P.: Der Brutfürsorgeinstinkt des Trichterwicklers (Deporaus betulae L.). Entomol. Bl. *41–44* (1949) 66 bis 76. – [257] R o s s k o t h e n , P.: Die Brutfürsorge des Trichterwicklers Deporaus betulae und seiner Verwandten (Apoderus coryli, Deporaus tristis, Attelabus nitens) (Col., Curc.) Decheniana *116* (1964) 57 bis 82. – [258] R o t h e n b u h l e r , W. C.: Behaviour Genetics of Nest Cleaning in Honey Bees IV. Am. Zool. *4* (1964) 111 bis 123. – [259] R u s s e l l , C.; R u s s e l l , W. M. S.: Unsere Vettern, die Affen. Hamburg 1971. – [260] S a c h s , L.: Statistische Auswertungsmethoden, 3. Aufl. Berlin, Hamburg, New York 1972. – [261] S a m b r a u s , H. H.: Das Sexualverhalten der domestizierten einheimischen Wiederkäuer. Z. f. Tierpsychol. Suppl. *12* (1973) 1 bis 100. – *[262]* S c h a d é , J. P.: Die Funktion des Nervensystems, 2. Aufl. Stuttgart 1971. – [263] S c h a e f e r , G.: Kybernetik und Biologie. Stuttgart 1972. – [264] S c h e n k - D a n z i n g e r , L.: Entwicklungspsychologie, 10. Aufl. Wien 1969. – [265] S c h l e i d t , M.: Untersuchungen über die Auslösung des Kollerns beim Truthahn (Meleagris gallopavo). Z. f. Tierpsychol. *11* (1954) 417 bis 435. – [266] S c h l i e -

p e r , C.: Praktikum der Zoophysiologie. Stuttgart 1965. – [267] S c h m i d t , G.: Meerschweinchen. München 1973. – [268] S c h m i d t , R. F.; H r s g.: Grundriß der Neurophysiologie. Berlin, Heidelberg, New York 1972. – [269] S c h m i d t , R. F.; T h e w s , G.: Einführung in die Physiologie des Menschen, 17. Aufl. Berlin, Heidelberg, New York 1976. – [270] S c h m i t t , A.: Automaten-Algorithmen-Gehirne. Frankfurt 1971. – [271] S c h o l t y s s e k, S.: Handbuch der Geflügel-produktion. Stuttgart 1968. –[272] S c h u l z e - S c h e n k i n g , M.: Unter-suchungen zur visuellen Lerngeschwindigkeit und Lernkapazität bei Bienen, Hummeln und Ameisen. Z. f. Tierpsychol. 27 (1970) 513 bis 552. – [273] S e i l e r , N.: Der Stoffwechsel im Zentralnervensystem. Stuttgart 1966. – [274] S e i t z , A.: Die Paarbildung bei einigen Cichliden I. Z. f. Tierpsychol. 4 (1940) 40 bis 84. – [275] S h i n - H o C h u n g: Synaptic remodelling in the mutant cerebellum. Nature 257 (1975) 86 bis 87. – *[276] S i n z , R.: Lernen und Gedächtnis. Stuttgart 1974. – [277] S i t t e , P.: Forschung und Humanität. Umschau 76 (1976) 575 bis 580. – [278] S k i n n e r , B. F.: The behaviour of organisms. New York 1938. – [279] S k i n - n e r , B. F.; C o r r e l l , W.: Denken und Lernen. Braunschweig 1969. – [280] S k r z i p e k , K. H.: Praktikum der vergleichenden Verhaltenskunde (Tierpsycho-logie). Inst. f. Zool. RWTH Aachen, keine Veröffentlichung. 1972 bis 1973. – [281] S p e n c e , K. W.; R o s s , L. E.: A Methodological Study of the Form and Latency of Eyelid Responses in Conditioning J. exp. Psychol. 58 (1959) 376 bis 381. –[282] S p e r r y , R. W.: Mechanisms of Neural Maturation. in: Stevens (Edit.): Handbook of Experimental Psychology (1951) 236 bis 280. – [283] S p i e t h , H. T.: Mating Behavior within the genus Drosophila (Diptera). Bull. Am. Mus. Nat. Hist. 99 (1952) 395 bis 474. – [284] S t e r b a , G.: Süßwasserfische aus aller Welt. Berchtesgaden 1959. – *[285] S t e r m a n , M. B.; M c G i n t y , D. J.; A d i n o l f i , A. M. (E d i t .): Brain Development and Behavior. New York, London 1971. – [286] S t e r n , H.; K u l l m a n n , E.: Leben am seidenen Faden – Die rätselvolle Welt der Spinnen. München, Gütersloh, Wien 1975. – [287] S t e v e n s , C. F.: Neurophy-siologie. München, Basel, Wien 1969. – *[288] S t o k e s , A. W. H r s g.: Praktikum der Verhaltensforschung. Stuttgart 1971. – [289] S t r e b l e , H.; K r a u t e r , D.: Das Leben im Wassertropfen, 3. Aufl. Stuttgart 1976. – [290] S b o s k i , M. D.; K h o s l a , S.: UCS Intensity and Instructional Set in Classical Eyelid Conditioning: Discrimination Conditioning and Signal-Detection Analysis. Canad. J. Psychol. 23 (1969) 389 bis 401. – [291] T a n n e r , J. M.: Wachstum und Reifung des Menschen. Stuttgart 1962. – *[292] T e m b r o c k , G.: Grundriß der Verhaltenswissenschaft. Stuttgart 1973. – [293] T h o m p s o n , T. I.: Visual Reinforcement in Siamese Fighting Fish. Science 141 (1963) 55 bis 57. – [294] T i g g e s , M.: Muster- und Farbbevorzugung bei Fischen und Vögeln. Z. f. Tierpsychol. 20 (1963) 129 bis 142. – [295] T i n b e r g e n , N.: Tiere untereinander. Berlin, Hamburg 1967. – [296] T i n b e r g e n , N.: Tiere und ihr Verhalten. Nederld. 1969. – *[297] T i n b e r - g e n , N.: Instinktlehre, 5. Aufl. Berlin, Hamburg 1972. – [298] T r o l l , W.: Allge-meine Botanik, 3. Aufl. Stuttgart 1959. – [299] U l b r i c h , H. M.: Mdl. Mitteilung: Herstellung des Films über den Birkenwickler für das ZDF; wiss. Beratung Rosskothen. – [300] U n g a r , G.: Molecular Mechanisms in Memory and Learning. New York, London 1970. – [301] U n g a r , G.: Molecular Coding of Information in the Ner-vous System. Naturwiss. 59 (1972) 85 bis 91. – [302] V a l e n s t e i n , E. S.; R i s s , W.; Y o u n g , W. C.: Experiental and Genetic Factors in the Organization of Sexual Behavior in Male Guinea Pigs. J. comp. Physiol. 48 (1955) 397 bis 403. – [303] V e r s c h u e r , O.: Genetik des Menschen. München, Berlin 1959. – *[304] V e - s t e r , F.: Denken, Lernen, Vergessen. Stuttgart 1975. – [305] V e s t e r , F.: Phäno-men Stress. Stuttgart 1976. – [306] V o g e l , C.: Ökologie, Lebensweise und Sozial-verhalten der grauen Languren in verschiedenen Biotopen Indiens. Berlin, Hamburg 1976. – [307] V o g e l , F.: Lehrbuch der allgemeinen Humangenetik. Berlin, Göttingen, Heidelberg 1961. – [308] W e b e r , E.: Grundriß der biologischen Statistik, 7. Aufl. Stuttgart 1972. – [309] W e g e n e r , G.: Autoradiographische Untersuchungen über gesteigerte Proteinsynthese im Tectum opticum von Fröschen nach optischer Reizung. Exp. Brain Res. *10* (1970) 363 bis 379. – [310] W e h n e r , R.; edit.: Information Processing in the Visual Systems of Arthropods. Berlin, Heidelberg, New York 1972. – [311] W e i s s , P.; H i s c o e , H. B.: Experiments on the mechanism of nerve growth. J. exp. Zool. *107* (1948) 315 bis 395. – [312] W e i t b r e c h t , H. J.: Psychiatrie im Grundriß. 2. Aufl. Berlin, Heidelberg, New York 1968. – [313] W e n d t , H.: Der Affe steht auf. Hamburg 1971. – [314] W e r n i c k , R.: Steinerne Zeugen früher Kulturen. Time-Life: Die Frühzeit des Menschen. Nederld. 1974. – [315] W e s t p h a l , A.: Spezielle Zoologie, 1. Protozoen. Stuttgart 1974. – [316] W e v e r , R.: Hat der Mensch nur eine „innere Uhr"? Umschau *73* (1973) 551 bis 558. – [317] W i c k l e r , W.: Sind wir Sünder? München, Zürich 1969. – *[318] W i c k l e r , W.: Stammesgeschichte und Ritualisierung. München 1970. – [319] W i c k l e r , W.: Die Biologie der Zehn Gebote. München 1971. – [320] W i c k l e r , W.: Verhalten und Umwelt. Hamburg 1972. – [321] W i e h l e , H.: Vom Fanggewebe einheimischer Spinnen. Stuttgart 1949. – [322] W i e n e r, N.: Kybernetik. Düsseldorf 1968. – [323] W i l l i a m s , C. B.: Die Wanderflüge der Insekten. Hamburg, Berlin 1961.– [324] W i l s o n , E. O.: Sociobiology – The New Synthesis. Cambridge, USA 1976. – [325] W i t t , P. N.: Der Netzbau der Spinne als Test zur Prüfung zentralnervös angreifender Substanzen. Arzneimittelforschg. *6* (1956) 628 bis 635. – [326] W i t t , P. N.: Die Wirkung von Substanzen auf den Netzbau der Spinne als biologischer Test. Berlin, Göttingen, Heidelberg 1956. – [327] W i t t h ö f t , W.: Absolute Anzahl und Verteilung der Zellen im Hirn der Honigbiene. Z. f. Morph. Tiere *61* (1967) 160 bis 184. – [328] W o l f f , D.; H e m p e l , U.: Versuche über die Beeinflussung des Netzbaues von Zilla-X-Notata durch Pervitin, Scopolamin und Strychnin. Z. f. vergl. Physiol. *33* (1951) 497 bis 528. – [329] W o o d , P.; V a c z e k , L.; H a m b l i n , D. J.; L e o n a r d , J. N.: Der Weg zum Menschen. Time-Life: Die Frühzeit des Menschen. Nederld. 1973. – [330] Y o u n g , J. Z.: The Memory System of the Brain. London 1966. – [331] Z i e h e n , T. H.: Vorlesungen über Ästhetik. Bd. I und Bd. II Halle/Saale 1923–1925. – [332] Z i m m e r m a n n , M.: Sinneswahrnehmung und Informatik. Umschau *72* (1972) 781 bis 785. – [333] Z ü l c h , K. J.: Pyramidal and Parapyramidal Motor Systems in Man. Sistema Nervoso, Fasc. *1* (1969) 77 bis 100.

Sachverzeichnis

Teubner Studienbücher Fortsetzung

Mechanik

Becker: **Technische Strömungslehre**
Eine Einführung in die Grundlagen und technischen Anwendungen
der Strömungsmechanik. 4. Aufl. 152 Seiten. DM 16,80

Becker/Bürger: **Kontinuumsmechanik**
Eine Einführung in die Grundlagen und einfache Anwendungen
228 Seiten. DM 29,– (LAMM)

Becker/Piltz: **Übungen zur Technischen Strömungslehre**
120 Seiten. DM 12,80

Hahn: **Bruchmechanik**
Einführung in die theoretischen Grundlagen. 221 Seiten. DM 34,– (LAMM)

Magnus: **Schwingungen**
Eine Einführung in die theoretische Behandlung von Schwingungs-
problemen. 3. Aufl. 251 Seiten. DM 24,80 (LAMM)

Magnus/Müller: **Grundlagen der Technischen Mechanik**
300 Seiten. DM 26,80 (LAMM)

Müller/Magnus: **Übungen zur Technischen Mechanik**
292 Seiten. DM 26,80 (LAMM)

Wieghardt: **Theoretische Strömungslehre**
Eine Einführung. 2. Aufl. 237 Seiten. DM 26,80 (LAMM)

Geographie

Bahrenberg/Giese: **Statistische Methoden und ihre Anwendung in der Geographie**
308 Seiten. DM 29,80

Born: **Geographie der ländlichen Siedlungen**
Band 1: Die Genese der Siedlungsformen in Mitteleuropa
228 Seiten. DM 26,80

Herrmann: **Einführung in die Hydrologie**
151 Seiten. DM 22,80

Müller: **Tiergeographie**
Struktur, Funktion, Geschichte und Indikatorbedeutung von Arealen
268 Seiten. DM 28,80

Semmel: **Grundzüge der Bodengeographie**
120 Seiten. DM 24,80

Weischet: **Einführung in die Allgemeine Klimatologie**
Physikalische und meteorologische Grundlagen
256 Seiten. DM 28,–

Windhorst: **Geographie der Wald- und Forstwirtschaft**
204 Seiten. DM 28,80